바디 트리트먼트

Body Treatment

비만 및 체형관리학

김경연 · 박경선 · 박아림 · 강신옥 · 고경륜
김영주 · 김현주 · 신수정 · 이귀회 · 한현주

메디시인

머리말

현대사회는 세계가 자유로운 왕래로 지구촌화하면서 자유와 풍요를 구가하고 있습니다. 넘쳐나는 다양한 먹거리와 취향대로 안락한 삶을 누리다 보니 이제는 비만이 건강뿐만 아니라 탄력있는 피부까지 잃는 경우가 많습니다.

체형관리(body treatment)는 건강관리와 함께 몸매와 피부를 관리함으로써 비만을 완화하고 건강에 대한 자신감을 갖게 됩니다. 따라서 오늘날에는 바디 트리트먼트에 대한 이슈가 상류층으로부터 점차 일반적으로 그 필요성에 대한 인식의 변화를 가져옴으로써 바디테라피(body therapy)에 대한 올바른 정보의 필요성이 대두되고 있습니다.

이 책 바디트리트먼트는 체형분석, 식이요법 및 영양, 안전하고 효율적인 관리를 위한 관련 해부학 등 과학정보를 자세하게 다루어 기본적 이론을 이해하도록 하는 한편, 스파를 비롯한 바디랩, 전기기기 트리트먼트 등의 실기를 다루었습니다.

다시 말하면 수련하는 뷰티테라피스트 또는 실무자 모두에게 필요한 바디테라피의 모든 내용을 정리, 구성하였으므로 전문 바디테라피스트를 위한 뷰티테라피의 이론 및 실습서로 귀중한 가이드가 되기를 기대합니다.

끝으로 이 책의 집필을 하는데 도움을 주신 모든 분들께 감사드리며, 특히 햇빛을 보게 애써주신 (주)지구문화/메디시언 임직원 여러분들께 깊은 감사의 말씀을 드립니다.

신축년 새 봄에

저자 대표

차례

Contents

차례

Chapter 1

바디 트리트먼트 개요

1. 바디테라피 개요
2. 전문가의 자세
3. 전문적인 환경
4. 전문적인 상담기법
5. 전문적인 고객관리
6. 전문적인 기록관리

Chapter. 1

바디 트리트먼트 개요

1. 바디 트리트먼트 개요

바디 트리트먼트(body treatment)는 뷰티 테라피(beauty therapy) 중에서도 쉬운 영역이 아니며 경지에 도달하기 위해서는 기술과 판단력이 필요하다. 슬리밍 및 체형개선, 살롱 트리트먼트, 식이요법 및 운동 계획을 병행하여야 하는 관리이다.

비만과 질병 사이의 연관성에 대한 인식이 높아짐에 따라 개인의 건강을 유지하려면 적절한 체중이 유지 되어야 한다. 따라서 뷰티테라피스트들은 바디의 부분 부분의 감소를 위한 작업도 많이 하게 되며, 이를 위해 인체 기능에 대한 지식을 쌓고 영양에 대한 이해를 높여야 성공적인 관리를 할 수 있게 된다.

관리를 위한 작업이 매우 다양하여 고객과 밀접한 개인적 접촉을 피할 수 없고 또 그래야만 원하는 결과를 얻을 수 있다. 체형 개선이나 휴식 또는 토닝 목적이든, 자신을 돌보는 사람들이 변함없이 늘어나며 관리사 라는 직업 또한 매우 보람 있고 가치있는 영역이 되고 있다.

최근 몇 년 동안 개인 건강과 미용에 대한 관심이 다시 높아짐에 따라 가능한 살롱 트리트먼트의 범위가 넓어졌으며 남성과 여성 모두에서 증가하는 체형 인식에 대응하여 새로운 트랜드를 양산하고 있다. 많은 체형 문제는 치료 및 홈케어, 행동수정를 통해 교정할 수 있다. 또한 기계를 이용한 방법이 체형 개선에 중요한 역할을 한다. 따라서 안전하고 효과적인 치료를 위해서는 사용 가능한 전기 시스템과 신체에 미치는 영향에 대한 건전한 지식이 필요하다.

나날이 새롭게 발전하는 치료 기술과 작업의 전문성은 미용 요법이 신체 건강을 유지하고 웰빙을 유지하는데 예방적인 역할을 할 수 있다는 인식을 가져 왔다. 운동 루틴, 식단 조절 및 이완 치료는 모두 현대 생활의 스트레스와 긴장에서 벗어나 개인을 최상의 상태로 유지하기 위해 자연스럽게 작용할 수 있다. 이러한 긍정적 혜택에 대한 인식은 다양한 형태의 서비스를 제공하는 레저 센터, 스포츠 단지 및 클리닉의 성장을 이끌고 있다.

근육의 피로나 과체중과 관련된 경미한 통증을 관리하고 또 그렇게 하여 얻어지는 건강한 몸매와 매력적인 몸매의 이점이 대중의 인정을 받고 있다.

이처럼 광범위한 치료 범위와 건강 유지를 포함하도록 강조하는 변화는 치료에 대한 치료사의 책임 및 가능한 결과에 영향을 미칠 배경요인에 대한 더 많은 정보의 필요성을 증가시켰다.

바디테라피의 성공은 치료에 대한 전체적인 접근 방식을 채택하고, 다이어트, 운동 및 미용 응용 프로그램을 결합하여 결과를 얻는 데 달려 있다. 가장 성공적인 치료법의 조합을 결정하기 위해 치료사는 고객을 편안하게 하고 신뢰를 얻음으로써 문제의 원인과 역사를 발견할 수 있는 좋은 언어 능력이 필요하다.

전체적인 접근 방식은 또한 체형 분석에서 테라피스트의 기술에 따라 관리의 루틴이 성공할 수 있는지 또는 문제가 치료사의 도움을 넘어서서 의료 조사가 필요한지 여부를 파악한다.

치료할 때와 치료하지 않을 때를 아는 것은 테라피스트에게 중요한 결정 영역이다. 주로 결정은 신체 구조와 기능에 대한 지식만으로 이루어지며 효과적이고 안전한 관리 루틴을 계획하는 데 고객의 충분한 협조가 필요하다.

테라피스트(therapist)의 작업은 건강을 개선하거나 유지하기 위해 또는 예방 조치로 의학적 합의에 따라 수행되는 많은 치료를 포함하도록 천천히 변화하고 있다. 비만 조절, 스트레스 치료, 산후조리 후 루틴은 모두 유능하고 지식이 풍부한 테라피스트에게 점점 더 중요해지고 있는 작업 영역이다. 과도한 피로나 근육의 긴장 없이 관리가 완료 될 수 있도록 건강한 체력이 필요하다.

작업은 육체적으로나 정신적으로 까다롭고 관리사는 바쁜 일상에 대처할 수 있는 회복력이 필요하다. 하지만 일의 결과와 성취감은 이런 것들을 이겨낼 수 있게 만든다. 왜냐하면 고객의 요구를 더 잘 이해하고 관리함으로써 고객에게 도움을 줄 수 있고 그로 인해 보람을 느낄 수 있기 때문이다.

2. 전문가의 자세

관리사로서 당신은 당신의 직업과 고용주 모두를 대표하고 고객이 당신에게 상담할 때 전문가로서 당신을 신뢰하게 된다. 그들은 자신의 건강과 웰빙을 당신의 치료에 맡기고 있으며 당신이 제공하는 서비스의 모든 측면이 전문적이기를 기대한다.

전문가가 되는 것은 개인 프레젠테이션, 의사소통 및 행동을 포함하여 모든 것을 확인하는 것이다. 당신이 일하는 환경; 고객 관리; 건강과 안전, 그리고 당신이 제공하는 치료법은 모두 최고의 전문 기준을 충족해야한다. 상담 후 15초 이내에 고객은 당신과 당신의 능력에 대해 여러 가지 판단을 내릴 것이며, 모두 당신의 태도와 외모에 따라 결정될 것이다. 예를 들어, 당신이 어수선하고 흐트러진 것처럼 보이면 새로운 고객은 당신이 그들에게 제공할 서비스가 엉성하고 부주의 할 것이라고 생각할 수 있다. 깔끔하고 단정한 모습을 보이면 새로운 고객은 치료가 유능하고 전문적이라고 생각할 가능성이 훨씬 더 높다.

(1) 전문가의 모습

항상 전문가처럼 보이려면 다음 사항에 주의해야 한다.

① 개인 위생

개인 위생은 전문가가 갖추어야 할 핵심 요소이다. 필요한 경우 탈취제 또는 발한 억제제를 사용하여 체취를 예방하고, 호흡 시 숨이 신선한지 정기적으로 확인해야한다. 또한 머리카락이 깨끗하고 옷깃과 얼굴에 닿지 않게 뒤로 묶여 있어야 하며 손톱이 짧고 깨끗하며 매니큐어가 없는지 확인해야 한다.

② 유니폼

깨끗하고 깔끔하게 다림질 된 유니폼은 전문적인 외모를 표현하는 데 필수적이다. 살롱에서 일하는 경우 전문 작업복을 입어야한다. 직장에서 흰색 옷을 입는다면 최소한 세 개의 유니폼이 필요할 것이다. 하나는 착용, 하나는 세탁, 하나는 사고가 발생할 경우를 대비하여 예비로 두는 것이다. 얼룩이 있는 유니폼보다 더 비전문적으로 보이는 것은 없다. 위생상의 이유로 많은 고용주가 더운 여름철에도 타이즈나 스타킹의 착용을 원할 것이다. 타이츠를 입는 경우, 평범하고 자연스러운 색상인지 확인해야 한다.

스포츠 치료사로 일하는 경우의 유니폼은 폴로셔츠와 운동복 바지이다. 바지를 입고 있다면 같은 색상의 풀 플랫 슈즈와 양말을 선택해야 한다. 항상 깔끔하고 단정하게 보이는 것이 중요하다.

Check Point

당신의 외모는 당신이 전문적이고 자격을 갖춘 관리사라는 것을 고객에게 확인시켜 주는 것이며 고객이 당신의 손에 안전하다는 것을 알고 긴장을 풀 수 있도록 자신감을 보여줘야 한다.

③ 머리카락

머리카락은 깨끗하고 뒤로 묶어서 앞쪽으로 펴지거나 옷깃에 닿지 않도록 해야 한다. 머리를 묶으면 더 시원하고 편안하며 고객에게 더욱 위생적이다.

④ 손톱과 손

손톱과 손은 깨끗하게 유지해야 한다. 네일 기술자가 아니라면 손톱을 깔끔하게 다듬고 팔리쉬를 바르지 않아야 한다. 관리사의 손톱은 기술에 대한 귀중한 광고로 간주됨을 잊지 않아야 하며 그에 따라 유지 · 관리해야 한다.

⑤ 메이크업

메이크업은 반드시 되어 있어야 하며 항상 신선하고 전문적으로 적용되어야 한다.

⑥ 향수

일부 고객은 강한 냄새가 불쾌하거나 특정 향에 알레르기가 있을 수 있으므로 진한 향수는 피해야 한다.

⑦ 신발

신발은 실용적이고 무엇보다도 근무일 내내 신어야 하므로 편안해야 한다. 신발은 발가락과 뒤꿈치가 닫혀 있어야하며 평평해야 한다. 오랜 시간 동안 발을 딛고 있을 가능성이 높으므로 하루에 번갈아 신을 수 있는 적절한 여분을 두는 것이 좋다. 이렇게 하면 발을 신선하고 편안하게 유지하는 데 도움이 된다. 필요한 경우 교체할 수 있도록 여분의 양말이나 스타킹을 준비하는 것도 좋은 방법이다.

⑧ 주얼리

주얼리는 평범한 웨딩 링과 작은 스터드 귀걸이에 국한되어야 한다. 매달려있는 귀걸이, 뱅글 및 반지는 비위생적이며 고객에게 해를 끼칠 수도 있으므로 항상 피해야 한다. 손목 시계는 제거하고 하루가 끝날 때까지 안전한 장소에 두어야하지만 시계는 유니폼에 착용할 수 있다.

Check List

이 체크리스트는 하루의 시작과 각 고객과의 만남 전에 당신의 모습을 빠르게 확인하기 위한 것이다. 고객을 대하기 전에 다음 사항을 확인한다.

① 당신의 개인위생은 의문의 여지가 없다.
② 당신의 유니폼은 흠이 없다.
③ 머리카락이 깨끗하고 얼굴과 옷깃에 닿지 않게 깔끔하게 묶여 있다.
④ 손과 손톱이 깨끗하고 깔끔하게 정리되어 있다.
⑤ 적절한 메이크업을 하고 있고, 신선하고 전문적으로 적용된 것처럼 보인다.
⑥ 진한 향수를 바르지 않았다
⑦ 신발은 편안하고 양말은 깨끗하며 스타킹은 구멍이 뚫리거나 올이 나가지 않았다.
⑧ 주얼리는 일반 웨딩 밴드 및 스터드 귀걸이 한 쌍이다.

Check Point

절대로 고객과 잡담하거나 함께 작업하는 동안 껌을 씹거나 과자를 먹지 말자. 이것은 실내 전체에 적용되며, 고객에게 최고의 인상을 유지하려면 외부에서도 마찬가지이다.

(2) 시간 엄수의 중요성

당신의 고객은 예약 시간에 도착하면 관리사가 관리를 시작할 준비가 되어 있고 제 시간에 이용 가능할 것이라고 기대할 것이다. 당신이 늦어서 고객을 기다리게 하는 경우 이것은 당신이 그 고객을 최우선 순위라고 생각하지 않는다는 명확한 메시지를 보내는 것이다. 많은 고객들은 치료가 제 시간에 시작되지 않으면 당연히 화가 나고 짜증이 날 것이다.

또한 고용주는 당신이 상업적으로 허용되는 시간 내에 관리가 완료하기를 기대한다. 예를 들어 대부분의 살롱에서 1시간 얼굴 마사지 메뉴의 해당 관리에 설정된 가격은 관리사 시간 1시간에 살롱 비용(조명, 난방, 사용된 제품 등과 같은 간접비)을 더한 금액을 기준으로 한다.

그러나 관리사가 관리를 하는 데 1시간 이상을 소비하면 사업에 영향을 미칠 것이다. 하루 동안 관리를 받는 고객이 예상보다 적으면 이익이 줄어들고 이것은 차례로 고용주의 이익과 사업을 성공적으로 운영하는 능력에 영향을 미칠 것이다. 또한 고객은 종종 바쁜 일정을 가지고 있으며, 미용 치료를 한 시간에 맞추기 위해 신중하게 계획한다.

관리사가 1시간 이상 걸리도록 관리를 하면 나머지 하루 동안 고객의 계획에 영향을 미치고 다른 약속에 늦게 만들 수 있다. 편안한 경험이었어야 했던 것이 너무 오래 걸리면 고객의 남은 하루를 망칠 수 있는 실망스럽고 짜증나는 이벤트가 될 수 있다.

이것은 관리사 개인과 사업장의 평판에 좋지 않다. 시간을 지키는 것은 전문성의 중요한 부분이다. 관리가 일상적으로 늦게 실행되는 경우 (다음 고객을 기다리게 하는 것을 의미함) 문제를 해결할 수 있도록 이 문제가 발생하는 이유를 체크해 봐야 한다.

시간을 잘 지키기 위한 몇 가지 요점은 다음과 같이 하지 않도록 하는 것이다.

① 너무 많이 약속을 잡는다.

② 시계를 주시하는 것을 잊는다.

③ 주어진 시간에 할 수 있는 일을 과대 평가한다.

한 고객이 끝나고 나간 후 다음 고객을 위해 관리실과 본인을 준비하는 데 몇 분이 소요된다는 점을 항상 기억해야한다.

Summing-up

이 장을 마치면 다음을 이해해야 한다.

① 전문성은 고객의 신뢰를 얻고 유지하는 것이다.

② 당신의 외모는 당신이 개인위생 및 전문가적인 모습으로 고객에게 의심할 여지가 없어야 한다.

③ 당신은 각 관리에 할당된 시간을 알고 시간에 충실해야 한다

④ 어떤 이유로든 고객을 기다리게 해야 하는 경우 진심으로 사과하고 지연이 불가피하며 다시는 발생하지 않을 것임을 확인시켜 줘야 한다.

⑤ 시간이 늦어진다는 것을 알게 된다면, 왜 그런 일이 발생하는지 생각해보고 지연이 반복되지 않도록 문제를 해결한다.

3. 전문적인 환경

자신의 외모가 흠 잡을 데 없는지 확인하는 것 외에도 관리실과 그 안의 모든 것이 흠 없이 깨끗하고 깔끔하며 고객이 관리를 받을 준비가 되어 있는지 확인하는 것이 중요하다. 말할 것도 없이 어떤 고객도 어수선하거나 비위생적으로 보이는 관리실에서 관리를 받고 싶어하지 않는다. 그리고 고객의 관점에서 관리사가 여분의 물품을 찾기 위해 또는 안전한 작동 상태의 장비를 찾기 위해 방을 나가거나 하는 것은 전문적으로 보이게 하지 않는다.

Check List

한 고객이 떠나고 다음 고객이 도착하기 전에 다음 사항을 확인한다.

① 관리실은 깨끗하고 깔끔하다.
② 신선한 공기를 마시기 위해 창문을 열었거나 필요한 경우 방향제를 사용했다.
③ 다음 처리 전에 모든 쓰레기통을 비운다.
④ 장비 트롤리가 깨끗하다
⑤ 다음 관리에 필요한 모든 제품을 충분히 공급하고 있다. 깨끗한 수건, 티슈, 탈지면, 제품 등
⑥ 사용하려는 모든 장비가 깨끗하고 (필요한 경우 멸균) 완벽하게 작동한다.
⑦ 고객의 기록을 찾아놓거나, 신규 고객의 경우 새 기록 카드를 준비한다.
⑧ 당신은 당신의 전문적인 견해로 모든 것이 다음 고객을 위해 준비되어 있는지 확인하기 위해 방을 둘러보았다.

고객은 당신과의 완전한 경험을 바탕으로 당신이 제공하는 서비스의 품질을 판단한다. 당신이 제공하는 관리가 완벽하게 만족스럽더라도 고객이 환경의 다른 측면 (예 : 비위생적이거나 어수선 함)이 용납될 수 없다고 판단하면 더 깨끗하고, 더 즐겁고, 더 많은 것을 제공하는 다른 살롱을 찾을 것이다.

(1) 살롱 위생

위생적인 환경을 제공하는 것은 고객에게 우리가 해야 할 의무이다. 또한 고객에게 서비스를 판단하는 중요한 기준이며, 친구와 지인에게 추천할 것인지 여부를 결정한다.

좋은 살롱 위생은 적절하게 수행된다면 살롱의 모든 영역과 그 안에서 사용되는 모든 장비가 깨끗하고 오염되지 않도록 지속적인 관리가 필요하다. 감염을 예방하는 것은 박테리아, 바이러스 및 곰팡이와 같은 미생물(너무 작아서 육안으로는 볼 수 없는 유기체)이 생존하고 번식할 기회를 갖지 않도록 하는 것을 의미한다.

(2) 박테리아

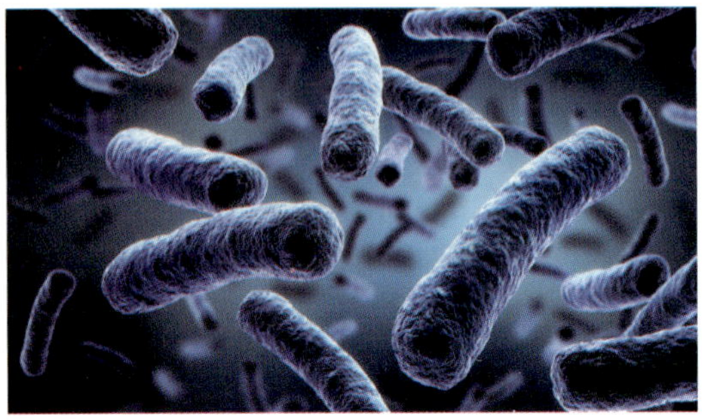

박테리아는 작고 둥근 모양, 막대 모양 또는 편모 모양의 다양한 모양을 가지고 있으며 지름은 약 1천분의 1밀리미터에 불과하다. 박테리아는 생태계의 일부에서는 유익한 역할을 할 수 있고 항생제를 제공할 수 있으며 소화를 도울 수 있지만 위장 장애에서 폐렴, 결핵 및 장티푸스에 이르기까지 다양한 질병의 원인이다.

(3) 바이러스

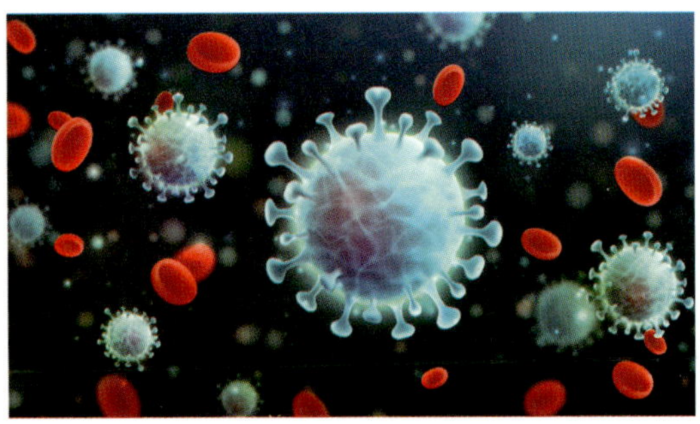

바이러스는 박테리아 크기의 10분의 1정도이다. 바이러스는 식물과 동물의 가장 치명적인 질병의 원인이 되는데 인간의 경우 감기에서 헤르페스 및 HIV에 이르는 질병을 유발한다.

(4) 진균류

균류는 버섯으로 볼 수 (또는 즐기는)있지만 일반적으로 현미경으로 볼 수 있으며 우리에게 영향을 미칠 수 있는 또 다른 전염성 유기체이다.

이들은 빵을 부풀게 하고 페니실린의 생성을 담당하는 좋은 측면도 있지만 백선, 아구창, 무좀 및 곰팡이 손발톱 감염의 원인이기도하다.

(5) 감염 및 오염 방지

적절하게 세척 및 살균되지 않은 장비 또는 노후화되거나 다른 고객에 의해 오염된 제품에서 감염될 수 있다.

작업 환경 내에서 박테리아, 바이러스 또는 곰팡이의 확산을 방지하려면 철저한 살균 및 살균을 위해 최대한 주의를 기울이는 것이 중요하다. 이렇게 하면 고객 간의 교차 감염이 발생하지 않는다. 살롱에서 사용할 수 있는 다양한 살균 방법과 기술이 있다. 다음은 가장 적합한 몇 가지이다.

① 오토클레이브

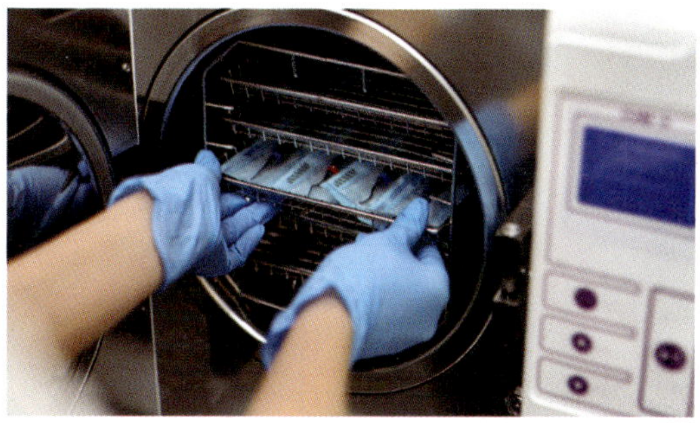

Autoclave(압력솥)는 눈썹 족집게 및 가위와 같은 작은 금속 품목을 살균하는 데 사용되는 전기 장비 품목이다. 물은 정상 대기압에서 가열되면 섭씨 100도에서 끓는데 오토 클레이브는 압력 하에서 물을 가열하여 물이 끓는 온도를 높인다. 물의 끓는점은 섭씨 120도 이상으로 올라간다.

이 온도는 20분 안에 우수한 살균이 가능하다. 오토클레이브, 특히 자동 타이머와 압력 게이지가 있는 오토클레이브는 사용이 간편하고 효과적이며 경제적이다. 살균할 품목은 오토클레이브의 열을 견딜 수 있어야 하며 이 방법은 금속기기에 적합하다. 모든 표면이 잘 살균될 수 있도록 오토클레이브에 넣기 전에 모든 품목을 세척하거나 닦는 것이 중요하다.

② 소독액 및 용액

우리는 모두 가정에서 소독액과 용액을 사용하는 데 익숙하며 적절한 제품은 살롱의 위생과 안전에 중요한 역할을 한다. 살롱에서 사용 시 소독제는 효과적이고 경제적이며 사용하기에 무해해야 한다.

일반적인 살롱 제품은 사용 지침에 따라 희석이 필요할 수 있는 화학 소독제 또는 액체, 물티슈 또는 젤 기반 손세탁의 형태로 사용하는 알코올 기반 소독제이다.

Check List

소독제를 사용하기 전에 다음 사항을 기억해야한다.

① 사용하는 용도에 적합한 제품을 선택한다.
② 소독하기 전에 청소한다.
③ 사용법에 따른다.
④ 적절한 안전 장비를 착용한다.
⑤ 제품이 작동하도록 충분한 시간을 둔다.

사용 후에는 사용한 제품이 오염되어 더 이상 효과가 없으므로 주의해서 폐기해야한다. 또한 알코올 또는 젤 핸드 클렌저와 같은 일부 제품은 인화성이 있을 수 있으니 주의한다.

③ 자외선(UV)

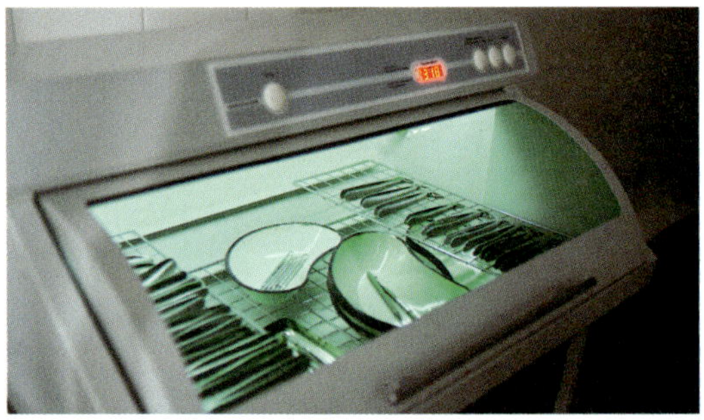

단파 자외선은 브러시 및 전극과 같은 작은 품목을 소독하는 데 사용할 수 있다. 소독할 물품은 이미 세척 된 캐비닛에 보관된다.

UV 선은 물품 표면의 미생물을 죽인다. UV 선은 살균되는 물품의 표면에서만 효과적이며 (통과할 수 없기 때문에) 빛이 직선으로 이동하기 때문에 모든 표면이 빛에 노출되도록 과정 중에 물품을 돌려야 한다. 이 과정은 약 20분 정도 걸리며 품목을 가열하지 않는다는 장점이 있다.

④ 화학 살균제

액체 화학 살균기는 일반적으로 바닥에 천공 트레이가 있는 플라스틱 캐비닛이다. 대부분의 살롱 도구는 깨끗이 세척하고 건조시킨 다음 멸균기의 액체 화학 물질에 담가서 멸균할 수 있다. 제조업체의 지침에 표시된 시간이 경과 한 후 (보통 10~30 분) 품목을 제거할 수 있으며 철저히 헹궈야 한다.

멸균 요구에 맞는 올바른 화학 물질을 선택하는 것이 매우 중요하다. 화학 물질은 제조업체가 지정한 시간(보통 14~28일) 후에 변경해야 한다. 화학 물질과의 피부 접촉을 피하도록 매우 주의해야 한다.

⑤ Hot Bead 살균기

핫 비드 살균기는 작고 사용하기 쉽다. 작은 물체의 살균에는 적합하지만 브러시, 플라스틱, 스폰지 또는 유리에는 적합하지 않다. 작은 유리구슬은 보호 절연 케이스에 포함되어 있으며 제조업체의 지시에 따라 190−300 도로 가열된다. 살균은 1 ~ 10분 정도 걸린다.

(6) 감염 확산 방법

감염은 접촉, 음식, 공기 중의 물방울, 베인 상처 및 그밖의 피부 찰과상을 통해 전염된다. 완전히 무균환경을 만드는 것은 거의 불가능하지만 다음과 같은 방법으로 감염확산 위험을 줄일 수 있다.

① 명백한 감염이 있는 고객을 치료하지 않거나 감염 부위가 작은 경우 이를 피하여 치료하지 않음

② 살균 장비

③ 폐기물을 안전하게 처리

④ 최고 수준의 위생을 유지

Check List

전문적인 수준의 살롱 위생을 보장하는 방법

① 바닥, 조리대, 트롤리, 화장실, 세면대 등 모든 단단한 표면은 매일 소독제로 씻어내기

② 매 고객마다 깨끗한 침대 커버를 사용하거나 1회용 소파 롤 사용하기

③ 매 고객마다 깨끗한 수건을 제공, 수건은 매일 세탁하기

④ 매 고객마다 깨끗한 가운 제공하기

⑤ 수건, 담요, 타월 가운 등은 매일 세탁한 다음 닫을 수 있는 곳에 보관하기

⑥ 쓰레기통은 매 관리 시, 그리고 하루가 끝날 때마다 비우고 소독하기

⑦ 고객의 피부에 열린 상처나 찰과상이 있는 경우, 이러한 부위를 만지지 않아야 하며 관리를 시작하기 전에 상처가 잘 덮여 있는지 확인하기

Check List

고객 간의 교차 감염은 다음을 통해 예방할 수 있다.

① 왁싱 등에 일회용 스파출라 사용
② 제품을 덜을 때 손가락을 사용하지 않음
③ 한번 덜은 제품을 다시 용기에 넣지 않음
④ 사용한 탈지면, 티슈 등은 즉시 덮개가 있는 쓰레기통에 버리기
⑤ 모든 관리 전후에 손을 철저히 씻기

철저한 손씻기는 다음을 의미한다.

① 항균 비누 또는 살균 젤과 따뜻한 흐르는 물을 사용
② 팔뚝, 손목, 손바닥, 손등, 손가락, 손가락 사이 및 손톱 아래를 씻기
③ 적어도 10~15초 동안 손을 함께 문지르기
④ 깨끗한 수건이나 일회용 종이 타월로 닦기

알아야 할 건강 및 위생 용어

① **방부제** : 박테리아의 성장을 줄이는 데 사용되는 화학 물질
② **무균** : 깨끗하고 박테리아가 없음
③ **소독제** : 포자가 아닌 박테리아를 파괴 하는 데 사용되는 화학 물질
④ **비병원성 박테리아** : 인체에 무해하거나 심지어 인체에 유익한 박테리아, 예) 요구르트나 치즈에서 발견되는 유산균
⑤ **병원성 박테리아** : 콜레라, 장티푸스 및 결핵과 같은 질병을 유발하는 유해한 박테리아
⑥ Sanitise : 위생처리하다. 살균하다.
⑦ **패혈증** : 신체 어디에서나 발생할 수 있는 독소 생성 박테리아에 의한 혈류의 압도적인 감염으로 인한 심각한 질병
⑧ **살균** : 박테리아와 포자로부터 깨끗하고 완전히 제거

Summing-up

이 항목을 마치면 다음을 이해해야 한다.

① 박테리아, 바이러스 및 곰팡이로 인한 감염은 한 고객에서 다른 고객으로 쉽게 확산될 수 있다.

② 클라이언트는 적절하게 세척 및 살균되지 않은 장비 또는 감염된 클라이언트에 의해 오염된 제품에서 감염을 발견할 수 있다.

③ 좋은 살롱 위생은 지속적인 과정이다.

④ 철저한 손씻기는 감염의 확산을 방지하고 당신과 당신의 고객을 안전하게 보호하기 때문에 위생을 유지하는 데 필수적이다.

4. 전문적인 상담기법

전문가로서 훌륭한 의사소통기술은 고객과 관계를 맺고 전문적으로 대하는 능력의 핵심이다. 좋은 의사소통기술을 사용하면 고객이 관리를 받으면서 편안함을 느낄 수 있도록 할 수 있다.

이러한 기술에는 다음이 포함된다.

① 올바른 종류의 질문

② 관심을 갖고 듣기

③ 침묵으로 인한 편안함

④ 적절한 신체 언어의 사용

(1) 올바른 종류의 질문하기

질문을 하는 것은 고객이 관리하는데 필요한 정보를 제공하도록 고객과 의사소통을 하는 가장 좋은 방법 중 하나이다. 질문을 할 때 적절한 시간에 올바른 종류의 질문을 할 수 있도록 닫힌 질문과 열린 질문의 차이를 이해하는 것이 중요하다.

닫힌 질문은 고객이 짧게 '예' 또는 '아니오'로 답변을 하도록 하는 질문이다.

닫힌 질문의 예는 다음과 같다.

"창문을 열어서 환기를 시킬까요?"
"너무 따뜻한가요?"
"이불 하나 더 드릴까요?"
"얼굴 마사지를 받은 적이 있나요?"

열린 질문은 '예' 또는 '아니오' 로 대답할 수 없다. 열린 질문은 고객이 정보를 제공하고 자세하게 답변하도록 유도하는 질문이다. 열린 질문의 예는 다음과 같다.

"이번 관리로 무엇을 얻을 수 있기를 바라십니까?"
"잠은 어떻게 자는지 말해주시겠어요?"
"등의 어느 부분이 가장 뻣뻣하고 아프세요?"
"식이 습관에 대해 말씀해 주세요."
"관리 후 기분이 어떠셨나요?"

(2) 집중과 관심을 가지고 듣기

진심으로 집중과 관심을 가지고 고객의 말을 경청하면 고객이 안심할 수 있으며 고객과의 좋은 전문적인 관계를 구축하는 데 도움이 될 것이다. 반면에 고객의 말을 듣지 않으면 다음과 같은 뜻이 된다.

① 당신은 고객에 관심이 없다
② 당신은 당신이 제공하는 관리가 그들의 필요에 적합한지 여부에 상관하지 않는다.
③ 당신은 당신이 하는 일에 대해 전문적인 태도를 가지고 있지 않다.

관심을 가지고 듣는 것은 다음을 포함한다.

① 고객과 함께 있는 동안 고객에게 집중하고 고객이 말하는 내용에 집중
② 중단 없이 듣기
③ 고객이 말하는 동안 눈을 마주 침
④ 자세히 알아보기 위한 열린 질문

⑤ 고객이 당신에게 한 말을 기억하여 다음 약속에서 당신은 그들이 당신에게 말한 것에 대해 고객에게 물어볼 수 있다. – 그들의 휴가 계획, 가족 결혼식, 직장에서의 변화, 새 애완동물 등등.

Check Point

고객이 질문에 대답하기 전에 주저하는 것은 대개 중요한 것을 말할 것인지 여부를 결정하려고 하기 때문입니다. 그들에게 시간과 격려를 해주고, 매우 주의깊게 경청하는 것을 잊지 말아야 합니다.

(3) 조용히 편안하게

일부 고객은 관리하는 동안 대화를 즐길 수 있다. 그들은 당신과의 의사소통을 과정의 중요한 부분으로 간주하고 가족과 직장, 휴일 및 아마도 하늘 아래의 다른 모든 주제에 대해 행복하게 이야기 할 것이다. 그러나 다른 고객들은 관리시간을 대화를 하려고 노력할 필요없이 단순히 휴식을 취하고 관리를 즐길 수 있는 평화와 고요의 작은 오아시스로 간주할 것이다.

고객으로부터 필요한 정보를 얻은 경우 (예 : '어떠셨어요?'; '충분히 따뜻합니까?'; "무릎 아래에 다른 쿠션을 드릴까요?") 고객이 침묵에 빠진다고 해서 잡담을 해야 한다고 생각하지 마라. 고객이 완전히 휴식을 취하고 평화롭고 조용하게 쉴 수 있는 바쁜 근무 주 중 유일한 시간일 수 있다. 그것을 망치게 하면 안된다.

(4) 적절한 신체 언어 사용

고객에게 적절한 바디랭귀지를 사용하는 것은 정말 중요하다. 바디랭귀지를 잘하면 고객에게 전문 치료사의 손에 있다는 것을 인식시키고 안심시킬 수 있다.

적절한 신체 언어는 다음과 같다

① 미소짓기
② 눈 맞추기
③ 대화하는 동안 고객을 향하여 앉기
④ 고객과 이야기 할 때 약간 앞으로 기울이기.

또한 고객의 신체 언어를 읽을 수 있어야 한다.

예를 들어, 눈살을 찌푸린다거나 눈썹을 찡그리거나 치켜세우면 일반적으로 짜증이 나거나, 불편하거나, 살짝 아프다는 것을 나타낸다.

Check Point

당신이 말하는 단어는 당신과 다른 사람 사이에서 일어나는 의사소통의 작은 부분(7%) 일뿐이다. 메시지의 38%는 말하는 방식으로 전달되고, 55%는 바디랭귀지를 통해 전달된다.

Summing-up

이 항목을 마치면 다음을 이해해야 한다.

① 좋은 의사소통의 요소는 다음을 수행할 수 있다.

- 올바른 종류의 질문하기
- 관심과 흥미를 가지고 듣기
- 침묵으로 인한 편안함
- 적절한 신체언어 사용

② 열린 질문은 정보를 수집하는 데 사용되는 반면 닫힌 질문은 간단한 '예' 또는 '아니요' 답변을 도출하는 데 사용된다.

③ 관심과 흥미를 가지고 경청하면 고객이 가치 있고 존중받는 느낌을 받을 수 있다.

④ 긍정적이고 신체언어를 사용하면 고객이 안정감을 갖고 관리를 즐길 수 있다.

⑤ 고객의 바디랭귀지에 세심한 주의를 기울이면 말을 하지 않더라도 그들이 불편한지 편한지, 느끼는 것을 알 수 있다. .

5. 전문적인 고객 관리

고객은 당신에게 전문적인 표준관리를 기대할 권리가 있다. 전문적인 관리 표준을 제공하려면 다음을 고려해야한다.

① 금기사항 인식

② 고객의 자존감과 프라이버시를 위한 요구 고려

③ 허위 주장을 하지 않음

④ 자격을 갖춘 치료만을 제공

⑤ 어떤 종류의 진단도 제공하지 않음

1. 금기사항 인식

금기는 고객에게 특정 종류의 치료나 관리의 일부를 제공하는 것이 안전하지 않다는 것을 알려주는 신호 또는 증상이다.

- 고객에게 안전하지 않을 수 있으며 기존 질병을 악화시킬 수 있다.
- 당신과 살롱의 모든 사람에게 안전하지 않을 수 있다.

종종 고객은 관리가 시작되기 전에 고혈압이나 심장 질환과 같은 의학적 문제가 있음을 자유롭게 공개한다. 모든 종류의 의학적 상태를 가진 많은 고객은 당신이 제공할 수 있는 마사지 및 기타 요법으로부터 큰 도움을 받는다. 그러나 고객의 건강과 안전, 당신의 평판과 고용주의 평판을 보호하기 위해 관리를 제공하기 전에 승인을 받아야 한다.

때때로 고객은 문제가 있다는 사실조차 인식하지 못하고 관리용 소파에 자리를 잡았을 때 최근 흉터 조직, 심한 멍 또는 전염성 피부 감염과 같은 것을 발견하게 된다. 전염될 수 있는 피부 감염이 있는 경우 다음과 같은 위험이 있을 수 있으므로 관리를 계속하지 않는 것이 중요하다.

- 감염
- 살롱 전체에 감염을 퍼뜨림

그러나 전체 부위가 아닌 감염 부위를 피하는 것이 필요할 수 있다. 예를 들어 최근에 흉터 조직, 정맥류, 작은 상처 또는 찰과상을 발견한 경우, 이 부위를 제외한 나머지 부위를 작업하기가 어렵지 않으므로 오일같은 제품을 사용하지 않거나 그 부위에 압력을 가하지 않게 조심한다 .

2. 금기사항의 두 가지 유형

(1) 의료적인 사항

고객이 고혈압 또는 당뇨병같은 의학적 상태를 가지고 있는 경우에는 관리를 안전하게 진행하기 전에 고객의 의사로부터 의학적 허가를 받아야 한다.

(2) 치료를 제한할 수 있는 금기사항.

관리사는 의학적 승인이 필요한 미용 치료와 관련된 금기사항을 이해하고 인식할수 있어야 한다.

고객이 의사로부터 그러한 승인을 얻을 수 없는 경우, 관리사는 고객으로부터 서면으로 '정보에 입각한 동의'를 받아야 한다. 즉, 고객이 다음과 같은 금기사항에 대한 관리를 제공하기 전에 상황을 완전히 인식하게 하고 관리를 제한해야 한다.

특정 관리에 대한 금기사항은 아래와 같다.

① 의학적 동의하에 관리되는 상태

- 임신
- 골다공증
- 간질
- 최근 수술
- 당뇨병
- 천식
- 신경염증
- 암
- 자세 기형
- 경련 상태
- 신장 감염
- 경추 손상
- 디스크
- 알 수 없는 통증
- 처방약을 복용할 때
- 신경 / 정신병 상태
- 의료 부종 (수분 정체)
- 꼬인 신경 (좌골 신경통)
- Bells palsy
- 관절염 (또는 유사한 관절통)
- 급성 류머티즘
- 신경계의 모든 기능 장애 (근육경화증, 파킨슨병, 운동뉴런 질환)
- 심혈관 질환 (혈전증, 정맥염, 고혈압, 저혈압, 심장질환)
- 혈우병 (혈액 응고를 방해하는 유전적 상태)
- GP 또는 다른 보완 의사가 이미 치료하고 있는 모든 상태

② 치료를 제한 할 수 있는 금기사항

- 발열
- 설사와 구토
- 피부 질환
- 국소적인 부종
- 자궁경부염
- 염증
- 정맥류
- 베인 상처
- 다박싱
- 찰과상
- 햇빛 화상
- 호르몬 임플란트
- 혈종
- 헤르니아
- 위궤양
- 폭식 후
- 최근 골절 (최소 3개월)

- 알 수 없는 덩어리 및 융기
- 최근 골절 (최소 3개월)
- 목에 영향을 미치는 상태
- 감염성 또는 전염성 질병
- 흉터 조직 (대수술은 2년, 작은 흉터는 6개월)
- 마약 또는 알코올의 영향을 받은 경우
- 고객의 기분에 따른 생리 시작 후 며칠

(3) 고객의 정숙함과 프라이버시

예외가 있겠지만 대부분의 사람들(남성과 여성 모두)은 신체의 한 부분 이상에 불만이 있기 마련이다. 예를 들면 많은 여성들은 더 크거나 더 작은 가슴, 더 가는 허리, 더 뾰족한 턱, 더 건강한 머리카락, 더 부드러운 피부를 원한다. 같은 방식으로, 많은 남성들은 더 키가 크고, 더 근육질이거나, 허리둘레가 더 날씬해지기를 원한다.

여기서 요점은 일부 고객의 경우 옷을 벗고 낯선 사람이 자신의 신체 부위에 작업하도록 허용한다는 개념이 상당히 어려울 수 있다는 것이다. 따라서 치료 전반에 걸쳐 고객의 감정을 고려하고 특히 고객의 자존감이 항상 유지되도록 하는 것이 매우 중요하다.

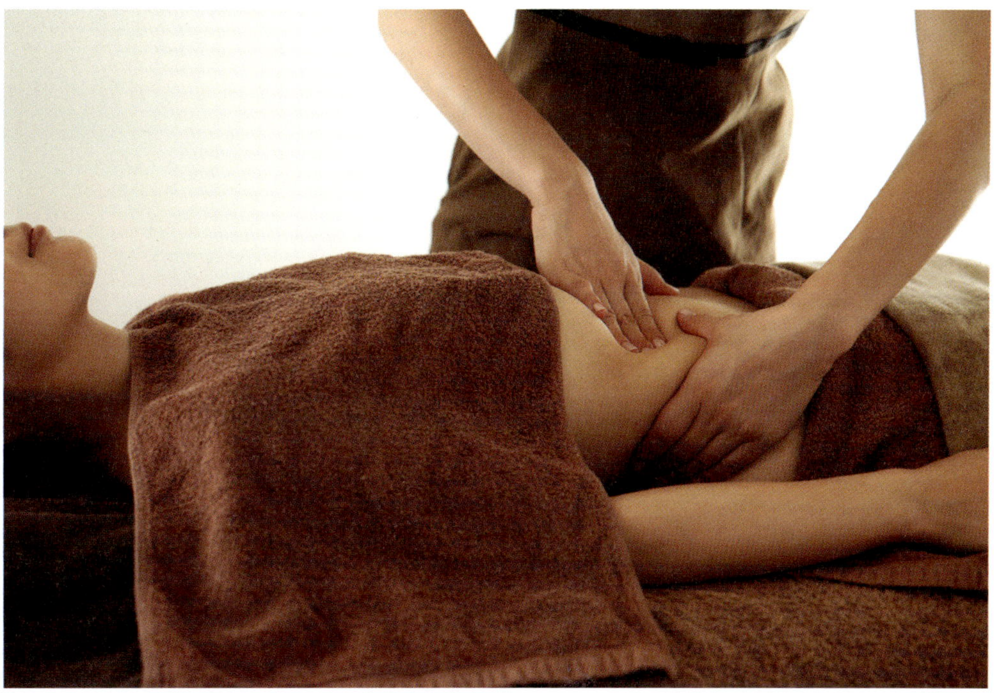

Check List

고객의 자존감을 항상 보호하려면

① 치료를 시작하기 전에 새로운 고객에게 먼저 작업할 신체 부위와 벗어야 할 의복을 설명한다. 또한 관리하는 특정 부위를 제외하고 나머지 부분은 관리 내내 완전히 커버될 것이라는 점을 안심시킨다.

② 고객이 혼자 옷을 벗는 동안 프라이버시를 유지하도록 하고 관리용 베드로 걸어 갈 때 입을 깨끗한 가운을 입도록 한다.

③ 고객이 관리용 베드에 자리를 잡으면 담요와 수건으로 잘 감싼다. 이것은 고객의 자존감을 보존하고 아늑하고 안전하며 완전히 은폐된 느낌을 제공한다.

④ 겨드랑이 또는 비키니 왁스와 같은 사적인 관리를 수행할 때는 항상 보호용 수건을 제공하고, 고객이 보호용 티슈를 배치하기를 원하는 경우 항상 스스로 쓸 수 있도록 허용한다.

⑤ 다른 사람이 관리실을 볼 수 없도록 하여 고객의 개인 정보를 항상 보호해야 한다. 어떤 이유로 든 관리 중에 다른 관리사가 방에 들어오면 그 관리사가 방에 있는 동안 고객의 단정함과 정숙함이 유지될 수 있도록 고객을 잘 덮는다. 방문자가 관리사라도 고객의 관리사가 아니므로 고객은 당혹스럽거나 불편할 수 있다.

⑥ 고객이 다음 고객이 도착하기 전에 옷을 입을 시간과 프라이버시를 확보한다.

당신의 고객은 관리 전, 관리 중 및 관리 후에 항상 최대한의 존경심을 가지고 대우받을 권리가 있음을 기억해야 한다.

(4) 허위 주장을 하지 않음

전문가로서 당신은 법률 내에서 일해야 한다. 이것이 당신에게 의미하는 바는 다음과 같다.

① 제조업체가 제품과 관련하여 오해의 소지가 있는 진술을 하는 경우 (예: '10년 더 젊어 보이게 한다' 또는 '하룻밤 사이에 보기 흉한 지방을 모두 태운다') 고객에게 오해의 소지가 있는 내용을 반복하는 경우 기소

② 가격에 대해 허위 주장을 하는 경우(예 : '이 모이스처라이저는 이번 주에 만원(반값)에 제공하고 있기 때문에 매우 저렴합니다.') 실제로 지난주에 만오천원에 사간 고객이 들었을 때 기소될 수 있다.

관리를 통해 달성하고자하는 목표와 그 결과로 어떤 일이 일어나기를 바라는 건 말해도 괜찮다. 그러나 고객이 기대해야하는 결과에 대해 약속하지 않는 것이 정말 중요하다.

비현실적이거나 사실이 아닌 주장을 하는 경우 법을 위반하는 것이며, 거짓 약속이 실현되지 않을 때 고객은 실망하고 불행해질 것이다.

Check List

법을 준수하려면 다음과 같은 행위를 해서는 안 된다.

① 사실이 아니거나 오해의 소지가 있는 정보 제공

② 제품 또는 서비스에 대해 허위 설명 또는 허위 진술

③ 이전 가격과 현재 가격을 잘못 대조.

Check Point

광고기관은 광고가 합법적이고 품위 있고 정직하며 진실해야 한다고 명시한다. 즉, 살롱 소유주와 관리사는 고객에게 제공되는 제품, 서비스 또는 트리트먼트에 대해 허위 주장을 해서는 안 된다.

다른 관리사 및 기타 비즈니스에 대해 논의할 때 주의하고 중립적인 태도를 취하는 것도 중요하다. 때때로 고객이 다른 치료사, 다른 살롱 또는 익숙하지 않은 치료법에 대한 의견을 물어볼 것이다. 항상 다른 사람이나 사업에 대해 무례하거나 해로운 말을 하지 않는다. 거짓 또는 해로운 발언을 하는 것은 비전문적이고 위험하다. 법정에서 명예 훼손 사건에 직면 할 수 있기 때문이다.

(5) 완전히 훈련되고 자격을 갖춘 관리만 제공

전문가로서 자신의 역할과 한계를 인식하는 것이 중요하다. 수시로 고객이 요청하거나 당신이 교육을 받지 않았거나 자격이 없는 영역에서 조언 또는 치료를 제공하고 싶은 유혹을 느낄 수 있다.

자신의 한계를 넘어가면 안 된다. 항상 아는 것을 고수하고 고객과 신뢰 관계에 있다는 것을 명심해야 한다. 할 수 있거나 해야 할 일의 한계를 넘어서면 그 신뢰를 깨고 고객에게 해를 끼칠 위험이 있다. 관리중인 고객이 피해를 입으면 자신의 경력과 평판이 손상될 수 있다는 점을 항상 기억해야 한다.

고객이 제공할 수 없는 치료를 요청하는 상황에서는 주저하지 말고 경험이 풍부한 관리사에게 문의한다. 물론 고객의 치료 및 건강에 대한 세부 사항을 전달하기 전에 항상 고객의 허락을 받았는지 확인해야 한다.

(6) 어떠한 진단도 하지 않음

뷰티 테라피스트로 일하면서 고객이 "이것을 보시겠습니까 … 당신은 그것이 무엇이라고 생각합니까?" 라고 물을 때가 분명히 있을 것이다. 고객은 알 수 없는 부어오른 덩어리나 점, 병변, 건조피부 부위, 발진 등에 대해 질문할 수 있다.

이것은 다양한 가능성이 있다.

당신이 생각하거나 의심하는 것이 무엇이든, 당신이 진단을 할 수 있는 훈련을 받지 않았거나 자격이 없다는 것을 기억하는 것이 중요하다. 상황에 관계없이 당신의 의견을 제시하지 말고 고객이 의사와 상담하도록 제안한다. '솔직히 말해서, 나는 그것이 무엇인지 정말 모르겠습니다. 내가 당신이라면 의사를 만나기 위해 약속을 잡을 것입니다. … 의사가 당신에게 그것이 무엇인지 살펴보고 말할 수 있을 것입니다.

Summing-up

이 항목을 마치면 다음을 이해해야 한다. .

① 금기는 특정 유형이나 관리의 일부를 고객에게 제공하는 것이 안전하지 않다는 신호 또는 증상이다.
② 주의가 필요한 의학적 상태가 의심되는 경우 주저하지 말고 고객을 담당 GP, 간호사 또는 다른 전문가에게 소개한다.
③ 고객이 요청하더라도 고객에게 진단을 해서는 안 된다. 진단할 수 있는 교육을 받지 않았거나 자격이 없다.
④ 항상 고객에게 관련되고 적절한 관리만 권장해야 한다.
⑤ 교육을 받고 자격을 갖춘 영역(실무 범위) 외에 치료나 조언을 해서는 안 된다.
⑥ 당신이 제공하는 관리 또는 사용하는 제품에 대해 허위 주장을 해서는 안 된다.
⑦ 다른 관리사 또는 살롱에 대해 무례하거나 해로운 발언을 하지 않아야 한다.

6. 전문적인 기록 관리

(1) 클라이언트 기록이 중요한 이유는?

고객을 처음 만날 때, 금기사항이 있는 치료법을 식별하고 고객이 달성하고자 하는 것이 무엇인지 판단할 수 있도록 고객의 건강 상태를 명확하게 파악하는 것이 중요하다.

예를 들어, 고객이 업무 관련 스트레스로 고통 받고 있으며 얼굴 마사지 트리트먼트가 휴식을 취하고 수면 패턴을 개선하는 데 도움이 되기를 바라고 있는지 아니면 클라이언트가 문제없이 건강하지만 일련의 페이셜이 피부 톤을 개선하고 피부 탄력을 회복하는 데 도움이 되기를 바라고 있는 건지 파악해야 할 것이다.

Check List

정확한 고객 기록을 유지하는 주요 이점은 다음과 같다.

① 약속을 취소하거나 재조정해야 하는 경우 또는 고객과 논의해야 할 사항이 있는 경우 고객에게 연락하는 방법을 알고 있다.

② 고객이 당신과 함께 있는 동안 건강상 응급 상황이 발생하면 의사나 가족 중 누구에게 연락해야하는지 알 수 있다.

③ 고객에 대해 알아가고 그들이 좋아하는 것, 싫어하는 것, 치료가 그들에게 어떤 효과가 있기를 바라는지 알 수 있다.

④ 어떤 치료가 금기인지 알 수 있도록 고객의 건강 및 병력에 대한 서면 기록이 있다. 고객이 승인을 필요로 하는 의학적 상태가 있는 경우 고객이 의사로부터 치료를 진행하도록 승인을 받았는지 여부에 대한 기록을 보관할 수도 있다.

⑤ 고객 중 한 명과 약속을 지킬 수 없는 경우 동료가 필요한 모든 정보에 액세스하여 고객을 적절하게 대할 수 있다.

⑥ 고객이 받은 관리, 결과 및 고객이 향후 관리를 다시 반복하기를 원하는지 여부와 관련된 메모를 보관할 수 있다.

(2) 기록 카드의 유형

고객 기록 카드는 살롱마다 약간씩 다를 수 있지만 일반적으로 동일한 기본 정보를 포함한다.

(3) 자신을 보호

가능한 클레임으로부터 자신을 보호하려면 다음 사항을 확인한다.

① 새 고객마다 항상 기록 카드를 작성한다.

② 해당 고객에게 관리를 제공할 때마다 적절한 세부 정보로 카드를 업데이트한다.

일부 관리의 경우 고객은 사용된 제품에 알레르기가 없는지 확인하기 위해 초기 패치 테스트를 받아야 한다. 패치 테스트가 수행된 시기와 결과에 대한 세부 정보를 기록하는 것이 중요하다. 향후 언젠가 고객이 알레르기 반응에 대해 불만을 제기할 경우 패치 테스트 결과가 있으므로 테스트 시점에 모든 것이 정상인지 확인할 수 있다.

CIDESCO PRACTICAL EXAMINATION - Body Consultation Sheet

School Code:	Candidate No.:	Date:

Personal Details	
Client Name:	Telephone:
Date of Birth:	Profession/Occupation:
No. of children:	

Medical History and Contra-Indications		
☐ Heart Disease	☐ Metal Plates / pins	☐ Skin Condition
☐ Blood Pressure Abnormality	☐ Diabetes	☐ Smoker
☐ Thrombosis	☐ Epilepsy	☐ Others (list)
☐ Allergy	☐ Varicose veins	

Client Assessment						
Eating Pattern:						
Exercise:						
Products Used:						
Previous Body Treatments:						
Height:	Weight:		BMI:			
Muscle Tone:	Good	Satisfactory	Poor	Body Type		
Thigh	☐	☐	☐	Endomorph	☐	
Abdomen	☐	☐	☐	Mesomorph	☐	
Buttocks	☐	☐	☐	Ectomorph	☐	

Treatment Objective:
Treatment Plan:

Home Advice and Future Recommendations	
Exercises Demonstrated:	Dietary Advice:
Products recommended:	
Suggested salon treatments:	

CIDESCO PRACTICAL EXAMINATION - Body Consultation Sheet

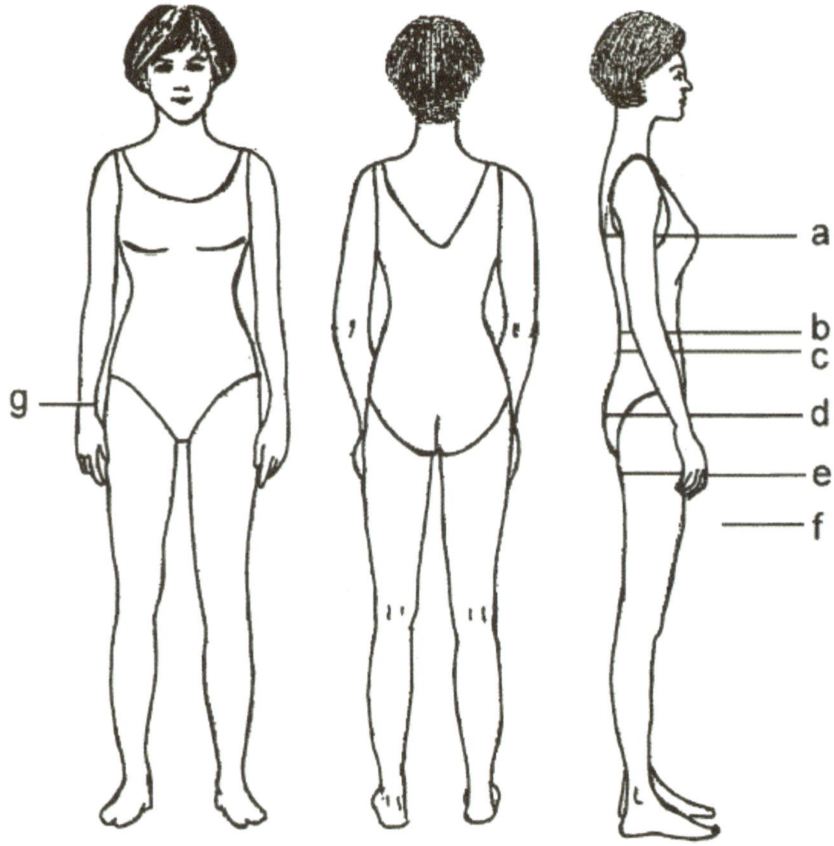

INDICATE ON DIAGRAM THE MEASUREMENTS OF:

a – bust
b – waist
c – hips
d – buttock
e – thigh (right)
f – thigh (left)
g – wrist

DRAW ON DIAGRAM

- Posture faults (if any)
- Skin disorders (if any) including warts, moles, dilated capillaries, bruises, varicose veins etc.

USING THE FOLLOWING KEY, INDICATE:

Fat XXXXXXXXXXX
Cellulite ////////////////////
Poor muscle tone ###############
Stretch marks *SSSSSSSSSS*

INDICATE ANY OTHER RELEVANT OBSERVATIONS

Summing-up

이 항목을 마치면 다음을 이해해야 한다. .

① 새로운 기록 카드는 새로운 고객마다 작성해야 하며 고객이 관리를 받을 때마다 모든 관련 정보를 주의깊게 업데이트해야 한다.

② 고객이 필요하지 않다고 결정하거나 위험을 감수할 의사가 있더라도 이것이 관리를 위한 정상적인 루틴인 패치 테스트를 수행하는 것은 당신의 책임이다. 예를 들어 속눈썹 또는 눈썹 염색 시 패치 테스트를 수행하지 않고 고객이 당신이 사용한 제품에 대해 알레르기 반응을 보이면 당신에 대한 클레임을 제기할 수 있다.

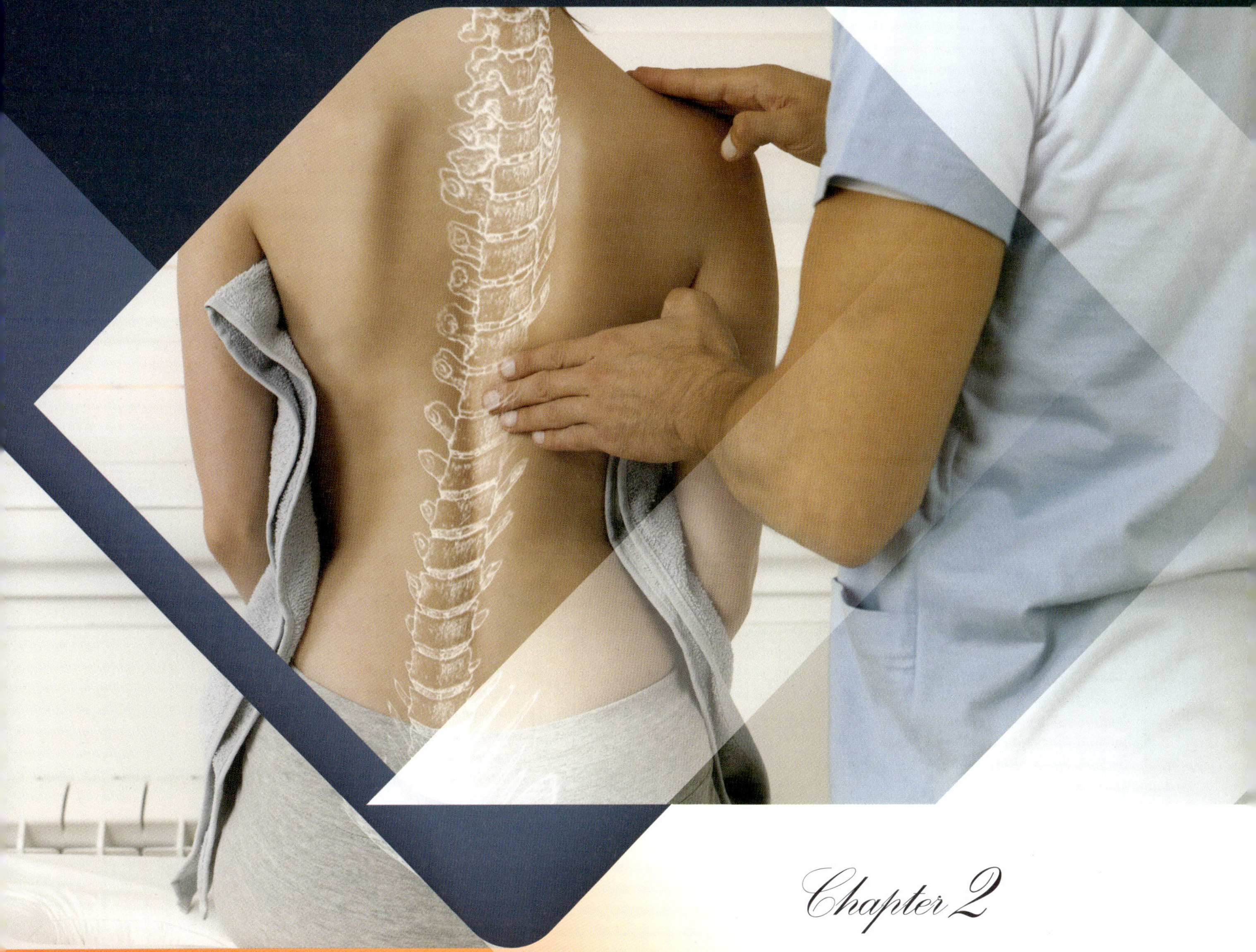

Chapter 2

자세 분석

1. 바디 분석. 고객 정보 수집
2. 바디 측정 기법
3. 바디 타입
4. 자세
5. 자세 문제
6. 바디 측정

Chapter. 2

자세 분석

1. 바디 분석(Body Analysis)

바디 분석은 바디관리를 수행함에 있어 매우 유용한 도구로 사용되는 뷰티테라피의 핵심 기술이다. 체형에 대한 지식을 활용하면 고객이 원하는 관리를 추천하고 관리할 수 있으며 특정 체형 결함도 수정할 수 있다.

체형 진단이라고도 하는 좋은 신체 분석 기술을 익히고 많은 사례를 연습하면 맞춤형 치료를 제공할 수 있다. 고객의 체형을 정확하게 진단하고 그에 따른 관리를 할 수 있다면 고객의 신뢰를 받을 것이다.

2. 고객 정보 수집

고객의 신체를 분석하고 평가할 때 그들이 불안해하거나 당황할 수 있다는 것을 아는 것이 중요하다. 이는 체형에 대한 인식, 관리를 받고 싶은 체형 결함, 낯선 사람 앞에서 옷을 벗을 수 있다는 것에 대한 불편함 때문일 수 있다. 핵심은 고객을 안심시키는 것이다. 그렇게 하면 정확한 데이터와 기록을 얻을 뿐만 아니라 정확한 정보를 제공할 수 있을 것이다.

(1) 관리에 대한 설명

당신을 전문가로 소개하고 고객이 가질 수 있는 긴장감을 완화시키고 신체 분석에서 기대할 수 있는 것에 대한 포괄적인 내용을 제공하는 기회이다.

① 인사말

따뜻한 악수로 고객을 맞이하고 눈을 마주치며 이름을 사용하여 상담에 오신 것을 환영한다.

② 경청하기

고객에게 분석을 통해 달성하고자 하는 것이 무엇인지 물어 보는 것으로 시작한다. 특히 고객이 부끄러워하거나 불편해 보이는 경우 몸을 돌려 고객을 향하고 고개를 끄덕이며 격려한다. 종종 고객이 치료에 중요한 개인적인 것을 드러내기 직전에 멈출 수 있으므로 중단하지 않도록 조심한다.

③ 관리의 개요 설명

고객이 언급하고 싶은 측면과 관련하여 상당히 광범위한 용어로 관리에 대해 이야기한다.

관리가 그들에게 어떻게 도움이 될지 가능한 한 자세하게 설명하되 달성될 수 없는 결과를 약속하지 않는다.

④ 관리되지 않는 영역

고객이 관리로 이익을 얻지 못할 영역에 대해 이를 언급한 경우 반드시 고객에게 전달하여 이러한 측면에 대해 다른 관리법을 제안한다.

⑤ 단계별

고객이 분석을 진행한 데에 만족했다면 이제 단계별로 진행될 일을 설명할 때이다. 체중 및 사이즈 측정에 대한 이유를 설명하는 것이 특히 중요하다. 고객을 안심시키고 달성할 수 있는 사항을 설명하고 사용할 장비의 정확한 특성(중량 저울, 줄자 등)을 배치한다.

⑥ 그밖에 측면

- 다른 관리로 넘어가기 전에 고객의 평가를 듣고 기록한다.
- 어디서 관리가 수행 되는지 알아두도록 한다. – 관리실 또는 그 외.

- 예상되는 의복 제거 및 이것이 취할 형태를 사전에 알고 있어야 한다. 위 속옷을 벗으라는 요청을 할 수 있고 아래 속옷은 그대로 유지된다고 설명한다.
- 분석에 소요되는 시간을 숙지한다.

(2) 고객의 편안함에 대하여

직접 여러 번 관리한 고객의 경우, 종종 고객이 관리 중에 일어날 일을 모두 알 필요가 없다고 생각하기 쉽다. 고객이 단계별로 무엇을 기대해야하는지 안다면 고객의 편안함이 크게 향상된다는 점을 항상 기억한다. 관리사의 구두 안심과 지도는 분석 전반에 걸쳐 필수적인 요소이다.

Check Point

고객이 옷을 갈아입는 동안 항상 고객이 민망해하지 않도록 보호한다. 가운을 준비하고 있다가 갈아입은 즉시 고객이 입을 때까지 기다리지 말고 관리사가 즉시 가운을 덮어준다,

(3) 상담 및 금기사항 확인

고객과 상담하고 고객이 기대할 수 있는 사항을 설명한 후 전문적인 기록과 메모를 작성해야 한다. 여기에는 모든 의료 정보와 신체 분석의 측정 측면뿐만 아니라 치료할 신체 부위가 포함된다. 이것은 관리사가 안전하고 효과적인 관리를 수행할 수 있거나 어떤 상황에서의 관리 진행 여부를 결정할 수 있는 데 필수적이다.

(4) 금기사항

금기는 관리의 전부 또는 일부를 고객이 받지 못하게 하는 상태이다. 이것은 의학적 문제일 수 있지만 정서적 문제에서 알레르기에 이르기까지 다양한 문제를 포함할 수도 있다. 사람들의 신체는 제각기 다르며 예상치 못한 금기사항이 발생할 수 있음을 유의한다. 금기사항이 있는 경우 관리를 변경하거나 조정하여 상태를 해결할 수 있는 방법을 찾아야 할 수 있다. 때때로 의학적 허가가 필요할 수 있으나 고객의 안전이 위험할 경우 관리를 취소할 준비가 되어 있어야 한다.

(5) 금기사항 확인

다음은 금기사항을 확인할 때 다루어야 할 항목이다.

① 병력

일반적으로 어떤 문제에 대해 자유롭게 말하는 사람이 있는가 하면 당신의 고객은 의학적 상태에 대해 즉시 말하지 않을 수 있다. 알아야 할 통증, 부상 또는 기타 문제가 있는지 항상 확인해야 한다.

② 관리할 영역

고객이 원하는 특정부분 관리에 대한 철저하고 자세한 정보와 문제의 이력을 얻는다.

③ 신체 상태

더 많은 분석을 진행할 때 고객의 신체 상태에 대한 보다 자세한 분석을 할 수 있겠지만, 그 전에 고객과 대화하면 많은 정보를 얻을 수 있다.

신체 분석에서는 다음 사항을 고려해야 한다.

- 나이
- 몸무게
- 신체 사이즈
- 근육 긴장도
- 일반 건강
- 특정 문제

고객이 옷을 벗는 것을 매우 불편해 하거나 다른 사람에 의해 몸무게를 노출하는 것을 불편해 하는 경우, 이 사항에 유연하게 대처해야 할 것이다. 그들의 정서적 취약성을 존중하면서 정확한 측정을 하는 것이 중요하다.

Check Point

나이가 들어감에 따라 근 긴장도는 변하고 성인 여성은 30 ~ 70세 사이에 근육량의 약 22%를 잃는다. 이는 나이가 많은 여성이 비례적으로 더 많은 지방을 지니는 경향이 있음을 의미한다.

Summing-up

이 항목을 마치면 다음을 이해해야 한다. .

① 전문적인 상담을 수행하고 고객이 관련 정보를 제공하도록 장려하는 방법
② 치료에서 기대할 수 있는 사항을 고객에게 완전히 설명해야 할 필요성
③ 항상 고객 감정을 존중하는 것의 중요성
④ 금기사항에 관한 것
⑤ 금기 사항을 확인하는 방법

3. 바디 측정기법

고객과 상담하는 동안 기록과 메모를 보관해야 한다. 관리사의 법적 보호를 위해 고객의 건강에 대한 실사를 수행하고 특정 세부 정보를 얻고 확인했다는 서명을 받는 것이 매우 중요하다. 그러나 결과적으로 이것은 고객의 개인 프로필과 진행 상황에 대한 기록을 가지고 더 나은 서비스를 제공하는데 쓰일 것이다.

Check List

고객이 상담을 위해 도착하면 다음을 준비해야 한다.

① 클립 보드
② 상담 양식 및 필기구
③ 이름, 나이 등과 같이 고객이 이미 제공한 세부 정보
④ 이전 기록(있는 경우)
⑤ 저울 및 줄자, 키 재는 막대, 연추직선 같이 필요한 모든 측정 장비
⑥ 추가 메모를 위한 종이

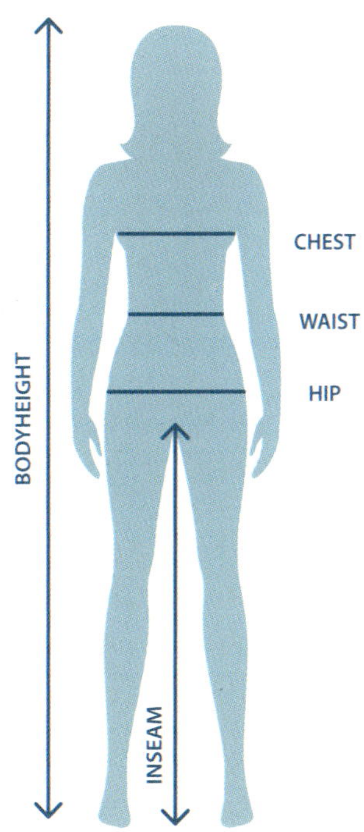

바디 측정지수
(Body Measurements)

(1) 측정 장소

적절한 측정 장소를 확보하면 위생적이고 깔끔하도록 주의를 기울이고 또한 다음을 수행해야 한다.

① 가능한 경우 전용 치료실을 사용하여 수행한다.

② 편안한 어두운 조명은 많은 뷰티 관리에 적합하지만, 밝은 조명은 더 정확한 신체 분석을 위한 선택이다.

③ 평가할 때 메모할 수 있도록 클립보드 용지 또는 상담 양식을 준비한다.

④ 저울과 같은 장비가 켜져 있고 사용할 준비가 되었는지 확인한다.

(2) 시각 측정

이후 단계에서는 정보를 확인하기 위해 장비를 사용하고 터치도 하게 된다. 이 단계로 진행하기 전에 눈으로 가능한 한 많은 데이터를 수집한다. 나중에 이러한 초기 관찰 중 일부는 변경될 수 있지만 시각적 평가는 유용한 첫 번째 평가이며 이러한 방식으로 유용한 세부 정보를 많이 얻을 수 있다.

(3) 피부 톤(상태)

고객의 나이와 전반적인 건강 상태가 피부 질감과 탄력에 영향을 미쳤을 것이다. 쭈글쭈글하거나 늘어진 피부는 체중 감소, 건강 불량, 잘못된 관리 또는 단순히 노화 과정의 결과일 수 있다.

임신 또는 체중 감소로 인한 튼살도 나타날 수 있다. 복부 부위의 부드럽고 주름진 피부도 주목해야 한다.

건조하거나 기름진 피부 질감은 피부 질감을 개선하기 위해 좋은 매개체(탈크, 크림 또는 오일)를 결정한다.

피부 결이 좋지 않은 피부, 쉽게 자극되는 피부, 냉증은 치료 계획에 영향을 미치므로 모두 체크해야 한다.

정맥류, 실 정맥 및 타박상은 여러 형태의 요법에 비 적용증이다.

(4) 근육 톤(상태)

근육에 존재하는 톤이나 긴장은 고객의 신체 상태를 알려주는 역할을 한다.

근육질의 체격은 종종 고객이 살롱 응용 프로그램보다는 개인적인 노력을 통해 달성했을 가능성이 크다. 몸매가 좋으면 지방이 축적될 가능성이 적으며 일반적으로 체형 문제가 거의 없다. 그러나 활동 수준이 감소하면 체중이 누적될 수 있으며 강한 근육집단이 위에 가로놓인 것처럼 압도적으로 느껴질 수 있다. 특히 복부 부위의 근 긴장 손실은 마사지 중에 느껴질 수 있으며(두근거림) 필요한 허리와 복부의 재활정도를 나타낸다. 임신, 수술, 단순한 과체중 및 자세 문제와 관련이 있는 이 상태는 매우 흔하다.

단단하고 똑바른 몸은 일반적으로 좋은 근육 긴장도를 나타낸다. 체지방이 있는지 거의 없는지 여부는 단단한 윤곽선의 모양에서 알아볼 수 있다.

근육에 과도한 긴장이 있으면 통증과 뻣뻣함을 유발할 수 있다. 이완이 어려워 보이는 단단한 근육은 신경 긴장, 부위의 통증 또는 잘못된 자세 때문일 수 있다. 관리사의 수동 체크 중에 통증이 느껴지면 고객은 원인을 파악하기 위해 의료지도를 받는 것이 좋다.

일부 고객은 근육과 정신을 이완하는 데 도움이 필요한 긴장된 사람들이다. 이완 요법과 마사지의 진정 요소를 사용하여 좋은 효과를 얻을 수 있을 것이다.

섬유염으로 발전할 수 있는 긴장이 축적된 부위는 열과 관련된 마사지를 통해 분산될 수 있다. 관리사가 이런 것들을 체크하면 통증을 예방하고 경직을 예방하는 조치가 필요하다는 것을 알게 된다.

(5) 근육강도 테스트

고객의 힘과 일반적인 이동성에 대한 초기 가이드를 제공하기 위해 안마대 또는 침대 옆에서 간단한 테스트를 수행할 수 있다. 자세 운동, 이완 루틴 또는 특정한 활동적인 운동의 필요성이 몇 가지 간단한 테스트로 드러날 것이다. 전기 근육 수축 적용의 필요성도 근육의 힘을 테스트함으로 이 단계에서 결정된다.

1) 복부 부위

고객이 소파에 누운 상태에서(얼굴을 위로) 다음의 테스트를 하면 복부 근육의 강도를 결정할 수 있다.

① 누운 자세에서 일어나 앉는다. 복직근과 복사근을 검사한다.

② 머리가 무릎쪽으로 기울어지거나 무릎에 닿는 상태에서 손으로 발가락을 터치하면서 등의 이동성과 햄스트링의 근육 단축을 테스트한다.

2) 다리

고객이 옆으로 누운 상태에서 위쪽 다리를 들어 올리고 아래쪽 다리를 가져와서 양쪽 다리를 맞닿게 한 다음 함께 천천히 내림으로써 다리강도를 테스트 할 수 있다.

또한 고객이 앉거나 반쯤 기대고 있을 때, 발을 완전히 뻗은 상태에서 작업자가 발을 잡고 있는 동안 작업자의 저항과 반대로 당겨달라고 고객에게 요청하고 다른손으로 종아리와 허벅지를 만져보면서 강도를 테스트할 수 있다. 고객은 발을 펴기 위해 작업자의 균일하고 제어된 압력에 대항하여 위치를 유지하려고 한다.

3) 팔

동일한 내용으로 근육의 확장 및 수축 작업을 팔에 수행할 수 있다. 고객은 손을 어깨에 대고 팔을 펴야 하는 작업자의 압력에 대항하여 어깨에 손을 대도록 요청한다. 반대로 팔을 펴고 작업자가 잡은 상태에서 고객은 작업자의 저항에 대항하여 손을 어깨로 되돌리려고 한다.

관리사에 의한 수동적 근육테스트 뒤에는 고객 스스로 하는 능동적 테스트도 필요한데, 여기서 동작은 자유 움직임(도움 없는), 보조 움직임(작업자가 안내 및 지원) 또는 저항 움직임(작업자 또는 고객의 저항에 대한) 등이 있다. 관리사에 의한 수동적인 근육 테스트를 한 후, 고객의 근력 및 일반적인 자세에 대한 정보를 알기 위해 침대 옆에서 몇 가지 자유로운 운동을 수행하도록 요청한다.

- **발가락 접촉** – 등과 햄스트링(허벅지 위쪽)의 이동성 테스트
- **허리 굽힘** – 몸통의 균형, 강도 및 유연성 판단
- **팔 스윙 및 회전** – 어깨 근육들의 자세와 이동성에 대한 지침을 제공

(6) 체중 축적물

체중 감소와 관련된 경우, 최선의 제거 방법을 결정하기 위해서는 신체에 지방조직의 분포가 중요하다. 팔다리의 몸통과 근위부를 덮는 일반 피하(표면) 지방은 특정 치료의 효과보다는 다이어트의 필요성을 지적할 것이다.

근육 부위의 국부적인 지방 침전물은 그 한 부위에 특별히 적용되는 전기 요법이나 깊은 마사지로 효과를 볼 수 있으며, 식이요법은 필요하지 않을 수 있다.

지방 축적물이 가지고 있는 형태는 신체에 있는 위치, 얼마나 최근에 축적되었는지, 또는 오래 전에 축적된 것인지에 의해 결정될 것이다. 표면적인 지방은 식이요법을 통해 빠르게 증가되고 빠르게 없어진다.

단단하거나 만져지진 않지만 국소 축적물이 오랫동안 정착되었다면 그것들은 식이요법을 통해 제거하기가 어렵다. 왜냐하면 그러한 지방은 근육 섬유 사이에 존재하며, 마지막에 감소되는 경향이 있기 때문이다. 무릎, 대퇴부 및 상부 팔 사이에 지방 침전물이 있고 덜 견고하게 느껴지며 만지면 부드러워 보인다.

셀룰라이트라고 불리는 지방질은 지방 조직이 취할 수 있는 형태의 또 다른 예로서, 오렌지 껍질처럼 보이는 움푹 패인 피부 상태로 존재한다.

지방 조직과 몸에서 지방세포가 제거되는 것을 고려할 때, 지방 세포가 체내 어디에 있든 지방세포는 '지방세포' 라는 것을 기억하는 것이 중요하다. 지방세포는 무거운 근육 그룹에 비해 약한 근육 부위와 관련될 때 다른 형태를 취하는 것으로 보인다(셀룰라이트). 신체의 특정 영역은 많은 남성과 여성에게 공통적인 지방 저장소이며, 이 부위의 지방은 일반적으로 제일 마지막에 손실되기 때문에 아무리 다이어트를 해도 잘 빠지지 않는 저항력이 있다. 엉덩이와 허벅지는 여성, 복부, 허리, 허리 아래부위는 남성에게 흔하다.

지방 축적물이 신체의 특정 부위에서 다르고 제거하기 더 어렵지만 그 위치와 원인이 알려지면 제거 계획을 시작할 수 있다.

Check Point

분석이 끝날 때가 아니라 분석을 수행하면서 발견한 중요한 세부 사항을 적어 둔다. 이렇게 하면 중요한 포인트를 놓치지 않는다.

(7) 지방의 유형

① 부드러운 지방

이것은 피부의 진피 아래에서 발견되는 지방 조직이며 고객의 상태와 체중에 따라 두께가 다르다. 촉감이 부드럽고 만지면 흔들린다. 식이요법과 운동으로 쉽게 분산되며 더 단단한 지방 위에 쌓일 수 있다. 또한 체중 감량을 위해 고안된 스파 트리트먼트에도 잘 반응한다.

② 단단한 지방

이 지방에는 종종 부드러운 지방층이 겹쳐져 있다. 그것은 한동안 존재했기 때문에 더 콤팩트하며 부드럽게 풀리거나 스파 트리트먼트로 치료하기가 더 어렵다.

③ 갇힌 지방

이것은 근육 섬유 내에 갇혀 제거하기가 매우 어려운 단단하거나 또는 부드러운 지방이다. 어느 시점에서 운동 체제를 계속하는 것을 중단한 고강도 근육에 매우 적합했던 사람들에게서 발생할 가능성이 가장 높다. 근육은 지방으로 대체된 다음 한때 매우 탄력이 있던 근육 섬유 사이에 잠기게 된다.

④ 셀룰라이트

이것은 여성에서 특히 허벅지와 엉덩이에서 가장 흔하게 발견된다. 이것은 손상된 세포에서 간질액이 누출되어 지방 세포 사이에 갇히면서 발생하게 되며 치료가 매우 어렵다. 피부가 눌리지 않고 자연스러운 상태일 때 매우 눈에 띄는 울퉁불퉁한 표면을 형성한다. 혈액 순환을 촉진하는 스파 트리트먼트뿐만 아니라 식이요법과 운동도 도움이 될 수 있다.

(8) 신체의 형태(Body Type)

이것은 밑에서 더 자세히 다루겠지만, 체형은 정보에 입각하여 관리계획을 세울 수 있도록 몇 가지 신체 유형으로 대략 그룹화 될 수 있다. 이러한 기본 체형에는 중간체형(mesomorph), 외배엽형(ectomorph) 및 내배엽형(endomorph)이 있다.

(9) 체액 정체

많은 사람들, 특히 나이가 들어감에 따라 관절 주위에 체액이 축적된다. 이것을 체액 정체 또는 부종이라 한다. 임신도 주요 원인이다. 주된 이유는 일반적으로 과도한 체액을 제거하는 림프계가 이 작업을 효과적으로 수행할 수 없기 때문이다.

(10) 신체 언어

이것은 고객이 특정 치료를 필요로 하는 이유와 치료에 대해 어떻게 느끼는지에 대한 중요한 단서를 제공할 수 있다. 팔짱과 같이 긴장된 신체 언어는 고객을 이완시킬 수 있는 일을 할 수 있는 단서이다.

(11) 자세

이것은 뒤의 자세 파트에 자세히 설명되어 있지만 시각적 평가는 몇 가지 주요 자세 불균형을 신속하게 파악하고 나중에 진단할 내용을 설정할 수 있다.

(12) 차트 보관

신체 분석 중에는 적절한 기록과 메모를 보관하는 것이 특히 중요하다. 이것은 고객이 어떻게 발전했는지에 대한 역사를 보여주고 연속되는 관리 동안 동기부여 역할을 할 것이다.

고객 기록을 환자의 의료 기록처럼 취급해야 한다. 깔끔하게 보관하고, 기밀을 유지한다. 기록을 잘 관리하면 고객이 관리를 진지하게 받아들이고 장기적인 결과에 관심을 갖게 된다.

Summing-up

이 항목을 마치면 다음을 이해해야 한다.

① 신중하게 작성된 상담 양식의 중요성
② 신체 분석을 위한 올바른 영역을 설정하는 방법
③ 자세의 다른 양성을 시각적으로 관찰하는 기초
④ 기록 유지

4. 신체의 형태(Body Type)

모든 고객의 체형은 유일무이하지만 개인의 특정 신체 유형 범주를 그룹화 하는 방법을 아는 것은 관리에 매우 유용하다. 다양한 체형에 가장 적합한 치료법을 이해하게 될 뿐만 아니라 어떤 장기 솔루션이 가장 적합한지 알게 될 것이다. 체형은 대략 세 가지 범주 또는 이러한 그룹을 기반으로 한 조합으로 분류된다.

(1) 형태학 이해 및 설명

형태학은 형태와 구조를 연구하는 생물학 분야를 말한다. 뷰티 테라피에서는 사람의 체형을 마른바입의 외배엽형, 중간체형 및 뚱뚱한 타입의 내배엽형 등 세 가지 기본 그룹으로 분류하는 데 사용되며, 각 그룹은 신체가 서로 다른 조건에서 어떻게 반응하는지에 대한 것을 알려준다.

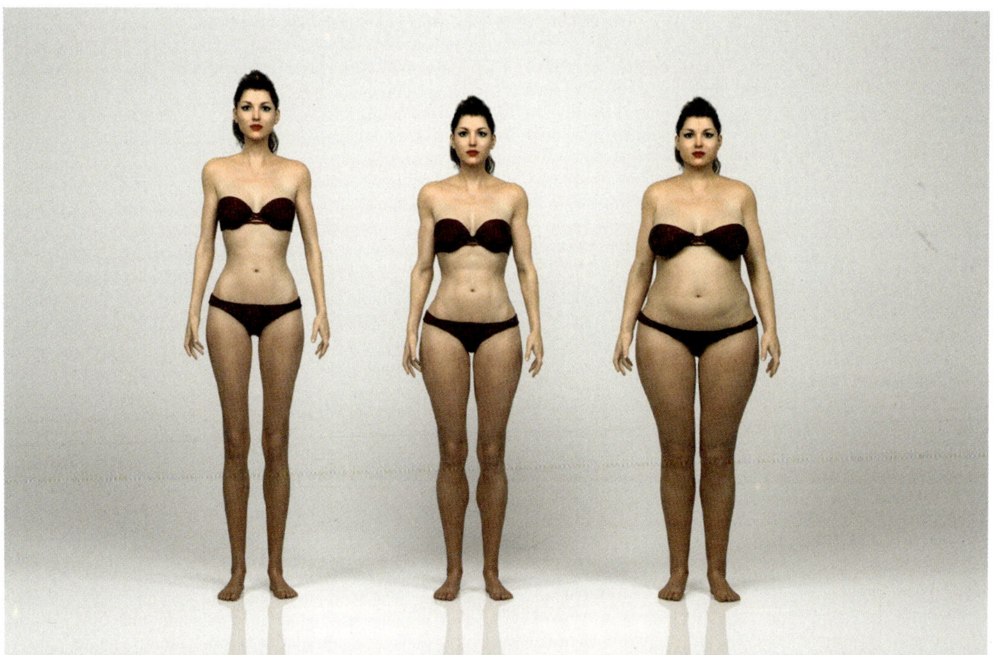

외배엽형 (Ectomorph) 중간체형 (Mesomorph) 내배엽형 (Endomorph)

(2) 엔도몰프(Endomorph)

이 체형은 체지방을 늘리는 경향이 있는 전형적인 귀여운 유형이다. 엔도몰프 중 가장 슬림한 경우는 작은 체형에 허리가 매우 가늘다. 그러나 보통은 과도한 무게를 지닌 엔도몰프를 만날 가능성이 더 크다.

이 유형은 지방 조직이 잘 쌓이며 지방은 주로 엉덩이와 허벅지 주위에 축적되어 나중에 어깨와 복부로 진행된다. 체중 증가에 비해 작은 허리를 유지할 수 있고, 유전적으로 더 건강한 지방 축적을 가지고 있는 경향이 있다.

큰 크기의 모든 고객이 엔도몰프라고 가정하기 쉬운데, 사실 모든 신체 유형은 과체중을 지닐 수 있으며, 엔도몰프를 정확하게 평가하려면 추가 인자와 함께 지방이 축적되는 곳에 적절한 주의를 기울여야 한다.

Check List

① 작은 손과 발 ② 타고난 유연성
③ 좋은 혈액순환 ④ 일반적으로 짧은 사지 및 작은 키
⑤ 부드러운 피부와 가는 머리카락 ⑥ 둥근 체격

(3) 엑토몰프(Ectomorph)

이 체형은 많은 여성들이 선호하는 체형이다. 엑토몰프는 뼈대가 약간 있고 가늘고 체지방이 적다. 그래서 외형은 여성적인 곡선이 적고, 가늘고 긴 팔다리를 가지고 있으며 근육이나 체지방을 두지 않는 경향이 있다. 이 체질은 많이 먹어도 체중이 늘지 않는 경향이 있고, 그 결과 작은 관절이 있는 연약하고 섬세한 체격이 생긴다. 많은 여성들의 외형은 체지방이 부족하여 여성다운 곡선이 부족하고, 남성 외형은 부피가 큰 근육을 얻는 능력이 부족하여 좌절감을 느낄 수 있다.

Check List

① 길고 날씬한 팔다리. 키가 큰 편
② 작은 관절
③ 섬세한 몸
④ 작은 흉상
⑤ 지방 조직이 부족하여 셀룰라이트가 더 뚜렷하게 보일 수 있다.

(4) 메소몰프(Mesomorph)

메소몰프는 무겁고 부피가 큰 근육을 만드는 자연적인 능력을 가지고 있기 때문에 일반적으로 남성의 신체 유형이다. 메소몰프는 종종 매우 짧은 시간에 매우 쉽게 근육을 불릴 수 있으며, 이러한 이유로 이 체형은 매우 강인한 관절과 함께 자연적으로 매우 강하다.

메소몰프는 근육의 결과로 사지가 둥근 체격으로 운동적으로 보인다.

이 유형은 종종 활동적인 것을 선택하고 그렇게 하는 한 근육은 매우 강력한 대사 자극제이기 때문에 체중 증가에 문제가 없을 것이다.

이 유형의 단점은 지방이 획득되면 제거하기가 매우 어려운 근육 사이에 머무르는 경향이 있다는 것이다. 지방은 또한 전형적인 남성 패턴으로 축적되어 상당한 양이 획득될 때까지 복부 주위에만 정착하고 엉덩이를 남겨두는 경향이 있다.

Check List

① 강한 근육 긴장
② 모래시계 모양(여성), 직사각형 모양 (남성)
③ 좋은 자세
④ 두꺼운 피부
⑤ 부족한 자연적 유연성.

(5) 콤비네이션

위 유형의 조합인 신체 유형을 발견할 가능성이 매우 높다. 예를 들어, 엔도몰프처럼 빠르게 체중을 얻는 근육형 또는 두꺼운 관절을 가진 슬림한 외형을 볼 수 있다. 현재의 이론은 수렵 채집자에서 농부에 이르기까지 다양한 진화 진행 단계를 다루기 위해 신체 유형이 진화했으며 우리가 여전히 진화하고 있는 동안 새로운 유전적 조합이 여전히 발생한다는 것이다.

(6) 그 외 신체 유형

개인의 체형에 따라 지방 축적 부위가 다르기 때문에 분석을 통해 효과적인 치료에 대한 결정을 내릴 수 있다.

① 사각형(사과형)

정사각형 유형은 대부분 복부 주위에 지방이 정착하면서 중간 영역 부위에 체중이 증가한다. 전형적인 외모는 부피가 큰 동그라미에 다리와 팔이 날씬한 '사과에 이쑤시게' 이다.

이것은 유전의 결과일 수 있지만 스트레스 또한 지방이 허리 주위에 정착하도록 신호를 보내는 요소이다. 부신이 지속적으로 자극을 받으면 간에서 비상 에너지 저장을 방출하고, 사용하지 않을 경우 복부에 지방으로 재 증착되어 사과 모양을 만든다. 트리트먼트는 스트레스를 줄이고 사과 체형을 바꾸게 하는 데 중요한 역할을 할 수 있다.

② 역삼각형(하체형/서양배형)

이것은 지방이 엉덩이와 허벅지 주위에 정착하는 고전적인 여성형 지방 분포이다. 모양은 둥근 엉덩이와 허벅지가 작은 허리로 가늘어지는 서양배 모양이며 종종 작고 좁은 어깨를 가지고 있다. 서양배 모양의 지방 분포는 신체가 이 부위의 지방 조직에 매달리는 경향이 있기 때문에 이동이 매우 힘들 수 있다. 그 이유는 비록 미적으로 고객이 다르게 느낄 수 있지만 허리가 작게 유지되는 한 이것은 완벽하게 건강한 지방 분포이기 때문이다.

③ 삼각형

삼각형 모양의 개체는 넓은 어깨와 좁은 엉덩이를 가지고 있으므로 상체가, 특히 여성의 경우 너무 커 보일 수 있다. 이 체형은 스포츠를 통해 부분적으로 획득할 수 있는데 어깨 주위의 근육을 많이 쓰는 수영 같은 운동으로 만들 수 있다.

Check Point

신체의 중간부위에 쌓인 지방은 혈류로 들어가 건강 문제를 일으킬 수 있는 이동성이 좋은 반면, 엉덩이와 허벅지 지방은 상대적으로 안정적이며 장기 저장 역할을 한다.

Summing-up

이 항목을 마치면 다음을 이해해야 한다.

① 신체 유형을 분류하는 이유

② 형태이론

③ 지방 분포를 정의하는 방법

5. 자세

장시간 앉아 있거나 무거운 핸드백을 들고 하이힐을 신고 걷는 현대인의 경향으로 인해 자세가 잘못 정렬되는 경우가 많다. 다른 관련 치료가 더 효과가 있을 것이라고 생각하기 쉽지만 자세 교정은 강력한 솔루션이 될 수 있다. 좋은 자세를 취하면 단단해진 가슴, 커진 뼈대, 압도적인 존재감으로 더 날씬해 보이게 할 수 있다.

(1) 자세 평가의 중요성

고객이 관리를 받으러 오면 가장 적절한 관리법을 제안하는 것이 중요하다. 이러한 이유로 자세 평가는 관리를 수행하는 데에 필수적이다. 체형을 교정하기 위해 설계된 모든 치료 과정은 자세 평가로 시작해야 한다.

이것은 치료할 수 없는 자세 결함일 경우 특히 중요하다. 많은 고객이 어깨가 구부정한 자세를 취하거나 신체의 한쪽이 약간 비스듬할 수 있다. 두 결함 모두 비교적 쉽게 수정할 수 있다.

자세 평가는 신체의 불편함을 강조하여 치료사가 필요한 경우 조정하는 데 도움이 될 수 있다. 또한 치료가 기존 상태를 악화시키거나 해를 끼치지 않도록 한다.

자세 결함이 경미한 경우 치료사는 기본적인 교정을 제공하여 고객에게 문제가 악화되는 것을 방지할 수 있다. 고객의 자세로 인해 통증이나 불편함이 발생하는 경우 항상 의사에게 의뢰해야 한다.

Check List

좋은 자세로 찾는 포인트

① 머리는 중간선을 넘어서는 안 된다.(발목에서 정수리까지 그린 가상의 중심선)
② 팔은 편하게 양쪽에 고르게 놓여야 한다.
③ 견갑골(어깨 뼈)과 척추 사이의 거리는 양쪽에서 균등해야 한다.
④ 견갑골은 수평으로 위치한다.
⑤ 척추는 똑바르다.

Check List

⑥ 등은 척추에 자연스러운 곡선을 가지고 있다.
⑦ 복부는 평평하게 보인다.
⑧ 허리 곡선은 평평하다.
⑨ 엉덩이가 비정상적으로 튀어 나오지 않는다.
⑩ 다리는 앞쪽을 향한 무릎과 같은 길이이다.
⑪ 체중이 고르게 분포되어 있다.
⑫ 발은 앞쪽으로 약간 떨어져 있어야 한다.

Check Point

좋은 자세로 관리하러 오는 고객은 거의 없다.
몇 가지 지침과 연습만으로 자신을 유지하는 방식을 근본적으로 바꿀 수 있다.

(2) 연추직선(Plum line)

수직으로 떨어지는 선으로 고객의 자세이상을 평가할 수 있다. 연추직선(Pium Line)은 줄 끝에 무거운 추를 달아 수직으로 떨어지게 하여 정확한 측정이 가능하다. 옆모습에서 고객을 보고 발목에서 머리까지 직선으로 이어지는 선을 상상한다. 이 선이 몸의 중간을 지나면 목을 넘어서 정수리를 벗어난 자세가 좋다. 그런 다음 정면 각도에서 평가하고 어깨에서 어깨로 이어지는 직선을 상상한다. 이 선은 정확히 수평이어야 한다.

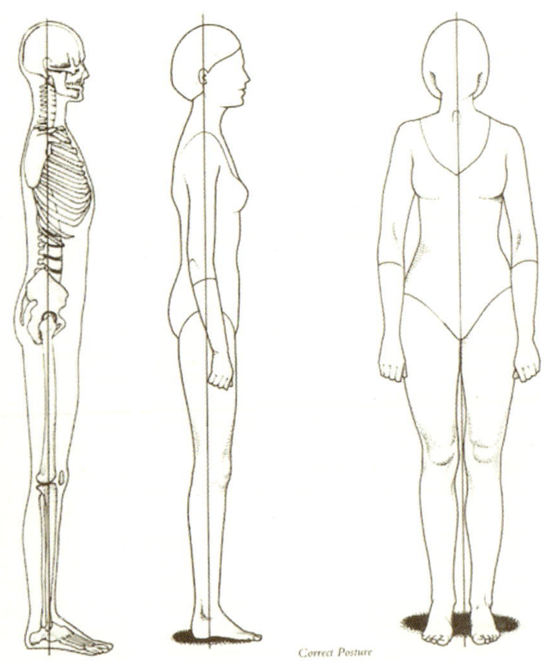

Correct Posture

PLUMB LINE POSTURE ANALYSIS

EST. 1946

POSTERIOR VIEW	YES	NO
HEAD & NECK		
- *Head tilt*	☐	☐
SHOULDER		
- *Uneven shoulder height*	☐	☐
- *Uneven scapulae*	☐	☐
TRUNK		
- *Scoliosis*	☐	☐
PELVIS & HIP		
- *Lateral pelvic tilt (Uneven hips)*	☐	☐
KNEE		
- *Genu Varum (Bow legged)*	☐	☐
- *Genu Valgum (Knock-knee)*	☐	☐
ANKLE & FOOT		
- *Pes Planus (Flat feet/fallen arches)*	☐	☐
- *Pes Cavus (High arch)*	☐	☐

LATERAL VIEW	YES	NO
HEAD & NECK		
- *Forward head*	☐	☐
- *Protruding chin*	☐	☐
SHOULDER		
- *Forward shoulder*	☐	☐
THORACIC VERTEBRAE		
- *Kyphosis*	☐	☐
LUMBAR		
- *Lordosis*	☐	☐
- *Sway Back*	☐	☐
- *Flat Back*	☐	☐
PELVIS & HIP		
- *Anterior pelvic tilt*	☐	☐
- *Posterior pelvic tilt*	☐	☐
KNEE		
- *Genu recurvatum (Knee bends backwards)*	☐	☐

ANTERIOR VIEW	YES	NO
HEAD & NECK		
- *Lateral tilt*	☐	☐
- *Mandibular asymmetry*	☐	☐
SHOULDER		
- *Dropped/elevated shoulder*	☐	☐
- *Uneven clavicles*	☐	☐
- *Uneven ribs*	☐	☐
ANKLE & FOOT		
- *Hallus vagus (Bunion)*	☐	☐
- *Hammer toes*	☐	☐

(10NB14)

Summing-up

이 항목을 마치면 다음을 이해해야 한다.

① 외모에 대한 자세의 중요성

② 자세가 뷰티테라피에서 어떻게 관련되는지 연관성

③ 연추직선을 이용한 자세평가 방법

6. 자세 문제

똑바로 선 자세가 이상적이지만 대부분의 고객은 이상적인 자세로 몸을 유지하지 못할 것이다. 비교적 쉽게 해결할 수 있는 일반적인 문제뿐만 아니라 작은 불균형도 볼 수 있다.

그러나 자세 결함은 더 심각한 장애로 이어질 수 있으며, 이는 의학적 장애는 아니지만 고객에게 불편함을 유발할 수 있다.

1. 자세 결함

이상적인 자세에서 벗어난 자세는 시정되어야하지만, 다양한 구조적 결함 또한 나쁜 자세의 결과로 인한 경우가 많다.

(1) 노부인의 허리(Dowager's Hump)

이 상태는 주로 노인, 특히 여성에게 나타난다. 이것은 시간이 지남에 따라 목 뒤쪽에 지방 침전물이 쌓이게 하는 구부러진 자세로 인해 발생한다.

교정

머리와 목을 일직선으로 유지하는 것이 중요하다. 그러나 지방 침전물로 인해 목이 아래로 처질 수 있기 때문에 어려울 수 있다. 머리와 목을 뒤로 밀면서 똑바로 서야 하며 1초 동안 유지한 다음 해제하고 하는 과정을 오래 반복해야 한다. 또한 머리를 좌우로 부드럽게 회전시키면서 움직임이 힘들 때까지 최대한 뒤쪽을 볼 수 있게 목을 회전한다.

(2) 견갑골 이상(Winged Scapula)

이것은 늘어진 가슴 근육으로 인해 견갑골이 튀어나온 증상이다. 일반적으로 배낭을 장기간 들고 다니면 발생하지만 과도한 근육 형성도 원인이 될 수 있다.

교정

가슴 근육을 조이고 등의 내전근을 풀어 견갑골을 다시 올바른 위치로 밀어 넣는 것을 목표로 한다. 앉은 자세로 무게를 유지하면서 귀와 팔꿈치를 90도 수평으로 맞춘다. 고객은 팔을 앞으로 당겨 팔꿈치와 손목이 닿도록 한다. 2초 동안 닿고 놓기를 10회 동안 반복한다.

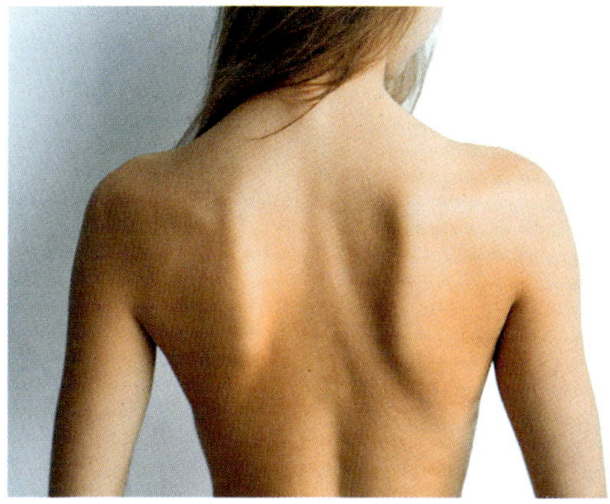

고양이 스트레칭은 허리를 여는데도 유용하다. 여기에서 고객은 고양이와 같은 자세로 등을 구부리고 2초 동안 기다렸다가 돌아온다.

(3) 척추후만증(Kyphosis)

Winged Scapula와 반대되는 상태인 이것은 어깨를 앞뒤로 당기는 가슴 근육이 너무 조여서 발생한다. 이것은 늘어난 인대에 의해 유방이 처질 수 있으므로 중요하게 다루어야 할 교정 자세이다. 키나 가슴 크기에 대해 자의식이 있는 여성과 정기적으로 몸을 앞으로 구부리는 직업에 종사하는 여성에게서 이러한 현상을 볼 수 있다.

교정

견갑골 내전근 (견갑골을 연결하는 근육)을 강화한다. 바닥에 엎드리고 누워 이마를 바닥에 대고 팔은 손바닥을 바닥에 대고 앞으로 뻗는다. 팔을 바닥에서 가능한 한 높이 들어올리고 2초 동안 유지한 다음 긴장을 푸는 과정을 가능하면 최대 10회까지 반복한다.

가슴 근육을 늘리는 것에도 도움이 된다.

또한 팔을 들어 올려 귀와 팔꿈치가 90도인 상태에서 앞쪽을 향하게 앉고 그런 다음 어깨와 팔을 부드럽게 뒤로 밀고 2초 동안 유지한 후 놓은 다음 이 움직임을 최대 10회 반복한다.

(4) 척추전만증(Lordosis)

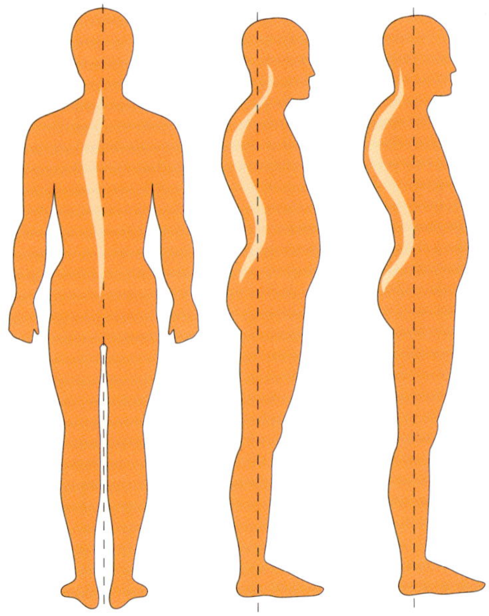

이것은 허리 부위가 조여져 척추 주변의 근육이 올라가고 요추 부위에 부자연스럽게 뚜렷한 곡선이 생기는 증상이다.

일반적인 원인은 굽이 높은 신발인데 몸이 척추에 기대어 앞으로 기울어짐을 과도하게 보정하기 때문이다. 마찬가지로 임신한 여성도 배의 무게로 등을 기대는 결과로 이 부위에서 단단한 근육을 발달시킬 수 있다. 체조 선수와 발레리나도 영향을 받을 수 있다.

교정

여기서 핵심은 몸을 앞으로 당기면서 복부를 강화하고 조이는 것이다. 복부 크런치는 척추에 부담을 주지 않기 때문에 이상적이다. 등을 대고 누워 무릎을 가슴까지 올리고 구부러진 무릎쪽으로 30도 정도 부드럽게 구부리면서 복부 근육을 팽팽하게 당긴다. 2초 동안 홀딩하고 10번 반복한다.

허리 부분을 다루기 위해 등을 대고 무릎을 가슴 쪽으로 세게 당긴다. 10초 동안 당기고 있다가 다시 한 번 반복한다. 한 번에 한 무릎씩 이 과정을 반복하고 마지막 10초 동안 두 무릎으로 마무리한다.

(5) 척추측만증(Scoliosis)

이 상태는 등 한쪽의 근육이 한 곳 이상에서 팽팽하게 밀착된 결과이다.

그 결과 근육들이 척추를 정렬에서 벗어나 S 또는 C 모양으로 잡아당긴다. 일반적인 원인으로는 한쪽에 무거운 가방을 들고 다니거나 한쪽 엉덩이에 아기를 받치는 것이 있다. 허리 라인이 고르지 않고 경우에 따라 골반이 앞으로 기울어지기도 한다.

교정

운동은 한쪽으로 늘어난 근육을 강화하는 작용을 해야 한다. 등의 고르지 않은 근육의 경우 발을 어깨 거리만큼 벌리고 서서 더 높은 어깨를 아래로 누른다. 10초 동안 누르고 놓았다가 반복한다.

어깨너비를 벌리고 서서 반대쪽 손은 엉덩이에 올려놓고 아래쪽에 있는 팔을 들어 올리면 아래 근육을 조일 수 있다. 머리 위로 쭉 뻗고 5초 동안 유지한 다음 손을 뗀 후 10번에서 20번 반복한다.

7. 바디 측정

고객을 시각적으로 평가하는 것은 체형과 자세를 평가하는 유용한 방법이 될 수 있지만 물리적 측정은 훨씬 더 풍부한 데이터 소스를 제공한다. 많은 고객들은 측정값이 척도 측정의 형태를 취할 것이라고 가정하지만 이것은 수집된 데이터의 일부에 불과하다. 체중과 키 및 체형의 관계 또한 신체 분석에 매우 중요하다.

(1) 클라이언트 준비

① 경쾌한 톤

많은 고객은 저울이나 측정 줄자를 보면 무엇이 자신을 기다리고 있는지에 대해 두려워하고 심지어 괴로워 할 것이다. 이럴 때 목소리와 몸짓을 사용하여 가볍고 쾌활한 분위기를 유지하도록 한다. 고객이 불편하거나 판단을 받고 있다고 느끼게 하는 '의료적' 분위기를 피하도록 한다.

② 탈의

옷은 수치를 분명하게 나타낼 수 없으므로 고객이 측정을 위해 속옷을 벗는 것이 중요하다. 사복을 벗고 깨끗한 가운으로 갈아입으면 당신이 돌아오기를 기다릴 것이다

③ 따뜻하고 깨끗한 손

고객의 맨살을 만질 것이므로 따뜻한 물로 손을 씻고 너무 차갑지 않도록 철저히 말린다.

④ 커뮤니케이션

계속해서 고객에게 다음 측정을 진행할 수 있는지 확인해야 한다. 긍정적인 목소리를 사용하고 어떤 측정치가 나오든 수치를 적어 놓으면서 항상 톤을 밝게 유지한다. 고객이 심하게 불편해할 수 있으므로 결코 불쾌해 보이지 않는 것이 매우 중요하다.

(2) 몸무게

몸무게가 유일한 기준은 아니지만 이는 건강을 나타내는 주요 지표이며 고객의 사이즈를 측정하는 데 유용하다. 그러나 무게가 주요 지표로 사용되는 것이 아니라 큰 그림의 데이터 조각으로 사용된다는 점으로 매우 중요하다 할 수 있다.

① 측정

체중계가 평평하고 단단한 표면에 있는지 확인한다. 두꺼운 카펫이 판독 값을 변경할 수 있으므로 이것은 매우 중요하다.

고객이 몸을 고르게 펴고 앞을 똑바로 바라보고 우뚝 서서 저울을 밟도록 한다.

고객이 숫자를 보기 위해 자세를 바꾸려는 유혹이 없도록 저울의 무게를 읽어주고 기록한다.

② 체중이 변동하는 이유

- 다른 옷. 옷의 무게가 있으므로 속옷으로 만 고객의 무게를 재는 것이 중요하다.
- 고객의 몸만이 저울에 있는 것은 아니다. 당신은 그들이 하루에 가지고 다니는 음식과 액체를 함께 측정하고 있다. 물 1리터의 무게는 1kg이므로 무게에 차이를 만들 수 있다.
- 이러한 이유로 시간이 체중에 차이를 만들 수 있으며 고객은 특정 시간에 더 많은 체중을 싣는 경향이 있다. 가능하면 매주 같은 시간에 실시한다.
- 월경, 음식 알레르기, 음식 선택 또는 특정 의학적 장애는 체액 정체를 유발

하여 체중을 변화시킬 수 있다.

- 예를 들어 더운 여름날 또는 운동 후 탈수는 체중을 줄이는 것으로 보일 수 있다.
- 운동을 통한 근육 획득은 지방이 감소하더라도 체중 증가를 유발한다.

③ 지방과 근육 무게 비교

체적 근육의 리터당 무게는 1.06kg이고 지방은 0.9kg이다. 이는 날씬하고 건강한 외모를 가진 고객이 덩치가 큰 사람보다 무거울 수 있음을 의미한다. 당신의 관리에 더 중요한 것은 또한 식단과 운동 체계를 엄격하게 따르는 고객이 외모가 암시하는 것보다 더 적은 체중을 감량했거나 심지어 살이 쪘을 수도 있다는 것을 의미할 수 있다. 고객이 낙담하지 않도록 외모는 말할 것도 없고 인치 감소가 건강의 훨씬 더 나은 지표라는 점을 강조하는 것이 중요하다.

④ 지방과 수분량 비교

근육과 마찬가지로 물은 지방보다 약간 무겁다. 물 1리터의 무게는 1kg이며 수분 공급은 건강에 매우 중요하다. 하루에 2리터 이상의 물로 적절한 수분을 공급하는 것이 저울의 몇 킬로 차이보다 훨씬 더 중요하다는 점을 항상 강조해야 한다.

Check Point

하루에 2 ~ 4 리터의 물이 최적이지만, 고객이 이보다 많은 양의 물을 마시도록 권장하지 않는다. 너무 많은 물(시간당 1 리터 이상)은 신체의 전해질 균형을 떨어뜨려 뇌 손상 및 사망을 포함한 매우 심각한 결과를 초래할 수 있다.

체액 정체의 의학 용어는 부종이며 여러 가지 이유로 발생할 수 있다. 월경은 경미한 부종의 주요 원인이지만 신부전과 같은 의학적 문제는 광범위한 체액 정체로 이어질 것이다. 과도한 소금 소비는 또한 체액 정체를 유발할 수 있다.

(3) 고객 측정

고객의 신장 측정은 비교적 간단하지만 몇 가지 유의해야 할 사항이 있다.

고객이 등을 벽에 대고 서 있을 때 측정한다. 엉덩이와 머리 뒤쪽이 벽에 부드럽게 닿아야 한다.

어깨를 뒤로 젖히고 발목과 발가락을 함께 닫고 척추와 목을 똑바로 세우고 '높이 서게' 한다.

고객의 머리 각도는 높이에서 인치를 늘리거나 줄일 수 있다. 먼 벽에 시선을 수평으로 고정하고 머리의 정수리가 수평인지 다시 한번 확인한다.

(4) 체질량 지수(Body Mass Index)

체질량 지수는 BMI로도 알려져 있으며, 건강하다고 간주되는 체중 대비 신장 비율을 정의하기 위해 의학적으로 사용되는 용어이다. 이것은 많은 사람들이 같은 체중일 수 있지만 키에 따라 BMI가 다르다는 것을 의미한다.

BMI는 고객이 건강한 체중으로 간주될 수 있는 약 4 ~ 5 개의 범위를 가지고 있다. 많은 고객이 이 목표 범위에 있지만 여전히 체중 감량을 원한다.

평균 신장의 여성이 건강한 의학적 범위 내에 있지만 개인적인 미학상의 이유로 감량을 원하고 또한 이것은 반드시 건강에 해로운 태도는 아니다.

고객의 목표가 BMI의 최저점에 도달하는 것이라면 이는 권장하지 않는다. 의료계에서는 최적의 건강이 측정 범위의 중간에서 발견되는 것으로 인식된다.

① BMI 계산

체질량 지수는 의료 차트로 쉽게 계산할 수 있다.

그러나 전문적인 개발을 위해서는 체중과 신장 측정을 기반으로 BMI를 계산할 수도 있어야 한다. 체질량 지수는 영국식(파운드 및 인치) 또는 미터법(킬로 및 센티미터)을 사용하여 계산할 수 있다.

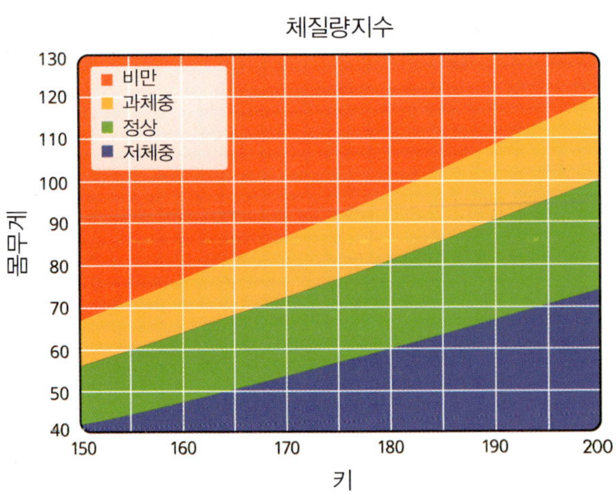

② 미터법 계산

고객의 체중(kg)을 키(미터 제곱)로 나눈 값이다.

$$BMI = kg / m^2$$

방법

예를 들어 160cm는 1.60m가 된다. '제곱'이란 높이를 미터 단위로 곱하는 것을 의미한다. 이 예에서는 1.60 × 1.60이다 (답은 2.56).

그런 다음 무게를 킬로그램으로 나눈다. 70kg / 2.56. 반환된 수치는 27이다.

Check Point

BMI 지수는 의사가 사용하는 광범위한 도구이다. 건강한 체중을 나타내는 데 유용할 수 있지만 다른 측정과 함께 사용해야 한다.

BMI 범위	
18.5 미만	저체중 및 건강에 해로움
18.5	24.9 건강에 이상적
25	29.9 과체중, 체중 감량 시도
30	39.9 비만, 체중 감량에 중요, 건강 손상 위험
40 이상	매우 비만, 심각하며 체중 감량에 필수적이며 건강에 위험
아시아인의 BMI	
18.5 미만	저체중 및 건강에 해로움
18.5~22.9	건강에 이상적
23~27.4	과체중, 체중 감량 시도
27.5~37.4	비만, 체중 감량에 중요, 건강 손상 위험
37.5 이상	매우 비만, 심각하며 체중 감량에 필수, 건강에 위험

(5) 체지방률

지방을 측정하는 직접적인 방법은 피부 접이식 캘리퍼를 사용하여 주요 위치에서 피부 접이식 두께를 측정하는 것이다.

피부 접기 기반 체지방 추정은 사용되는 캘리퍼의 유형과 기술에 민감하다.

이 방법은 또한 한 가지 유형의 지방, 즉 피하 지방 조직 (피부 아래 지방) 만 측정한다.

피부 접이 두께는 4개 부위에서 결정된다.

① 삼두근

② 이두근

③ 견갑 아래 부위

④ 장골 위 영역 요점

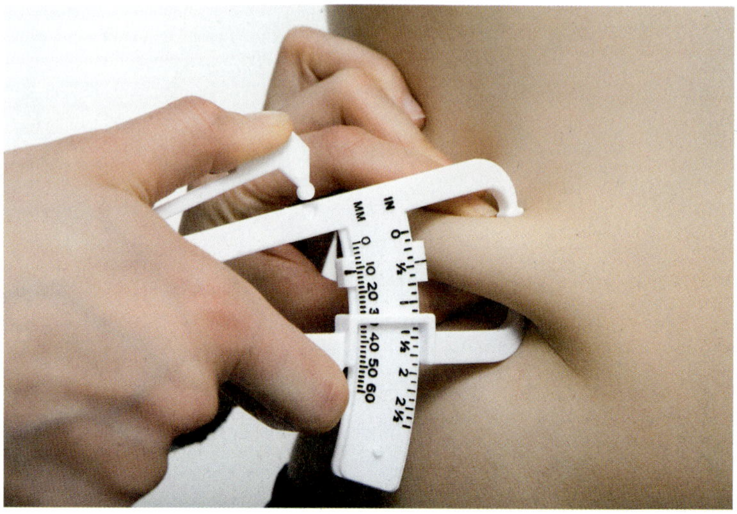

Summing-up

이 항목을 마치면 다음을 이해해야한다.

① 고객측정을 위한 올바른 방법

② 수분 또는 근육 부피와 지방 축적을 통해 얻은 체중의 차이

③ 고객을 측정하는 다양한 기술과 방법

Chapter 3

다이어트

1. 다이어트 식이요법
2. 건전한 다이어트의 기초
3. 5대 영양
4. 대사 및 분해
5. 소화
6. 비만

Chapter. 3

다이어트
(Diet)

1. 다이어트 식이요법

대부분의 식이요법은 긴강에 필요한 모든 영양 요소를 제공하며 이를 지속적으로 준수하게 되면 대부분 성공할 것이다. 그러나 많은 사람들이 이를 고수하지 않으며, 이를 이행하지 못하는 낮은 동기를 포함하여 많은 이유를 만들고 있으며 일반적으로 의지가 약한 경우가 많다.

실패하는 경우는 음식 섭취 박탈감으로 인한 것일 수도 있고, 식단에 포함된 식품 성분에 대한 혐오 때문일 수도 있다. 많은 요소가 관련되어 있으며, 대부분은 성공하려는 강한 소망과 배려심이 있고 숙련된 테라피스트의 격려로 극복할 수 있다.

고객의 생활 방식, 식습관 및 가능한 유혹에 대한 더 많은 지식을 바탕으로 관리사는 이상적인 체중으로 가는 길을 안내하고 격려하는 기준점 역할을 할 수 있다. 실제 체중 감량은 개인의 의지를 통해 달성되어야 하며, 전체적인 개선 계획의 중심점 역할을 하는 관리사에 의해 종종 유도되고 유지된다. 건강을 유지하기 위해 음식과 음료를 사용하는 영양학 연구는 관리사가 고객을 위한 다이어트 결과를 생성하는 데 활용할 수 있다.

다양한 음식의 가치를 이해하면 총 칼로리 값을 초과하지 않고 가능한 한 많이 친숙한, 좋아하는 음식을 포함하도록 식단을 계획할 수 있다. 음식에서 좋아하는 것과 싫어하는 것은 식단으로 계획할 수 있는 것을 제한하기 때문에 이를 고려하는 것은 매우 중요하다. 소수의 사람들은 혐오감을 느끼는 음식을 먹을 것이다.

외관과 몸의 활력이 뚜렷하게 개선되는 경우 식습관의 변화는 빠르게는 아니지만 이루어질 수 있다. 사람은 습관의 피조물이기 때문에 생활 방식과 먹는 방식은 즉시 바뀔 수 없지만 수정될 수 있고 특정 살찌는 요소가 개선될 수 있다.

질병이 있을 때는 경우에 따라 종종 완전히 다른 식단을 따라야 한다. 의학적으로 처방될 때 치료의 목적이 강하기 때문에 일반적으로 준수해야 한다. 다이어트하는 사람에게 음식에 대한 유혹은 오랜 기간에 걸쳐 확립된 익숙한 식습관으로 많은 유혹을 뿌리치기가 매우 어렵다. 식습관은 건강, 가정경제 등과 관련해서 오랜 기간 가족에서 가족으로 물려받기도 한다.

그렇다면 제한적인 식단이 제공될 때 개인이 고통을 겪을 수밖에 없이 계획되는 것이 당연하다. 다양성과 적응은 영양적 가치를 고려하여 선택한 음식과 더불어 다이어트 성공의 핵심 요소이며 개인의 취향과 개인의 생활 방식도 고려해야 한다. 대화를 통해 치료사는 고객의 음식 취향에 대해 많은 것을 알 수 있으며, 이 내용을 식단 계획에 유용하게 적용할 수 있다.

많은 사람들이 체중이 서로 다르지만 칼로리 섭취량은 비슷하고 체격, 직업 및 관심사가 비슷한 부류로 분류할 수 있다. 이러한 사실로 대략적인 칼로리 값을 결정하기 위해 하루 또는 일정 기간 동안 고객의 실제 음식 섭취량을 아는 것이 중요하다. 그런 다음 섭취 총량은 식이요법으로 줄이거나 변경할 수 있으며, 운동 및 미용 치료를 통해 신체를 보다 효율적으로 사용하도록 만들 수 있다.

두 가지 방법 모두 체중 감량을 가져올 수 있다. 섭취하는 음식의 양을 줄이거나 적게 제공되더라도 에너지의 양을 늘리면 더 균형잡힌 체중 수준이 될 수 있다.

왜냐하면 과체중이 지방으로 저장되고 과체중 또는 비만 상태가 발생하는 것은 신체가 필요한 양보다 과도하게 공급될 때만 가능하기 때문이다. 더 많은 활동을 통해 신체의 요구가 증가하면 저장된 지방이 소모되어 에너지, 열 및 기타 중요한 과정을 위해 신체에서 활용된다.

2. 건전한 다이어트의 기초

매일 식단에서 섭취하는 음식은 우리 몸의 신체적 필요에 충분한 에너지를 공급할 수 있어야 한다. 또한 우리 몸의 구축을 위해 조직의 성장과 유지를 잘하고 건강을 유지하기 위해 몸의 능력을 조절할 수 있어야 한다. 기본적으로 건강한 삶을 위해 필요한 영양은 6개의 그룹으로 나뉘는데, 이 중 처음의 4가지가 요구의 대부분을 구성한다.

탄수화물 : 열과 에너지 생성에 필수적이며 체온 유지에 도움이 된다.
지방 : 열과 에너지의 저장고를 구성하며 신체에 저장될 수 있다.
단백질 : 신체 조직의 성장과 복구에 필수적이다.
물 : 소화, 흡수 및 순환계와 관련된 체중의 70%를 구성하는 필수 구성 요소이다.
미네랄 & 비타민 : 에너지 가치는 없지만 신체의 과정을 제어하고 조절하므로 건강에 필수적인 미세 성분이다.

(1) 칼로리

칼로리는 음식의 열 생성력을 측정하는 데 사용되는 단위이다. 물 1g을 섭씨 1도 올리는 데 필요한 열량으로 정의된다.

1000 칼로리는 킬로칼로리로 표시되며 kcal 또는 Calories로 표시되며 C가 커진다.

(2) 에너지의 식품 공급원

지방과 탄수화물은 신체의 주요 에너지원이며 과체중 문제와 가장 관련이 있다. 식품의 에너지는 그램(g) 당 칼로리로 표시된다. 지방은 9 칼로리로 높으며 탄수화물과 단백질은 각각 그램 당 4 칼로리이다.

다른 요소와 물은 열량이나 에너지 가치는 없지만 신체의 소화 및 신진 대사에 특별한 효과를 추가한다. 식단에서 지방과 단백질 및 탄수화물의 균형을 신중하게 고려해야 하며 총 칼로리를 결정할 때 개인의 연령 및 직업과 관련하여 결정해야 한다.

개인의 필요는 매우 다양할 수 있으며, 체중 감량이 많이 필요한 경우 고객은 감량 계획을 시작하기 전에 담당 의사와 상담하도록 조언해야 한다.

(3) 체중 감소

체중 감소가 성공하려면 식품의 총 소비량을 줄이면서 건강을 위한 모든 필수 요소의 균형을 유지해야 한다. 식단은 개인의 칼로리 요구량이 허용된 음식으로 완전히 충족되지 않도록 해야 한다. 그렇지 않으면 체중이 정적으로 유지된다.
목표는 신체가 에너지 요구를 충족시키기 위해 자신의 지방을 태우도록 만드는 것이다. 지방은 주로 피부 아래에 층으로 저장되고 신체 윤곽을 만들고 매력적이지 않은 살을 형성한다.

또한 신체 장기 사이에 과도한 양으로 축적되어 종종 소화 불량을 초래한다. 체지방은 빠르게 손실되지 않으며, 일주일에 약 1킬로의 체중 감량을 달성하기 위해 음식 섭취를 상당히 줄여야 한다. 목표는 현실적인 수치로 삼는 것이 중요하다. 식단에서 특정 음식만을 줄여 지방 조직만 손실되도록 하는 것이 가능하다.

(4) 영양물 섭취

영양은 신체가 음식을 흡수하여 생명에 필요한 물질로 전환하는 과정이다. 일반적으로 다양한 식단은 임신 중 미네랄 및 비타민 요구량 증가(특히 철과 칼슘)를 제외하고 건강에 필요한 모든 물질을 제공해야 한다.

채식주의 같은 매우 제한된 식품 범위에 있는 고객 또는 과일이나 채소, 육류와 같은 특정 중요한 식품 공급원을 싫어하는 경우에 식단 부족으로 고통 받을 수 있다.

식욕은 일반적으로 충분한 음식을 섭취하도록 한다. 안타깝게도 식욕은 음식이 과도하게 공급되는 시기를 알려주는 역할을 하지 않아 과잉 체중이 발생할 수 있다. 과체중 상태가 발생하면 탄수화물은 종종 필요한 것보다 많은 양으로 소비되기 때문에 식단에서 제한되는 첫 번째 식품 요소이다.

3. 5대 영양소

(1) 탄수화물

탄수화물 식품 – 설탕, 빵, 감자, 시리얼, 케이크 및 과자는 사람들이 매우 좋아하고 먹기에 쉽다. 맛은 즐겁지만 안타깝게도 소비되는 에너지는 단기적이며 신체의 지방 조직으로 저장되는 경향이 있다. 탄수화물은 쉽게 사용할 수 있는 에너지의 공급 업체로서 중요한 역할을 하며, 신체적 요구를 충족시키기 위해 빠르게 태워지기 때문에 매우 활동적인 일부 직업의 경우 대량으로 필요하다.

탄수화물이 다이어터의 음식 섭취에 있어 칼로리나 에너지의 주요 공급원으로 사용된다면, 심각한 배고픔이나 피로 문제가 발생하고 식단이 깨질 것이다. 탄수화물은 명백한 공급원 외에도 야채, 과일, 간, 조개류 및 소량의 고기를 포함하여 여러 가지 다른 방법으로 얻을 수 있다.

따라서 다이어터의 식단에서 단 성분이 생략된 경우에도 신체에 필요한 모든 탄수화물을 공급할 수 있는 충분한 양이 남아있을 것이다. 달콤하고 녹말이 많은 음식보다는 과일과 채소를 사용하면 소화와 체중 감소에 도움이 된다. 에너지 가치는 없지만 종종 셀룰로오스라고 불리는 식물 세포막 성분은 신체의 시스템을 규칙적으로 유지하고 변비를 예방한다.

Summing-up

탄수화물은 1 그램 당 4kcal의 에너지 값으로 탄소, 수소 및 산소로 구성된 유기물이다.

① 열과 에너지 생성에 필수적이며 체온 유지에 도움이 된다.

② 지방 대사 및 단백질의 완전한 활용에 필요하다. 탄수화물을 너무 적게 섭취하면 지방이 일부만 분해되어 독성 물질이 생성되어 신장에서 배설된다. 단백질과 함께 섭취한 탄수화물은 신체 구축 능력을 증가시킨다.

③ 셀룰로오스의 섭취로 장을 자극하며 변비를 예방한다.

(2) 단백질

단백질은 신체를 구성하는 세포의 유지에 필수적이다. 또한 오래 지속되는 형태의 에너지를 공급하고 신체 활동을 조절하는 화학 메신저인 호르몬을 생산한다. 다양한 형태의 단백질이 있으며, 다양성, 식단 가치를 높이기 위해 이러한 단백질을 식단에 혼합하는 것이 이상적인 영양 요법이다. 단백질은 위, 췌장 및 장액의 효소와 함께 분해되며 아미노산으로 알려진 가장 작은 물질로 분해된다.

일반적으로 우유, 계란, 육류, 생선 및 치즈의 단백질이 1등급으로 알려져 있다. 2등급은 곡물, 견과류 및 야채에서 얻어진다.

사실 특정 식품에 존재하는 비율이 적더라도 단백질 가치 또는 품질은 일정하게 유지되므로 동일한 단백질 할당량을 얻으려면 더 많은 양의 식품을 섭취하면 되는 것이다. 그러나 문제는 채식주의 자나 완전 채식주의 자의 경우와 같이 2등급 단백질이 있지만, 필요한 양을 채우기 위해 음식의 양을 늘려야 하므로 과체중 문제를 일으킬 수 있다.

고단백 식단은 매우 인기가 있으며 날씬한 사람이 실제로 배고픔을 겪지 않도록 고단백 식단을 유지하는 경우가 많은 것으로 보인다. 면밀히 살펴보면 이러한 식단은 신체에서 사용할 수 있는 단백질의 양이 많은 음식에서 상당히 적기 때문에 고단백질을 섭취한다기보다 탄수화물 함량이 낮은 음식을 섭취한다고 말하는 게 더 정확할 것 같다.

계란은 11%, 단단한 치즈는 25~35%, 조리된 생선과 고기는 각각 17~24%, 20~32%이다. 이러한 음식이 왜 날씬한 사람의 식단에서 그토록 큰 역할을 하는지 맛있고, 지속될 수 있고, 사회적으로 수용 가능한지 쉽게 알 수 있다.

그러나 단백질의 일부(최소 1/4)는 탄수화물 식품 공급원과 함께 섭취해야 한다. 탄수화물 연결이 없으면 단백질은 신체에서 순전히 에너지원이며 낭비적으로 소모되어 신체 건강에 해를 끼친다. 단백질과 탄수화물로 구성된 식품을 선택하는 것이 이상적이므로 가능한 한 많은 인기 식품의 화학적 구성을 발견하는 것이 유용하다.

Summing-up

단백질은 유기물이며 구조가 매우 복잡하다. 모두 탄소, 질소, 산소, 수소 및 황으로 구성되며 일부는 인을 포함한다. 단백질은 1그램 당 4kcal를 생성하며, 이는 신체 외부에서 과학적으로 측정할 때 열 또는 에너지 전력이 훨씬 더 높지만 신체가 안전하게 사용할 수 있는 수준이다. 단백질은 1등급 또는 2등급으로 제공되며 다음에 필수적이다.

① 특히 어린 시절과 질병 후 신체 조직의 성장 및 복구
② 몸의 분비, 땀, 눈물 등을 조절하는 호르몬의 형성
③ 신진 대사에 자극을 주어 체온을 유지
④ 에너지 레벨을 지속시킴

(3) 지방

지방은 가장 쉽게 구할 수 있고 값싼 에너지로 음식을 제공하며 칼로리나 에너지 값이 높다. 적당히 먹으면 식이 요법에 맛과 풍미를 부여하며 음식 섭취가 제한될 때 포기하기 가장 힘든 부분이다. 이것은 습관 때문일 뿐만 아니라 음식에 있는 지방의 양이 식사가 끝날 때 경험하는 만족감을 결정한다는 사실 때문이기도 하다. 섭취한 음식의 이러한 효과는 날씬한 사람들에게 중요한 포인트이며, 초 저지방 다이어트가 충분히 먹지 않은 느낌을 줄 수 있는 이유 중 하나이다. 실제 필요가 없어도 식욕은 만족되지 않는다.

따라서 식단에 일정량의 지방을 계획하는 것은 두 가지 목적을 가지고 있다. 즉, 에너지 공급과 상상의 허기를 피하는 것이다. 지방은 체내에 저장될 수 있으며, 탄수화물처럼 소화될 때 비축물이 체내에서 사용할 수 있는 지방산으로 전환된다. 일정량의 체지방은 열 손실을 차단 및 감소시키고 중요한 장기를 부상으로부터 보호하는 역할을 하기 때문에 필수적이다. 고객이 소식을 시작하면 지방 조직의 비축량이 감소하고 이를 지속하면 체중과 체형이 변화된다.

일반적인 소화를 돕고 비타민 흡수를 돕기 위해 식단에 포함된 지방의 정확한 양이 필요하다. 식단에서 많은 양의 지방을 섭취하지 않게 되면 건강을 해치지 않고 체중 감소를 위해 총량을 줄일 수 있다. 예를 들어 생선을 튀기지 않고 굽는 것과 같이 음식을 조리하는 방법을 변경하면 식단의 지방 함량이 크게 감소한다.

그러나 의학적 조언이 없는 한 피로, 피부 치유 및 피부건조의 문제가 발생할 수 있으므로 극도로 지방이 없는 식단은 권장되지 않는다. 이와 같은 실용적인 고려 사항은 관리사에게 중요하다. 고객의 피부가 느슨해지거나 주름이 생기지 않고 사이즈 감소에 대처할 수 있을 만큼 유연하도록 하는 것이 관리사의 책임이기 때문이다. 중년이상 여성의 급격한 체중감소는 이러한 문제가 발생할 가능성이 매우 높다. 일단 문제 발생 후 상태를 관리하기는 쉽지 않다.

지방은 버터, 마가린, 오일, 사탕수수, 우유, 크림치즈 및 베이컨에서 얻어지며 매우 적은 양으로 높은 열량 또는 에너지 값을 산출한다. 육류는 또한 지방의 중요한 공급원이지만 일반적으로 단백질 값으로 간주된다.

Summing-up

지방은 탄소, 수소 및 산소로 구성되는 유기물이다. 1그램 당 9kcal의 가장 높은 칼로리 생산량으로 단백질이나 탄수화물보다 두 배나 높다. 지방은 주로 유제품으로 이용 가능하며 신체가 에너지를 많이 요구할 때 필수적이다. 날씬한 식단에서도 중요하게 계획되어야 한다. 다음과 같은 이유로 적당한 양을 섭취한다.

① 가장 귀중한 형태의 열(에너지)이며 나중에 사용하기 위해 몸에 저장할 수 있다.
② 신체의 다양한 조직과 기관, 즉 신장과 신경을 보호하고 지원한다.
③ 비타민이 흡수되도록 도와준다.
④ 체온 손실을 방지한다.
⑤ 소화 흡수 속도가 느리기 때문에 배고픔을 예방한다.
⑥ 식단의 부피는 크지 않고 칼로리는 높다.

(4) 물(Water)

음식 요소는 아니지만, 신체의 수분 균형을 유지하기 위해 식단에서 물의 중요성을 고려해야 한다. 신체는 섭취한 음식과 음료에서 충분한 수분을 유지하여 일정하게 유지하면서 전체 수분 량의 균형을 맞출 수 있는 능력이 있다. 대부분의 음식에는 신체가 이런 식으로 사용할 수 있는 높은 비율의 물이 있다. 성인 체중의 약 2/3는 수분이며, 놀랍게도 지방은 모든 신체 조직 중 수분 비율이 가장 낮은 10%에 불과하다. 뚱뚱한 사람의 경우 지방이 수분을 거의 포함하지 않기 때문에 체내 수분 비율이 마른 사람보다 낮다.

터키식 또는 사우나 목욕에서 손실된 체액은 곧 신체에서 회수되지만 다이어트를 하는 사람들에게 수분 섭취는 매우 도움이 되며 실제로 체중 감량을 달성할 수 있는 식단을 고수하는 역할을 한다.

감량 식단에서는 고객이 우유, 설탕과 함께 섭취하는 과도한 차 또는 커피 섭취를 제한하도록 해야하며 이를 제외한 수분 섭취를 권장해야 한다. 하프사이즈 컵과 인공 감미료 사용을 제안할 수 있다. 이것은 일반적으로 소비되는 총량을 줄인다.

(5) 미네랄 성분과 비타민

이들은 에너지 값을 생성하지는 않지만 건강 유지에 중요하며 생명유지에 필수적이다. 정상적인 다양한 식단에서는 임신과 수유 중 철과 칼슘을 제외하고는 결핍이 없어야 한다. 신체에 미치는 영향을 그려보면 건강한 식단의 그림이 완성된다. 이것이 포함되지 않으면 많은 정상적인 신체 과정이 발생하지 않는다.

미네랄 성분과 비타민은 모두 신체의 반응을 촉진하는 데 도움이 되며, 다양한 신체 과정에서 작용하는 것을 볼 수 있다. 결핍으로 인해 섭취한 음식이 신체에서 완전히 활용되지 않아 영양가가 추출되지 않을 수 있다.

따라서 허용되는 총 식품 할당량을 최대한 활용하려면 이러한 요소가 충분히 포함되어 있는지 확인해야 한다. 감량 식단에서 음식을 신중하게 선택하면 모든 미네랄 성분과 비타민이 적절한 양으로 존재하는지, 보충제가 필요하진 않은지 확인해야 한다. 생선, 과일과 같이 또는 우유의 풍부한 미네랄 성분이나 비다민에 대한 개인적인 혐오감이 있는 경우에는 비타민 알약이 필요하다. 알약 형태로 섭취한 대부분의 비타민은 신체의 필요를 초과하는 경우 소변으로 배설되므로 고객이 섭취를 원할 경우 섭취하지 말아야 할 이유가 없다.

슬림한 식단에서는 정상적인 양의 탄수화물과 지방이 부족하기 때문에 음식은 더 맛이 없을 것이다. 따라서 알려진 미네랄 및 비타민 공급원을 사용하여 식단에 풍미와 다양성을 더할 수 있다. 일부 맛은 적응해야 할 수도 있지만, 받아들여지면 체중 감량에 영향을 줄뿐만 아니라 식습관 전체의 개선을 위한 매우 가치 있는 일이 될 수 있다. 샐러드의 신선한 과일, 야채는 식단의 양을 늘려주고 칼로리 레벨이 낮으며 신체의 많은 미네랄 및 비타민 필요량을 공급하는 좋은 예이다. 미네랄 성분과 비타민은 구조와 기능면에서 매우 복잡하며 전체 식품 범위에 흩어져 있는 다양한 식품에 함유되어 있다.

1) 미네랄 성분

① 칼슘

뼈와 치아 형성을 위해 인과 함께 신체에 필요하며 근육 활동에도 중요하다. 칼슘은 비타민 D가 있는 경우에만 체내에 흡수될 수 있으며, 그렇지 않으면 음식을 통해 섭취하더라도 사용할 수 없고 체내를 통과한다. 칼슘은 신체의 구조와 기능 모두에 중요한 미네랄이다. 일반적으로 우유에서 얻은 정상적인 칼슘은 임신과 수유기에 섭취해야 한다. 치즈, 양배추 및 빵(칼슘이 강화된)의 형태로 섭취가 가능하다.

② 인

인은 모든 세포의 필수 구성 요소이며 뼈 미네랄의 구성에 들어간다. 칼슘 함량을 위해 섭취한 음식은 또한 인 레벨이 적절한 지 확인한다. 우유, 치즈 및 생선은 모두 인 함량이 높으며 이 요소의 결핍은 매우 드물다.

③ 철

신체의 모든 조직에 필요하며 헤모글로빈과 함께 적혈구 형성에 필수적이다. 여성은 생리혈의 피할 수 없는 손실을 통해 식단에 더 많은 철분이 필요하다. 철분 결핍 빈혈은 여성에게 매우 흔한 문제이며 특히 가임기 여성을 위한 식이 요법을 계획할 때 고려해야 한다. 임신 중 태아의 철분 요구량과 실제 출산과 관련된 출혈량은 식이 요법으로 보충하기가 매우 어렵다. 신체는 철분 손실을 보충하는 데 오랜 시간이 걸리므로 철분이 풍부한 음식을 식단에 추가 할 수 있는 모든 기회를 사용해야 한다. 간, 붉은 고기, 녹색 채소, 말린 과일 및 생선에서 발견되는 철분은 전반적인 건강과 활력에 중요한 기여를 한다.

④ 요오드

갑상선을 제어하는 힘으로 작용하여 복잡한 일련의 과정을 통해 티록신을 형성한다. 갑상선에 저장되며 대사율에 영향을 미친다. 식이 요법에서 갑상선종 및 관련 갑상선 결핍 상태를 예방한다. 요오드가 함유된 토양에서 자란 해산물, 양파 및 채소에서 얻을 수 있다.

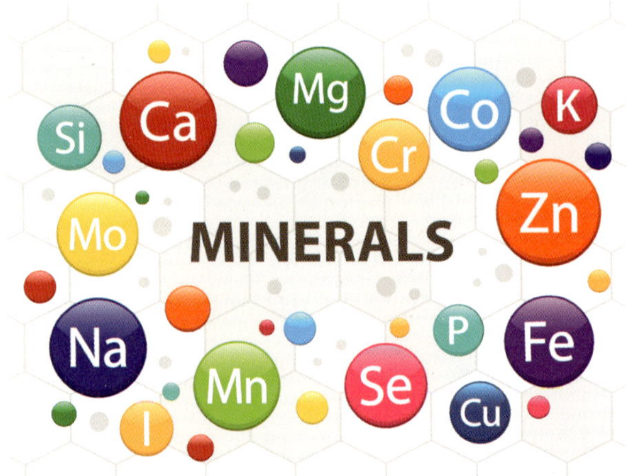

⑤ 나트륨

일반적인 소금 형태의 나트륨은 신체의 수분 함량을 조절한다. 과도한 나트륨은 소변과 땀으로 배설되며, 더운 나라에서 과도한 땀을 흘리거나 힘든 작업을 통한 결핍은 소금물을 마시거나 소금 정제를 복용하여 해결할 수 있다.

⑥ 칼륨

칼륨은 줄무늬 및 줄무늬가 없는 근육 조직의 기능과 신경 조직에 필수적이다. 이것의 존재 없이는 심장이 뛰지 못한다. 체내의 칼륨 균형은 신장에 의해 조절되며 대부분의 음식에 이 성분이 풍부하기 때문에 결핍은 거의 없다.

⑦ 미량 원소

체내에 미세한 양으로 존재하며, 신체 과정에 대한 이들의 작용은 세포 기능에서 섭취된 음식이 소화 과정에서 완전히 활용되고 흡수되도록 돕는 것까지 다양하다.

일부 요소는 인간에게 불필요한 것처럼 보이지만 다른 중요한 요소도 많다. 다양한 연구로 알루미늄, 비소, 붕소, 코발트, 구리, 불소, 몰리브덴, 니켈, 셀레늄, 실리콘 및 아연 등의 효능을 밝힐 수 있을 것이다.

2) 비타민

인간의 영양과 관련된 비타민은 적어도 13가지가 있으며 이들은 다양한 식품에서 구할 수 있다. 일부는 지용성이고 다른 일부는 수용성이지만, 다양한 식단에 잘못된 조리로 인해 파괴되지 않는 한 건강에 필요한 알려진 모든 비타민이 포함되어야 한다.

다이어트 계획에서 실질적으로 중요한 비타민에 대한 간략한 개요는 다음과 같다.

① 비타민 A

비타민 A는 간, 간유 유제품, 당근과 녹색 채소의 카로틴에서 얻을 수 있다. 비타민 A와 카로틴은 지용성이며 물에 끓여서 또는 대부분의 요리 방법을 통해 손실되지 않으므로 결핍은 거의 없다.

실제 결핍은 야맹증이나 희미한 빛에서 시력 저하로 감지 할 수 있다. 비타민 A는 피부 건강과 호흡기 및 비뇨 생식기의 상피 조직 유지에 매우 중요하다. 또한 뼈 조직의 성장과 신경계 조절에도 관여한다. 비타민 A는 몸이 질병에 맞서 싸우는 데 도움이되며 그 효과 때문에 항 감염 비타민으로 알려져 있다.

② 비타민 B(그룹)

이 비타민 그룹은 매우 다양한 작업을 수행하며, 가장 중요한 것은 음식의 에너지를 신체에서 사용할 수 있도록 하는 능력이다. 이들 그룹 중 3가지는 치료제로 관심을 끌고 있는데, 비타민 B 또는 티아민, B_2 또는 리보플라빈 그리고 니아신 또는 니코틴산이다.

③ 비타민 B_1 또는 티아민

비타민 B_1은 거의 항상 소량으로 식품에 널리 분포되어 있다. 주요 공급원은 돼지고기, 내장, 명란젓, 쌀의 눈, 밀 배아 및 오트밀이다. 티아민이 없으면 신체는 에너지가 방출되는 포도당을 이산화탄소와 물로 완전히 산화시킬 수 없다. 이는 근육의 쇠약과 신경의 퇴화 상태로 이어진다.

④ 비타민 B_2 또는 리보플라빈

세포에서 포도당의 산화에 관여하기 때문에 인간의 신진 대사에 필수적이다. 필요한 양은 소비되는 탄수화물의 양과 관련이 있으며, 탄수화물 공급원이 에너지 요구량의 대부분을 충족하는 경우 결핍이 발생할 수 있다.

과체중 사람들이 단맛이 있고 녹말이 많은 음식을 먹는 경우가 많기 때문에 적절한 공급이 이루어져야 한다. 높은 탄수화물 섭취를 없애기 위해 식단을 다시 계획하면 과체중과 같은 문제가 사라진다. 리보플라빈의 공급원에는 간, 우유, 버터, 달걀노른자, 치즈 및 탈지분유가 포함된다.

⑤ 나이아신 또는 니코틴산

티아민과 리보플라빈처럼 음식에서 에너지를 방출하는 역할을 한다. 부족은 근육 약화, 정신 및 소화 장애, 펠라그라로 알려진 상태로 이어진다. 니아신의 공급원은 빵, 육류, 견과류, 간, 효모, 육류 추출물 및 통곡물 시리얼 등이다.

⑥ 비타민 C 또는 아스코르브 산

이 비타민은 괴혈병 예방의 역사에서 선원들이 장거리 항해를 하는 동안 레몬, 오렌지 및 기타 신선한 과일에서 그것을 얻었던 역사적 사실로 아마도 모든 비타민 중에서 가장 잘 알려져 있을 것이다.

비타민 C는 신체의 결합 조직 형성을 돕고 장에서 철분 흡수를 돕고 있기 때문에 실제로 가장 중요한 비타민이다. 신선한 감자, 부드러운 과일(산딸기 등), 감귤류, 사과, 구스베리, 생 양배추 등에서 얻을 수 있다.

비타민 C를 정기적으로 섭취하고 비타민 C 함량을 위해 선택한 음식이 조리 불량으로 인해 유익한 효능를 잃지 않도록 해야 한다.

비타민 C는 요리, 특히 물속에서의 손실에 매우 민감하며, 음식은 가능한 최소한의 시간 동안, 이상적으로는 고온에서 소량으로 조리해야 한다. 지방으로 조리된 음식은 비타민 C 함량을 그렇게 심하게 잃지 않지만, 이상적인 것은 가능한 한 많은 음식을 날 것으로 먹는 것이다.

⑦ 비타민 D

칼슘과 함께 건강한 뼈와 치아의 형성에 중요하다. 비타민 D 부족과 식이 불량의 영향으로 어린이의 뼈가 부적절하게 석회화(경화)되는 상태인 구루병이 발생할 수 있다. 구루병은 칼슘과 인의 섭취에 결함이 있고 비타민 D가 부족하여 뼈에 이러한 요소가 침착되지 않은 결과이다. 비타민 D가 없으면 칼슘을 적절하게 공급해도 효과가 없다.

비타민 D의 두 가지 소스 : 음식, 햇빛

식품에서는 지방이 많은 생선, 대구 간유, 계란 및 농축 마가린에서 얻을 수 있다. 요리 나 식품 저장 시 쉽게 손실되지 않지만 기름이 산패되는 것을 방지하기 위해 열로부터 보호해야 한다. 신체는 간에 비타민 D를 저장할 수 있기 때문에 일일 복용량으로 섭취해야 하는 비타민 C와는 달리 필요한 정확한 양을 주간 식단 계획에 정리할 수 있다.

우리 인체는 피부 표면에서 복잡한 일련의 과정을 통해 태양으로부터 자체 형태의 비타민 D를 생산할 수 있는데 이것은 비타민 D가 생성되기 위해 피부가 햇빛에 노출되어야 함을 의미한다.

집에만 있거나 종교적 지시에 따라 피부를 가려야 하는 사람들은 햇빛으로 얻을 수 없으며, 특히 힌두교와 이슬람교도의 자녀들 사이에서 구루병 사례가 발견되는 경우가 있다. 인공적인 형태의 햇빛(자외선 노출)도 동일한 효과를 낼 수 있다.

4. 대사 및 분해

신체가 섭취하는 음식을 에너지, 성장 및 일반 건강에 활용하는 방식을 신진대사라고 한다. 음식이 완전하고 복잡한 형태에서 혈류로 흡수될 수 있는 상태로 분해되는 과정을 소화라고 한다. 두 과정은 상호 연관되어 있으며 소화의 변화는 신체의 신진대사에 반영된다.

과도한 음식 섭취 또는 불균형한 식단으로 인해 소화에 가해지는 긴장은 신체가 섭취한 음식을 사용할 수 있는 방식을 바꾸게 할 것이다. 과체중인 사람은 과도한 체중 증가로 인한 잘못된 신진대사로 인해 영양이 부족할 수도 있다. 충분한 지식을 쌓아 균형 잡힌 식단을 갖는 것이 중요할뿐만 아니라 성공적인 식단을 위해 올바른 조합으로 음식을 섭취하는 것도 중요하다는 것을 알아야 한다.

소화 과정은 조금씩 자주 먹는 것으로 시스템에 과부하가 걸리지 않게 해야 한다. 음식이 에너지 또는 영양가를 방출하기 위해 함께 작용하는 방식을 아는 것이 중요하며, 음식 섭취량을 줄임으로써 영양학적으로 최대한의 이익을 얻을 수 있다는 것을 알아야 한다. 이를 통해 고객은 식단에 허용된 음식을 최대한 활용할 수 있다.

신체가 어떻게 지방을 예비로 저장하는지를 알면 식단 수정이 과정을 되돌리는 열쇠가 될 수 있다. 몸이 섭취한 음식을 어떻게 처리하는지에 대한 이해가 클수록 관리사는 성공적인 식단을 더 쉽게 계획할 수 있다.

탄수화물은 신체가 선호하는 연료이며 포도당(소화의 마지막 단계)이 충분하지 않을 때만 연료가 지방으로 바뀌고 마지막으로 단백질이 된다. 이것은 제한된 음식 섭취 시 신체가 자신의 근력을 사용하는 것을 방지한다. 저장된 지방은 근육섬유보다 먼저 소모된다(피하 지방 조직). 질병이나 기아의 경우에만 실제로 근육이 낭비된다.

이 내장된 보호 장치로 인해 조직이 생성된다. 신체의 필요가 충족되면 혈액 내 과잉 포도낭이 지방(주로 간세포에 의해)으로 전환되고 지방 조직으로 신체의 지방 저장소에 저장된다. 불행히도 신체에 저장할 수 있는 양은 거의 무한하며 비만이 개인을 완전히 무력화시키지 않기 때문에 건강에 대한 위험은 종종 과소평가된다.

(1) 신진대사

신체는 삶을 영위하기 위해 영양가 있고 다양한 식단이 필요하며, 인체의 크기와 생활 방식에 따라 필요한 에너지를 계산할 수 있다. 개인마다 에너지를 소비하는 방식이 상당히 다르며, 날씬하고 매우 마른 고객은 이 차이의 한 예이다.

이 유형은 보통 훨씬 많은 음식을 섭취하면서도 에너지 균형을 유지한다. 불행히도 대부분의 사람들은 원치 않는 칼로리를 이동하거나 신체에서 배설되게 하거나 신경 긴장으로 소모할 수 있는 효율적인 신진 대사를 가지고 있지 않다. 대부분의 고객은 체내에서 즉시 필요하지 않은 추가 칼로리를 피부 아래 지방으로 저장한다. 그리고 향후 활동을 늘리거나 음식 섭취를 줄이지 않으면 과체중 문제가 빠르게 발생한다.

(2) 기초대사율 (BMR)

일상 활동을 수행하는 데 필요한 에너지(음식)의 양은 신체 표면적을 기준으로 계산할 수 있다. 계산은 정상적인 생활 요건(BMR)과 작업에 필요한 에너지를 기반으로 한다.

BMR은 신체가 완전한 휴식(수면이 아님), 식사 후 12시간(소화가 일어나지 않음) 및 따뜻한 방 (따뜻한 상태로 유지되는 데 에너지가 사용되지 않음)에 있을 때의 에너지 출력으로 정의된다.

놀랍게도 신체의 총 식이 요구량의 2/3는 대부분의 사람들에게 이러한 배경 생활 활동의 요구를 충족시키는 것이다.

육체 노동에서 음식 섭취의 많은 부분을 소비하는 극도로 활동적인 근로자를 제외하고, 평균적인 사람은 작업 칼로리로 총 음식 섭취량의 약 1/3만 사용한다. 따라서 직장에서의 활동 증가는 체중에 작은 영향을 미칠 것이다.

운동이 체중 감소와 관련되고 저장된 지방을 태우려면 일상생활의 모든 측면에서 활동이 증가하면서 지속되어야 한다.

평균 BMR은 성별, 나이 및 환경과 관련하여 사람의 키와 체중으로 계산할 수 있다. 나이가 들어감에 따라 BMR은 10년마다 약 5% 감소한다. 같은 방식으로 작업에 필요한 식량 에너지는 운동으로 소모하는 게 더 효율적이 된다. 따로 운동을 하지 않고 이에 상응하는 음식 섭취량이 감소하지 않는 한, 과체중 문제 또는 비만이 발생할 것이다.

개인의 신진 대사는 상당히 다양하다. 어떤 사람들은 과잉 체중에 걸리기 쉬운 반면 또 어떤 사람들은 충분한 체중을 유지하는 일을 한다. 때때로 비만 자체가 신체 시스템에 가해지는 부담으로 인해 대사 기능 장애를 유발하기도 한다. 특정 질병은 신진 대사에 영향을 미치므로 체중이 때때로 급격하게 변화된다. 음식 섭취량의 변화 없이 체중이 눈에 띄게 증가하거나 감소하는 것은 치료가 필요함을 나타낸다. 이 점은 과체중 고객을 다룰 때 관리사에게 중요하다. 매우 드물게 비만이 갑상선 이상이나 내분비 장애와 같은 신체적 상태나 질병으로 인한 것일 수 있기 때문이다.

그러나 대부분의 체중 문제는 무엇이든지 간에 신체의 필요 이상으로 과도한 음식과 관련이 있다. 지방을 태우는 것이 아니라 저장하는 신진 대사를 갖는 것은 불행한 일이지만, 신진 대사를 활성화시키기 위해 조금씩 자주 먹는 것이 유익한 식습관 중 하나이다.

과체중에 식단의 '빈 '칼로리 함량(탄수화물, 설탕 등)을 줄이고 이를 단백질과 적당한 양의 지방으로 대체하는 것은 신진 대사를 증가시키는 또 다른 방법이다. 또한 영양 측면에서 섭취한 음식에서 최상의 가치를 얻을 수 있다. 일반적으로 모든 형태의 일상생활에서 활동이 증가하면 체중 감량에 도움이 된다.

개선된 소화기능과 더 규칙적인 배변은 일반적인 건강과 활력에 대한 느낌을 증가시키고 체중 프로그램을 소설하고 줄이는 데 보다 긍정적인 역할을 할 것이다.

6. 소화

신체에 필요한 에너지를 공급하기 위해 사용되는 음식은 신체 내에서 매우 다양한 형태로 공급되는데, 일부는 조직에서 쉽게 구할 수 있고, 어떤 것들은 성장이나 에너지에 유용하게 만들기 위해 더 많은 소화 작용을 필요로 한다.

단백질이나 탄수화물과 같은 음식 등급은 혈류로 흡수될 수 있을 만큼 충분히 작은 형태로 분해되어야 한다. 소화는 복잡한 음식 구조물이 단순한 형태로 분해되어 인체가 이용할 수 있게 되는 과정이다.

1. 소화 시스템은 다음으로 구성된다.

① 소화관.

② 음식물에 작용하는 소화액을 분비하는 분비샘

(1) 소화관

소화관은 입에서 직장까지 이어지는 9m 길이의 통로이다. 시스템을 윤활하는 점막이 전체적으로 늘어서 있다. 근육 벽은 섭취한 식품에 작용하여 소화관을 따라 이동하는 데 도움이 된다. 소화관은 입, 인두, 식도, 위, 소장, 대장으로 구성된다.

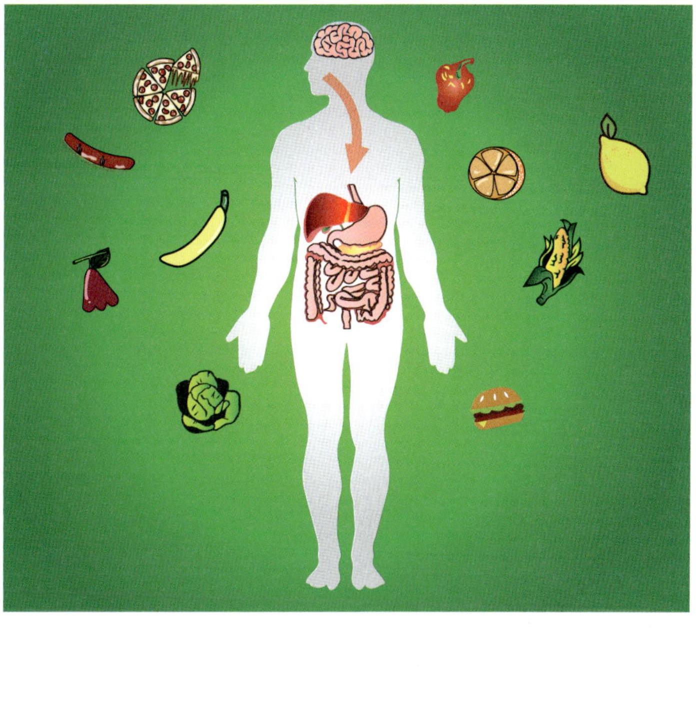

분비샘은 다음과 같다.

① **침샘** : 입안에 침을 분비한다.

② **위선** : 위장에서 위액을 분비한다.

③ **췌장** : 십이지장에서 췌장액을 분비한다.

④ **간** : 간에서 분비되어 담낭에 농축된 후 십이지장내로 배출된다.

⑤ **장내샘** : 소장에서 장액을 분비한다.

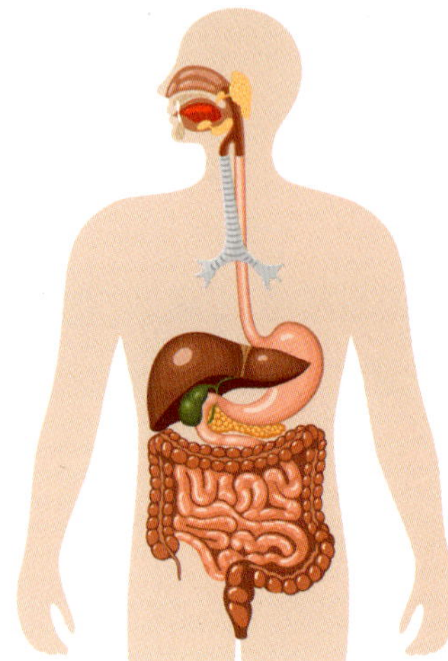

2. 소화 시스템의 구조

(1) 입

소화 시스템은 음식이 분쇄되고 저작되고 침으로 희석되는 입에서 시작된다. 치아와 혀가 함께 음식을 더 작은 부분으로 올리고 소화관 아래로 더 아래로 이동할 준비를 한다. 침 안에는 녹말 소화를 시작하는 프티알린(ptyalin)이라는 효소가 있다.

침은 또한 음식을 촉촉하게 하고 알칼리성으로 만든다. 식욕과 배고픔은 모두 침이 입안에서 분비되도록 하여 소화 과정을 돕는다. 맛없는 음식은 입안의 맛을 느끼는 곳이 반응을 하지 않아 침 분비가 잘 안되고 목으로 넘어가기 힘들어진다.

성인의 32개 치아는 두 세트로 배열되며, 위턱과 아래턱에 16개가 있다. 치아에는 앞니 (끌 모양), 송곳니 (뾰족한 크라운), 소구치 (2개의 돌출부) 및 어금니 (4개 또는 5개의 돌출부)의 네 가지 유형이 있다.

치아는 소화 과정의 일부로서 매우 중요하며, 다양한 종류의 음식 질감이 소비되고 이후의 흡수 단계를 준비할 수 있다. 틀니를 착용하는 고객들은 딱딱한 음식을 다루는 것이 더 어려워질 수 있으며 그들의 소화는 식단의 거칠기(식이섬유) 부족으로 고통 받을 수 있다. 만약 부드럽고 쉽게 삼키는 음식만이 식단의 대부분을 차지한다면 변비 문제가 발생할 수 있다.

(2) 인두

입 뒤쪽에는 약 13cm(5인치) 길이의 인두가 있으며 입에서 뒤쪽으로 이어져 있다. 인두는 세 가지 부위가 있는 데, 대부분 코 뒤에 있고 소화와는 아무런 관련이 없다.

공기와 음식이 공유하는 구강-후두, 그 뒤쪽에는 음식에 존재하는 박테리아와 싸우는 것을 돕는 두 개의 림프 덩어리인 편도선이 있다. 그리고 식도와 합쳐지는 후두 인두가 있다.

음식을 삼키면 인두가 수축하여 음식이 식도 아래로 내려간다. 동시에 비강이 막히고 부드러운 입천장이 올라가고 후두가 후두개 아래로 올라가 기관이 닫힌다. 이러한 프로세스가 잘 조정되지 않을 때 질식이 발생한다.

(3) 식도

이것은 약 25~30cm (10~12 인치) 길이의 접을 수 있는 근육 튜브로 인두에서 위, 기관 및 심장 뒤, 횡경막을 통해 이어진다. 식도의 근육관은 상부 1/3은 횡문근이고, 나머지 하부 2/3는 평활근으로 구성되어 있으며 섬유가 바깥 쪽 층은 세로로 놓여있고 안쪽 층은 원형으로 놓여있다.

이러한 근육 형성을 통해 음식을 위장으로 몰아가는 파도와 같은 움직임 (연동운동이라고 함)이 형성된다.

(4) 위

횡경막 아래 복강의 왼쪽 높이에 위치한 근육질의 가방 모양의 기관이다. 내용물에 따라 크기와 모양이 조절된다. 위의 양쪽 끝에는 음식이 위 안팎으로 이동하는 것을 허용하거나 제한하는 제어 메커니즘이 있다. 윗부분은 심장 괄약근이라고 하는 판막에 의해 보호되고, 아래쪽 끝은 좁아져 십이지장으로 이어져 음식물의 배출을 제어하는 유문 괄약근이 있다.

위는 여러 개의 층으로 구성되어 있으며 가장 바깥쪽은 복막으로, 복강 사이의 마찰을 방지한다. 다음은 근육층, 그 다음은 결합 조직으로 구성되고 혈관이 풍부한 점막 하층이다. 그런 다음 위벽을 형성하는 것은 소비된 음식에 따라 팽창 및 수축 능력을 가진 점액층이다. 위 내부의 뒤틀린 표면은 산성 위액 분비물이 음식에 작용할 수 있는 더 큰 표면적을 제공하여 음식이 액체가 되고 중화될 때까지 작용한다.

단백질 소화는 위에서 단백질이 펩톤이 되면서 시작된다. 위액에는 발효 펩신, 레닌 및 염산이 포함되어 있으며, 이는 살균 작용을 하며 소화액이 작용할 수 있는 올바른 환경을 제공한다.
음식은 강한 근육 운동으로 휘저어지고 연속적으로 배출된다. 물, 알코올, 포도당을 포함한 특정 식품은 위에서 직접 흡수된다. 위는 또한 골수에서 혈액 세포의 형성을 조절하는 항빈혈 인자를 생성하는 또 다른 중요한 임무를 가지고 있다.

(5) 소장

소화관의 이 부분은 위에서 대장으로 이어지며 길이가 6~7.4m 사이인 긴 관모양 장기이다. 십이지장은 소장의 첫 번째 부분이며 복막에 의해 복벽 뒤쪽에 고정된다. 길이는 약 24cm(10인치)이고 문자 C처럼 구부러져 있다. C의 곡선 내에 누워있는 췌장이라고 하는 큰 샘이 있다.

공장과 회장은 전체 길이의 대부분을 구성하며 복강 앞쪽에 있다. 소장 벽의 구조는 위벽과 유사하지만 내부적으로 그 형성이 다르다. 이는 음식물의 소화 및 흡수 작업을 보다 효율적으로 수행할 수 있도록 장비를 갖추기 위한 것이다. 내벽은 주름이 있고 융모라고 하는 머리카락 같은 돌기로 덮여 있다.

이들은 음식의 흡수와 관련이 있으며 미세한 혈액 및 림프관, 장액을 분비하는 작은 분비선을 포함한다.

소장 내에서 단백질, 탄수화물 및 지방이 소화된다. 이것은 세 가지 형태의 소화액, 즉 췌장에서 나온 췌장액, 간에서 나온 담즙, 소장에서 나온 장액의 영향으로 이루어진다. 발생하는 소화는 소장 아래의 혈류로 흡수된다.

단백질은 소화 과정을 계속해서 아미노산으로, 탄수화물은 최종적으로 포도당으로, 지방은 글리세린과 지방산이 되어 흡수 후 간으로 이동한다. 여기서 그들은 에너지를 위해 산화되거나, 활동 중인 근육에 의해 사용되거나, 체내에 지방 조직으로 저장될 수 있다.

(6) 대장

소화관의 마지막 단계는 회장에서 시작하여 직장에서 끝난다. 길이는 약 1.5m이고 상행, 횡행, 하행 결장의 세 부분으로 나뉜다.

첫 번째 부분은 맹장이라고 불리는 늘어진 주머니로 구성되어 있다.

소화되지 않은 나머지 음식과 거칠고 흡수되지 않은 소화액은 액체 형태로 대장으로 전달된다. 물은 대장에서 흡수되고 대변이 형성된다.

대장에는 일반적으로 질병을 일으키지 않는 많은 상주 박테리아 (대장균)가 있다. 변비나 설사의 경우는 잔여 음식물이 너무 느리게 대장을 통과하거나 물이 너무 많거나 적게 흡수되어 생긴다.

(7) 소화액

소화관의 분비선에서 분비되는 물질에 존재하는 효소는 음식물을 단순한 형태로 변환시켜 혈류로 흡수할 수 있는 힘을 가지고 있다. 소화관과 관련된 위치에 따라 효소마다 수행해야 할 소화 기능이 다르다. 그들은 자신의 형태를 바꾸지 않고 자신의 역할을 수행하지만 적절한 매체 또는 분위기에서만 효과적으로 일할 수 있다.

소화관의 각 부분에는 소화액 내에 다른 효소가 있다.

소화관 내 효소

위치	분비	효소	소화의 양상
입	침	아밀라제	익힌 전분 → 맥아당
위	위액	펩신, 레닌, 염산	단백질 → 펩톤
간	담즙	리파아제(췌장) 지원	지방(소화의 첫단계)
췌장	췌장액	리파아제, 트립신, 카모트립신, 아밀라제	지방 → 지방산과 글리세리드 펩톤(단백질) → 폴리펩타이드 전분(탄수화물) → 말토오스
소장		장액, 펩티다아제, 말타아제, 락타아제, 수크라아제	폴리펩타이드 → 아미노산 맥아당 → 포도당 유당 → 포도당 및 갈락토스 자당 → 포도당, 과당

7. 비만

비만은 과도한 기질과 지방 저장으로 특징지어지는 신체 상태이다. 신체적으로나 정서적으로 무거운 부담이 되고 다른 질병에 더 쉽게 걸리기 때문에 많은 선진국에서 주요한 건강상의 위험으로 분류된다.

비만의 원인은 여러 가지가 있으며, 특히 청소년기와 임신 기간, 그리고 여성의 갱년기를 통해 문제가 발생하는 등 심리적 동요와 관련이 있다.

날씬한 사람에게 충분히 먹었을 때 알려주는 내부 신호는 과체중이나 비만인 사람에게는 결함이 있는 것처럼 보인다. 이 경우 먹고 싶은 욕망을 불러일으키는 것은 배고픔이 아니라 외부의 영향, 음식의 냄새나 이용 가능성, 또는 단순한 습관이다. 이 내부적인 요인은 조절하기 매우 어려워 보이며, 다이어트의 성공을 위해서는 필요 이상으로 음식을 먹고 싶은 욕구를 극복하려는 어떤 강한 의지가 필요하다.

어떤 사람들은 살이 찌기 쉽고 비만 경향이 있는 것으로 보인다. 이상적인 체중을 달성하고 유지하기 위한 그들의 싸움은 더 힘들겠지만, 그들의 문제는 사실 날씬한 사람들과 원칙적으로 다르지 않다. 연구 결과 뚱뚱한 사람의 지방세포는 체지방을 저장할 수 있는 능력이 더 크고, 에너지나 열 생산을 위해 신체에 덜 동원되는 것으로 나타났다. 이러한 경향은 아기와의 잘못된 수유 또는 식이 관행에 의해 임신 또는 유아기 초기에 결정되는 것으로 여겨진다. 뚱뚱한 아기는 뚱뚱한 성인이 될 가능성이 훨씬 더 높거나 성인 생활에서 날씬한 상태를 유지하는 것이 훨씬 더 어려워진다.

FMS(지방 동원 물질)와 같은 물질(호르몬)에 대한 연구는 지방이 축적되는 것을 방지할 수 있다면 과체중 문제는 체중감량 다이어트 없이 제거될 수 있음을 보여준다. 이 작업은 아직 초기 단계이지만 그 원리는 교감 신경계를 자극하는 신체에 미치는 아드레날린의 영향과 유사하다.

해롭지 않고 중독성이 없으며 개인이 좀 더 분별 있는 식습관을 갖도록 돕는 물질을 찾는 것은 비만 관련 건강 위험으로 인해 상당히 관심 있는 의학 연구의 주제이다.

비만과 관련된 부차적인 질병

① 건강상의 문제가 있는 비만인들은 하지정맥류 및 디스크 발생률이 더 높다.
② 복부의 지방 침착으로 인해, 평발, 기관지 질환 및 관절염도 더 흔하다.

(1) 비만의 원인

① 유전적 요인은 과체중이 '가족 내에서 실행'되는 것처럼 보이는 비만의 발생에 매우 관련이 있는 것으로 보인다. 가족 풍습과 사회적 식습관이 비만 경향의 문제와 분리하기 어렵기 때문에 정확히 어떤 연관성이 있는지 명확하게 확인되지 않았다.

② 개인의 경제적 지위는 소위 노동 계급이나 빈곤층에서 훨씬 더 높은 비율로 비만에 영향을 미치는 것 같다. 값싼 음식은 빵과 감자처럼 더 살찌는 경향이 있기 때문이다. 그리고 이들은 큰 식욕을 채우는 데 사용된다. 이 그룹은 또한 자신의 비만에 대해 덜 신경 쓰고 그것을 거의 어쩔 수 없는 삶의 사실로 보는 경향이 있다.

③ 식습관이 나쁘고, 식사 사이에 조금씩 씹고, 입에 계속 무언가가 있기를 원한다. 그러나 때때로 비만인 사람들은 마른 사람보다 덜 먹는 것으로 밝혀졌지만 그들의 신진 대사는 음식을 효과적으로 사용하지 못하고 여전히 과체중이 발생한다.

④ 직장 변경, 퇴직 또는 주부가 되는 등 신체 활동의 변화, 매우 활동적인 직업 이후의 은퇴는 어떤 종류의 운동이 유지되지 않는 한 특히 나쁘다. 몸의 욕구가 줄어들었음에도 같은 패턴으로 계속 먹는 경향이 있다.

⑤ 심리적 요인은 비만에 큰 영향을 미치며, 과체중인 많은 사람들은 개인적인 삶에서 위로를 위해 또는 애정이나 사랑의 대용품으로 먹는 것처럼 보인다.

⑥ 내분비 요인은 드물지만, 과분비되는 것을 핑계로 너무 자주 비난받는 경우가 있다. 영양소의 저장 및 활용은 호르몬에 의해 밀접하게 제어되므로 불균형은 과도한 저장 또는 지방 손실로 이어질 수 있다.

⑦ 임신은 종종 치료하기 어려운 비만의 한 형태로 시작된다. 여러 번의 임신을 통해 얻은 체중은 감량하기 어렵고 임신 기간 내내 2인분의 식사를 해야 한다는 오래된 통념은 여전하다. 신체는 임신 중에 자원을 더 효과적으로 사용할 수 있으므로 더 많은 양의 음식이 필요하지 않으며 기본 음식 요소의 다른 비율만 필요하다.

⑧ 나이와 성별에서 여성이 남성보다 더 문제를 일으키기 쉬우며, 사춘기, 임신 기간, 갱년기에는 상태가 가장 나쁜 상태가 나타날 수 있는 시기이다. 이것은 성 호르몬이 과체중 문제와 어떤 관계가 있다는 것을 암시할 수 있는데, 이는 많은 여성들이 피임약을 사용할 때 경험하는 체중 증가로 쉽게 느낄 수 있다.

(2) 비만관리

비만에 대한 모든 치료의 목적은 체내에 많은 양의 지방 조직을 처리하는 것이다. 이렇게 하려면 음식에서 섭취하는 에너지보다 신체의 에너지 소비를 늘려야 한다. 날씬해지려는 사람은 또한 체중 감량에 대한 강한 열망 또는 관련된 노력에 동기를 부여하고 가치가 있는 것처럼 보이게 하는 이유가 있어야 한다. 체중 감량에 대한 강한 욕구나 의지가 없는 비만인은 자신이 필요한 만큼 체중 감량을 꺼리고 실패할 것이다.

이론적으로 에너지 소비를 증가시키는 다양한 화학적 수단들, 음식 신진대사를 변화시키는 화학 물질들이 가능하다. 이 방법들 중 많은 것들이 불행한 부작용을 가지고 있으며, 모두 의학적으로 처방되어야 한다. 분명히 약물을 사용하지 않고 식이 요법을 재교육하고 칼로리를 적게 섭취하여 비만을 치료하는 것이 바람직하다. 또한 모든 다이어트는 규칙적인 운동으로 더 효과적이게 되는데, 이것이 에너지 생산량을 증가시키기 때문이다.

(3) 체중 조절(요요 현상)

체중 감량과 감량 유지에 실제로 어려움을 겪는 고객은 요요 현상으로 고통 받을 수 있다. 여기에서 체중은 변동하고 지방 조직은 여러 번 손실되고 회복된다. 기초 대사에 이상이 없는 것이 의학적으로 확인되고 갑상선 기능 항진증과 같은 질환이 없는 경우에는 식생활 재교육 프로그램을 시도할 수 있다.

비만인에게는 뇌 기저의 시상 근에 위치한 식욕 조절기가 그다지 효율적으로 작동하지 않는 것으로 보인다. 그래서 만약 포화 메커니즘이 의존할 수 없다면, 음식 섭취는 새로 습득한 식습관에서 재조정되어야 한다. 이것들은 처음에 저장된 체중을 줄이고, 그 다음에 어떠한 체중 증가도 없이 일정한 체중을 유지하도록 설계되었다.

강한 의지와 성공에 대한 동기는 비만 관리에 큰 역할을 한다. 어떤 형태로든 격려하는 것은 환영 받고 날씬해지는 클럽, 건강 수련, 치료, 그리고 보살핌 치료사의 지도는 모두 원하는 체중 감량을 달성하기 위한 의사의 권고를 강화하는 역할을 한다..

(4) 평생의 비만

비만은 평생 동안 나타날 수 있지만 유아기, 청소년기, 임신기, 갱년기, 노년기 등 특정 단계에서 우울한 빈도로 나타난다. 모든 경우에 몸이 필요로 하는 것보다 더 많은 음식을 섭취하는 것이 체중 문제의 주요 원인이다. 이렇게만 안하면 여분의 에너지가 지방으로 저장되지 않는다.

건강한 삶을 위해 음식량이 얼마가 적정한지 아는 것이 쉬운 일은 아니지만, 특히 가족을 먹이는 주부나 아이를 먹이는 어머니에게는 더욱 그렇다. 과도한 체지방의 증거는 신체에 즉시 필요하지 않은 잉여 음식이 일반적으로 표면 지방으로 저장되고 있는 게 보이는 것이다. 이것은 탄수화물과 같은 많은 에너지를 생산하는 음식을 줄일 수 있고, 단백질과 지방은 성장과 건강을 위해 유지할 수 있다는 것을 나타낸다.

각 개인의 필요 사항은 다르며, 매우 유사한 두 사람이 완전히 다른 양의 음식을 먹으면서도 일정한 체중을 유지하는 경우가 있다.

어떤 사람은 먹는 모든 것을 지켜봐야 하는 반면, 다른 사람은 그럴 필요가 없을지도 모른다. 따라서 피부 두겹집기 검사를 하여 체지방 축적을 관찰하는 것이 음식 섭취를 줄여야 하는지 여부를 평가하는 가장 좋은 방법입니다.

(5) 임산부

임신 중 비만의 문제는 매우 현실적이며 이 시기에 종종 현재 신체의 필요에 대한 오해에서 비롯된다. 확실히 섭취하는 음식을 태아의 필요성을 염두에 두고 선택하여야 하며 성장을 위한 단백질 식품은 매우 중요하다

그러나 2인분으로 먹을 필요는 없으며, 산모에 가해지는 부담에 대처할 수 있는 충분한 칼로리가 존재하는 아기는 건강할 것이고, 엄마는 덜 위험하게 될 것이다.

임신 중 과식은 종종 과도한 방종으로, 어떤 대가를 치르더라도 날씬하게 유지하려고 노력해야 하는 정상적인 긴장에서 벗어난다. 정상적인 죄책감과 그에 따른 비난없이 좋아하는 음식을 먹을 수 있는 기회이다.

임신은 체중 증가에 대한 책임을 지고 편리한 핑계를 제공한다.

현대의 산전 관행은 과체중이 산모에게 임신 위험을 증가시키고 태어나지 않은 아이에게 영향을 미칠 수 있기 때문에 체중 증가를 엄격하게 주시한다. 임신 후기에 비만은 아기에게 치명적일 수 있는 독소혈증이 발생할 가능성을 높인다. 고혈압과 여분의 세포액 축적과 그로 인한 부종이 발생할 수 있다. 임신 마지막 주에 갑자기 체중이 증가하면 종종 그 발병에 대한 경고를 받게 되는데, 이것은 산후조리에서 매우 조심스러운 주의를 기울이게 된다. 독소 혈증의 유일한 치료법은 아기가 가능한 한 빨리 태어나는 것, 아기의 생존과 엄마의 건강을 보호하는 것이다.

비만 여성은 임신의 모든 단계에서 유산(자연 낙태) 위험이 더 크다.

그들은 또한 불임이 젊은 비만 여성의 특별한 문제이기 때문에 임신이 더 어렵다는 것을 알게 된다. 비만 여성에게 사산아 발생이 더 크고, 제왕절개 등 수술적 치료가 필요하다면 합병증이 생길 가능성이 더 높다. 비만 여성은 출산 후 회복이 더디고, 날씬한 여성에 비해 체력과 활력을 되찾는 데 시간이 더 오래 걸린다. 후속 임신을 통해 얻은 체중은 그 사이에 손실되지 않고 다이어트, 운동 및 미용 치료가 필요한 실제 문제가 해결될 때까지 축적되는 경향이 있다.

(6) 소아 비만

많은 사람들에게 비만 패턴이 시작되는 것은 어린 시절부터이며, 과식으로 인해 신체의 지방 세포가 커지고 증식하여 일생에 걸쳐 문제가 되는 추세가 시작된다. 아이를 달래거나 보상하기 위해 음식을 사용하는 식습관은 영아 영양 결핍의 주요 원인이다.

음식은 본질적으로 보상과 연결되며, 이러한 연결은 다이어트를 통해 감소시키려는 많은 비만 성인을 몰락시킨다.

또한 아이들에게 '먹도록', '크고 강하게 자라도록' 장려하는 것은 불안한 부모의 또다른 실수로, 이로 인해 아이는 식욕의 욕구를 넘어서게 된다. 그러면 몸은 언제 충분히 먹었는지 인식하지 못하며, 단순히 필요보다는 습관이나 음식의 즐거움으로 먹는 것이다.

이제 비만 아동이 성인에서 비만이 될 가능성이 훨씬 높거나, 어린 시절에 올바른 식이요법으로 먹었지만 현재 비만인 성인보다 살을 빼는 데 더 어려움을 겪을 것이라는 것이 명백해 보인다. 과도한 음식 섭취 이외의 다른 이유로 인해 아동 비만의 원인이 되는 경우는 매우 드물다.

(7) 청소년기

청소년기의 체중 문제는 성숙해지고 이성과의 관계가 형성되는 것에 대한 걱정을 가중시킨다. 과체중인 젊은이는 다르게 보이고, 이것은 수줍음을 증가시키고 인격 발달의 중요한 단계에서 고통을 줄 수 있다.

성숙과 전반적인 성장은 과체중 문제를 줄여주는데, 많은 경우 개인은 과체중 문제를 벗어나고 있는 것처럼 보인다. 관계가 발전하고 더 많은 자신감이 생기면 음식에 대한 의존도가 줄어들고 다른 관심사가 점점 더 중요해진다. 날씬하고 매력적인 외모의 가치가 인식되고 음식이 아닌 이성이 주요 관심사가 되면서 비만 문제는 저절로 사라질 수 있다.

청소년기의 감소를 위한 식단은 입맛에 맞아야 하고, 단백질과 영양소는 높지만 소모적인 탄수화물 가치는 낮아야 한다.

삶의 이 단계에서 즐기는 음식은 종종 탄수화물 편향이 매우 높으며 단 음식, 빵, 탄산음료, 칩, 초콜릿, 그리고 빵을 포함한다. 이러한 요소를 제거하면 체중이 감소할 수 있지만, 젊은 사람의 협조가 부족하면 비만을 통제할 수 있는 가장 덜 성공적인 단계가 된다.

(8) 폐경기

폐경기 동안 여성의 신체에서 일어나는 변화는 신체 대사에 영향을 미치고 체중 문제를 일으킬 수 있다. 이때 여성 호르몬의 퇴행 (감소)은 남성 호르몬이 더 우세해지도록 하여 체중 불균형에 관여하는 것으로 보인다. 여성 피임약을 복용하는 여성도 체중 조절에 어려움을 겪고 있으며, 이는 성 호르몬이 음식물 대사와의 관계를 강화하는 것으로 보인다.

폐경기 동안 겪는 우울증은 과식과 체중 축적의 요인이기도하다. 여성은 편안함을 위해서 또는 지루함을 위해서 먹을 수도 있고, 체중이 외모를 변화시키기 시작할 때 그녀는 어쨌든 신경 쓸 필요가 거의 없다고 느낄 수도 있다. 체형 문제를 해결하기 위한 긍정적인 접근이 이루어지지 않으면 악순환이 될 수 있다. 치료사는 이 경우에 중요한 기여를 할 수 있으며, 증가된 체중을 제거하면서 고객이 외모에 관심을 갖도록 도와준다.

체중 조절의 패턴은 고객이 삶을 바꾼 후 정착할 때까지 불규칙할 수 있고 월경이 영원히 사라질 수 있다.

그러면 건강과 영혼이 향상되고 체중을 더 쉽게 조절할 수 있다. 날씬한 여성은 몸이 더 건강하고 비만으로 인한 건강 위험이 적기 때문에 과체중 여성보다 우울증과 불편한 갱년기를 덜 경험하는 것 같다. 정맥류, 관절염, 호흡곤란, 통증, 고혈압 및 변비는 모두 중년 여성의 가능한 문제다. 비만은 갱년기 발병률과 심각도를 증가시킨다.

(9) 은퇴 및 노년기

노년기, 특히 은퇴 후 비만은 일반적인 문제이며 개인의 영양 부족과 관련이 있을 수 있다. 섭취하는 음식은 항상 올바른 유형이 아니며 다양성이 부족하다. 필수적인 단백질과 미네랄 등, 노인들을 식이요법이 취약한 집단으로 만든다.

나이가 들어감에 따라 에너지를 덜 소비하고, 움직임과 노력을 경제적으로 더 효율적으로 수행하며, 기초 대사가 감소한다. 따라서 체중을 늘리지 않으려면 실제로 덜 먹어야한다. 하지만 오랜 세월 동안 확립된 습관과 식습관은 음식 섭취량을 신체의 필요 이상으로 일정 수준으로 유지하는 경향이 있으며 비만이 초래될 수 있다.

비만은 많은 건강 문제를 야기하며, 개인이 더 가벼우면 더 오래 피할 수 있다. 신체의 물리적 시스템에 가해지는 균주는 필요보다 빨리 관절에 통증과 부종, 심혈관 질환, 신장 및 간 기능 장애를 유발한다. 당뇨병은 과체중의 결과로 발생할 수 있으며, 신체는 이에 대한 요구 사항을 감당할 수 없다.

(10) 비만의 건강 위험

이제 비만이 오래되면 기대 수명을 감소시키고 조기 노화가 오는 걸로 인식되고 있다. 이 사실은 비만인 사람들이 체중으로 인해 더 큰 위험에 처해있는 것으로 간주되기 때문에 삶의 보장을 추구하려 보험을 들 때 보험료를 인상해야 하는 등 실제로 불평등이 나타난다.

사실 인체의 물리적 시스템은 정상적인 체중에 대처하도록 설계되었으며 과부하가 걸리면 긴장의 징후가 나타난다. 비만인은 작업을 완료하기 위해 더 많은 노력을 기울여야 하며 심장과 혈관계에 추가적인 스트레스를 가해야 한다.

심장은 자신의 임무에 더 잘 대처하기 위해 커지고, 혈액이 신체의 요구를 충족시키기 위해 더 빠르게 펌핑됨에 따라 혈압이 증가한다.

이러한 노력으로 육체적 움직임을 찾으면 앉아 있거나 운동을 안하고 칼로리를 태우지 않는 경향이 있다. 나른함, 호흡곤란 및 과민 반응은 모두 비만인에게 흔한 사소한 문제이며 일반적으로 체중이 감소하면 사라진다. 실제로 비만인은 체중을 지탱하는 관절에 가해지는 부담으로 인해 몸 전체에 아픔과 통증이 있기 때문에 기분이 좋지 않을 수 있다. 과체중으로 인해 정맥류와 마찬가지로 관절의 통증이 조기에 나타난다.

특정 질병, 특히 당뇨병 및 신장 질환은 비만인 사람에게 더 자주 나타난다. 관련 식이 습관과 함께 오래 지속되는 비만은 주요 원인은 아니지만 많은 질병과 관련이 있으며 확실히 기여하는 요인이다. 담낭 질환과 실제 간 손상 (간경변)은 뚱뚱한 사람들에게 더 흔하다. 운 좋게 체중 감량을 하게 되면 건강 위험을 빠르게 줄이고 많은 손상이 발생하지 않는다. 손상된 관절의 통증이 감소하고 전반적인 건강과 활력이 회복된다.

체중의 부담이 제거되고 식이 섭취가 개선됨에 따라 심각한 질병도 개선된다. 고혈압, 장 질환 및 개인의 고통을 유발할 수 있는 소화 불량이 모두 개선되어 더 이상 구제를 위한 약물이 필요하지 않을 수 있다.

이러한 건강 요인은 과체중 고객에게 엄청난 동기가 될 수 있다. 비만의 건강 위험 목록은 아래와 같은 인체에 영향을 미치기 때문에 매우 중요하다.

① 신체의 조기 노화

② 심혈관 질환

③ 신장 장애

④ 간경변

⑤ 담낭 질환

⑥ 복부 탈장

⑦ 당뇨병 위험 증가

⑧ 정맥류.

⑨ 체중을 지탱하는 관절의 관절염

비만인 사람은 또한 피로, 나른함, 통증과 고통을 더 잘 받게 되는데, 이 모든 것은 과도한 양의 지방 조직의 존재와 직접적인 관련이 있다.

Chapter 4

각질 제거(Exfoliation) 바디 스크럽(Body Scrub)

1. 각질 제거와 피부
2. 세포와 신체 조직
3. 각질 제거의 필요성.
4. 각질 제거에 대한 금기 사항
5. 각질 제거 방법
6. 스크럽

Chapter. 4

각질 제거(Exfoliation) 바디 스크럽(Body Scrub)

1. 각질 제거와 피부

각질 제거는 피부의 기존 구조와 함께 작용하여 세포 성장과 탈피에 도움을 줄 뿐만 아니라 막힌 모공을 제거한다.

(1) 피부

피부는 신체에서 가장 큰 해독 기관이며 다양한 기능을 가지고 있다.

① 신체 보호

② 춥거나 더운 상태에서 체온 조절

③ 땀과 독소 배출

④ 수분 및 지방 저장.

⑤ 비타민 D의 합성

피부는 체중과 표면적 모두에서 신체에서 가장 큰 기관이다. 전신을 덮고 있고, 방수, 보호 등 다양한 기능이 있다. 표피, 진피 및 피하 (피하)의 세 가지 층이 있다.

Check Point

각질 제거는 항상 관리 시작 시 이루어져야 한다. 열처리를 한 경우에는 절대로 하지 않는다.

(2) 표피

표피는 우리가 볼 수 있는 피부층이다. 신체 부위에 따라 두께가 다르다.

피부는 발바닥과 손바닥에서 가장 두껍고 눈꺼풀에서 가장 얇다. 표피의 기저층에 있는 세포가 증식하여 표면으로 밀려 나감에 따라 표면의 세포가 지속적으로 떨어지고(세포박리) 아래에서는 새롭게 생성된다. 표피에는 혈액이 공급되지 않고 신경이 거의 분포하지 않으며 진피의 모세혈관에서 영양분과 체액을 받는다. 표피에는 총 5개의 층이 있다.

1) 각질층

① 단단하고 평평한 죽은 세포로 구성되어 있다.

② 각질화된 세포는 박리를 통해 지속적으로 탈락된다.

2) 투명층

죽은 세포지만 완전히 단단하지는 않고 현미경으로 가장 쉽게 볼 수 있다. (손바닥과 발바닥에서만)

3) 과립층

세포는 뚜렷한 핵을 가지고 있지만 세포막은 죽어 가고 있다. 외상 후 치유 조직에서 볼 수 있는 과립을 포함하고 있다.

4) 유극층

세포는 살아 있고 막은 손상되지 않았다. 서로 맞물리는 교소체가 있다.

5) 기저층

세포분열이 일어나는 층이다. 여기에서부터 표피의 5개 층을 통과하는 데 약 28–30 일이 걸린다. 이 층에는 멜라닌으로 알려진 색소가 포함되어 있어 피부에 빨간색, 노란색 또는 검은 색의 자연스러운 색상을 부여한다. 멜라닌은 멜라닌 세포라고 불리는 세포에서 생성된다.

(3) 진피

진피는 일반적으로 진짜 피부로 알려져 있다. 표피와 달리 이 층은 신경뿐만 아니라 혈액 및 림프 공급과 연결되어 있다. 진피에는 땀과 피지선, 모낭 및 많은 살아있는 세포가 포함되어 있다.

결합 조직, 엘라스틴으로 알려진 주로 튼튼하고 탄력 있는 그물망 조직으로 만들어 있으며 흰색 콜라겐 섬유와 노란색 탄성 조직을 포함한다. 콜라겐은 피부를 통통하게 만들고 엘라스틴은 피부를 유연하고 탄력있게 유지한다. 둘 다 나이가 들어감에 따라 감소한다. 진피에는 8가지 중요한 유형의 구조가 있다.

1) 전문화된 세포

① **섬유아 세포** : 콜라겐 및 엘라스틴 생성 담당. 자외선에 의해 손상될 수 있다.

② **비만 세포** : 알레르기 반응으로 히스타민을 생성하고 항응고제인 헤파린을 생성한다.

③ **백혈구** : 감염 및 질병 퇴치를 돕는 혈구

2) 신경 종말

① 뇌와 신체에 열, 추위, 압력 및 고통을 경고한다.

② 신체 방어시스템의 일부이다.

3) 진피 깊은 곳에서 표피 표면까지 뻗어있는 땀샘

땀에는 주로 물, 요소 및 염(대부분 염화나트륨)이 포함되어 있으며 두 종류의 분비샘에서 생성된다.

① **에크린**(eccrine) : 수분이 많은 땀을 배출하고 체온을 조절하며 몸 전체에서 발견되며 특히 손바닥과 발바닥에서 발견된다.

② **아포크린**(apocrine) : 이들은 사타구니와 겨드랑이에서 발견되며, 피부 표면의 박테리아와 혼합될 때 체취를 생성하는 유백색 액체를 배출한다.

4) 모낭

① 표피와 진피에 걸쳐 분포한다.

② 기모근이라고 하는 작은 근육이 각 모발에 부착되어 있으며 모발을 똑바로 세우도록 당기고 몸의 온도 조절을 돕는다.(닭살)

5) 피지선

① 모낭과 연결되어 피부를 촉촉하게 유지하고 모간을 윤활하는 지방산인 피지를 생성한다. 따라서 손바닥이나 발바닥이 아닌 털이 많은 부분에서 발견된다.

② 땀과 피지가 피부 표면에 결합하여 산성 맨틀을 형성한다. 이 보호막은 박테리아 수준을 조절하고 감염과 질병을 예방하며 천연보습제 역할도 한다. 피부의 pH 균형은 4.5~5.5이며 이 산성 환경은 박테리아 성장을 방지하는데 도움이 된다.

6) 혈액 공급

세포 두께의 미세한 모세 혈관을 포함하는 혈관 시스템

7) 모세 림프관

혈액 공급과 협력하여 해당 지역에서 폐기물을 운반한다.

8) 유두체

① 모발 밑 부분의 작은 원추형 돌기

② 머리카락에 영양분을 공급하는 혈관과 신경이 있다.

(4) 피하층

진피 아래에 있으며 혈관, 신경, 림프 및 지방 조직(지방 세포)의 네트워크로 구성된다. 주요 기능은 절연체 역할을 하는 것이다. 신체의 열을 보존하고 충격 흡수 역할을 한다.

2. 세포와 신체 조직

세포는 우리 몸의 구성 요소이다. 많은 세포가 함께 신체 조직을 만든다. 조직에는 상피, 결합, 신경, 근육의 네 가지 유형이 있다.

1. 상피조직

상피조직에는 단순 및 복합의 두 가지가 있다. 단순상피는 일반적으로 장기와 혈관을 덮거나 내벽으로 기능하는 반면 복합상피는 외부 보호와 내부 탄력을 제공한다. 술잔 세포는 종종 단순한 상피에서 발견된다. 이 세포는 점액을 분비한다.

(1) 단순 상피

단순 상피는 기저막에 부착된 단일 세포층으로 구성된다. 편평, 입방형, 원주형 및 섬모의 네 가지 유형이 있다.

1) 편평

- 구조 : 기저막에 부착된 단일 층의 평평한 세포.
- 기능 : 심장에 매끄러운 내피 형성. 폐의 혈액 및 림프관 및 폐포.

2) 입방

- 구조 : 기저막에 부착된 단일층의 입방체 세포.
- 기능 : 일부 땀샘, 신장 세뇨관의 내벽을 형성. 물질을 분비하고 흡수할 수 있다.

3) 원주형

- 구조 : 기저막에 부착된 크고 직사각형의 탄력있는 단일층
- 기능 : 위, 내장 및 요도와 같은 신체의 매우 활동적인 부분에 내벽 형성. 일부 세포는 체내 위치에 따라 점액을 분비하고 일부는 점액을 흡수한다.

4) 섬모

- 구조 : 기저막에 부착된 대부분의 원주형 세포(때때로 편평 또는 입방 세포와 결합)의 단일 층. 머리카락과 같은 작은 돌기 또는 섬모가 세포막에서 튀어 나온다.
- 기능 : 섬모는 파도처럼 모두 같은 방향으로 함께 움직인다. 점액, 이물질 및 잔해물을 제거하고 통로와 내벽을 깨끗하게 유지하는 데 도움이 된다.

(2) 복합 상피

복합 상피에는 세포층이 많이 있으며 기저막은 없다. 원주형 세포의 깊은 층과 표면의 평평한 세포의 조합으로 형성된다. 신체의 섬세한 부분을 보호한다. 중층 상피 및 이행상피의 두 가지 유형이 있다.

1) 중층상피

① 케라틴(건조)

- 구조 : 건조한 표면 세포를 가진 복합 상피층. 머리카락, 피부, 손톱과 같은 죽은 층을 형성한다. 즉, 표면층이 방수층을 만드는 섬유 단백질인 케라틴으로 변한다. 피부는 각질화된 중층 편평 상피이다.
- 기능 : 케라틴은 깊은 층이 건조해지는 것을 방지하고 보호한다.

② 비 케라틴(습식)

- 구조 : 습한 표면 세포를 가진 복합 상피. 입안, 식도 내벽, 눈의 결막(점막).
- 기능 : 윤활기능

③ 이행상피

- 구조 : 표면 세포가 평평하지 않아 필요할 때 모양을 변경할 수 있다는 점을 제외하고는 중층 상피와 유사하다. 입방체 모양의 표면 세포와 더 깊은 배 모양 세포.
- 기능 : 방광과 요도와 같이 방수 및 확장 가능한 내벽이 필요한 장기에서 발견된다.

2. 신경 조직

- 구조 : 신경 세포와 신경교로 구성된 섬유 다발로 배열된다. 세포는 긴 섬유질 과정을 가지고 있다. 신경 세포에서 이러한 과정을 수상 돌기와 축삭이라고 한다.
- 기능 : 뇌에서 신호를 주고 받을 수 있다.

3. 근육조직

근육조직에는 세 가지 유형이 있다.

① 줄무늬 또는 수의적

② 평활 또는 불수의적

(1) 심장

- **구조** : 모든 근육은 75퍼센트의 물, 20퍼센트의 단백질, 5%의 미네랄 염, 글리코겐, 포도당 및 지방으로 구성된다.
- **기능** : 골격 – 몸을 지지하고 움직이도록 돕는 것
  평활 – 불수의적 기능(예: 연동운동)을 수행
  심장 – 혈액을 펌프하기 위한 심장 근육

4. 결합조직

결합조직은 신체의 지지 조직이다. 이들은 대부분 기계적 기능을 가지고 있고 더 활동적인 조직(뼈와 근육 같은)을 연결한다.

- **구조** : 반고체, 고체 또는 액체일 수 있으며 섬유가 있거나 없을 수 있다.
- **기능** : 다른 활동적인 조직을 연결하는 기계적 연결. 8가지 유형이 있다.

(1) 망상조직

이것은 느슨한 결합 조직으로, 인체에서 발견되는 가장 일반적인 결합 조직이다.

- **구조** : 반고체와 투과성이 있어 체액이 통과할 수 있다. 체액은 히스타민(보호)과 헤파린(항응고제, 응고 방지)을 생성하는 섬유세포와 비만 세포뿐만 아니라 노란색 탄성섬유 및 흰색섬유를 포함 한다
- **기능** : 피부 아래, 근육 사이, 혈관 및 신경 지지, 소화관 등 다른 조직을 연결하고 지지하는 신체 전역에서 발견된다.

(2) 지방조직

- **구조** : 지방 세포들로 구성되어 있다. 근육 섬유들 사이에서 발견되며, 피부 아래 망상조직이 있어 신체에 부드럽고 연속적인 윤곽을 제공한다. 신장과 눈의 뒷부분에서도 발견된다.
- **기능** : 보호 및 단열 특성. 열 전도성이 낮기 때문에 체온을 유지하는 데 도움이 되며 에너지 비축기능이 있다

(3) 림프

- **구조** : 반고체 조직; 흰색 섬유가 약간 있다. 대부분은 질병 통제 기능을 가진 림프구와 망상 세포이다. 림프구는 박테리아를 에워싸서 파괴한다.
- **기능** : 림프계 세포와 혈액 세포를 형성하여 질병으로부터 보호한다. 림프절, 흉선, 비장, 편도, 대장의 벽, 충수 및 소장의 분비선에서 발견된다.

(4) 황색 탄성

- **구조** : 주로 탄성 섬유와 매우 적은 세포로 구성되어 있다. 이 조직은 상당한 확장과 수축이 가능하다.
- **기능** : 이완 및 수축을 가능하게 한다. 폐 조직, 기관지, 특히 큰 동맥, 위, 방광 및 이완과 수축이 필요한 기타 기관을 형성한다.

(5) 흰색 섬유질

- **구조** : 강하게 연결되지만 탄력적이지 않다. 주로 섬유들 사이에 줄지어 있는 몇 개의 세포만 있는 빽빽하게 포장된 콜라겐 섬유 묶음으로 구성된다. 섬유는 같은 방향으로 움직인다.
- **기능** : 신체 일부의 연결 및 보호(인대와 뼈 골막 형성). 장기의 외부 보호(신장, 뇌의 경막, 근육과 힘줄의 근막 주변).

(6) 뼈

- **구조** : 신체에서 가장 단단한 구조; 두 가지 유형, 치밀 및 해면 – 치밀은 강도를 위해 치밀한 뼈이고 구조 지지 및 혈액 세포를 만들기 위해 해면화된다. 뼈의 구성은 25% 물, 30% 유기물, 45% 무기염이다.
- **기능** : 신체와 모든 장기를 지원하고 보호하며 골수에서 세포를 생성한다.

(7) 혈액

- **구조** : 세포 45%와 혈장 55%를 포함하는 체액 결합 조직. 적혈구, 백혈구 및 혈소판
- **기능** : 영양과 산소를 신체의 모든 세포로 운반하고 폐기물을 제거한다.

(8) 연골

- **구조** : 단단하고 거친 조직; 고체이며 연골 세포라고 불리는 세포를 포함한다. 세 가지 유형이 있다.

① 초자연골

- **구조** : 청백색, 부드러운 연골 세포는 단단한 매트릭스의 그물로 되어 특히 탄력적이다.
- **기능** : 연결 및 보호; 관절의 관절 표면, 즉 관절을 형성하는 뼈 부분에서 발견된다. 늑골 연골과 후두, 기관 및 기관지의 일부를 형성한다.

② 황색 탄력 연골

- **구조** : 고체 매트릭스를 통과하는 노란색 탄성 섬유. 그물 섬유 사이에 있는 섬유 세포와 연골 세포를 포함한다.
- **기능** : 유연성; 귓바퀴 (귀의 연골 부분) 및 후두개와 같이 자유롭게 움직여야하는 신체 부위에서 발견된다.

③ 백색 섬유 연골

- **구조** : 조밀한 덩어리로 밀집된 흰색 섬유. 연골 세포를 포함한다. 매우 강하고 유연함은 적다
- **기능** : 충격 흡수, 추간판과 반달 연골, 무릎 관절면 사이에 위치한 충격 흡수 장치를 형성한다.

Summing-up

이 장을 마치면 다음을 이해해야 한다.

① 피부의 다른 구조

② 각질 제거가 피부 구조에 미치는 영향

③ 세포로 만든 다양한 조직 유형

3. 각질 제거의 필요성

각질 제거에는 피부 표면의 측면에서 더 나아가 피부 건강에 이르기까지 여러 가지 이점이 있다.

(1) 피부 질감 및 피부색 개선

각질 제거는 신체가 죽은 세포를 제거하는 과정에 활력을 불어 넣는 작용을 한다. 이전 섹션에서 보듯이 피부 표면은 지속적으로 떨어져 나가는(박리) 죽은 세포로 만들어진다. 젊은 사람들의 피부 세포는 이 과정을 더 빨리 완료한다. 즉, 최상층 세포가 더 최근에 생성되고 덜 건조된다. 자연적인 각질 박리 과정에 각질 제거 과정을 추가하면 느리게 활동하는 세포가 증가하여 젊은 사람의 빠른 세포 성장처럼 젊은 피부로 보이도록 도와준다.

Check Point

피지가 과잉 생산되는 고객을 다룰 때는 각질 제거 후 보습이 필수적이다. 천연 오일을 교체하지 않고 제거하면 피지 생성이 과도하게 발생할 수 있다.

(2) 피부 막힘 제거

땀샘과 모낭은 진피를 통해 성장하고 표피를 통해 열린다. 피부 성장이 느리거나 표면에 죽은 세포가 두꺼우면 이러한 과정이 손상될 수 있다.

(3) In-grown hairs

모낭이 피부 표면 각질세포에 의해 막혀서 모발이 뒤로 접혀서 피부 아래로 파고드는 모발로 자랄 수 있다. 이로 인해 불편하거나 고통스러운 피부 융기가 생길 수 있다. 이들은 철저한 각질 제거로 제거할 수 있지만 때로는 핀셋으로 수동으로 제거해야 한다.

(4) 피지선 막힘

막힌 기름샘은 블랙헤드(comedones) 또는 염증이나 여드름을 유발한다. 이것은 먼지와 피부 세포의 과도한 축적과 과도한 기름 생성의 조합이다. 각질 제거는 막힌 피지선에 매우 효과적이다.

(5) 세포 조절 증가

표면의 죽은 피부 세포를 제거하면 피부의 재생 성장을 촉진한다. 따라서 단순히 죽은 세포를 제거하는 동안 신체는 세포 생성 속도를 높여 피부가 젊어 보이도록 반응한다.

(6) 크림 흡수 증가

피부 세포는 방수 처리되도록 설계되었으며 크림은 진피에 흡수되지 않는다. 그러나 표피의 거친 죽은 세포를 제거하면 더 젊고 신선한 세포의 표면적이 크림을 흡수하고 혜택을 받을 수 있다.

(7) 림프 순환 / 해독 증가

피부는 신체에서 가장 큰 해독 기관이다. 노폐 물질은 주로 땀샘을 통해 배설되지만 피부는 림프계를 수동으로 자극하는 데에도 관여 할 수 있다. 이 시스템은 혈류에서 독성 물질을 가져 와서 비장으로 전달하여 파괴하거나 비활성화 시킨다. 림프는 신체 조직의 수동 조작을 통해 이동할 수 있지만 각질 제거는 독소 제거 속도를 높이는데도 도움이 된다.

Summing-up

이 장을 마치면 다음을 이해해야 한다.

① 각질 제거의 다양한 이점

② 각질 제거의 주요 이점과 이를 고객에게 설명할 수 있는 방법

③ 셀룰라이트와 같은 조건에 대한 각질 제거의 영향

④ 각질 제거가 림프 및 해독과 같은 피부 건강 이외에 미치는 영향

4. 각질 제거에 대한 금기사항

각질 제거는 비 침습적 치료이다. 그러나 피부에 초점을 맞추기 때문에 피부 건강을 둘러싼 다양한 금기 사항을 관찰해야 한다. 특히 관리사는 피부에 영향을 줄 수 있는 전염성 감염에 대해 알고 있어야 한다.

(1) 선천적인

선천적이란 지속적인 피부 상태를 의미한다. 고객이 오랫동안 가지고 살았을 가능성이 있는 것이다. 종종 이러한 유형의 피부 문제가 악화되고 스트레스로 인해 악화되므로 편안한 뷰티 트리트먼트로 도움을 받을 수 있다.

(2) 건선(Psoriasis)

이것은 과도한 각질 생성으로 인한 상태이며 과도한 면역 체계로 인한 것으로 생각된다. 일부 고객은 오트밀과 같은 매우 가벼운 스크럽으로 가벼운 각질 제거가 도움이 될 수 있지만 다른 경우는 그렇지 않을 수 있다. 활성 건선은 각질 제거를 금해야 한다.

(3) 막힌 땀샘

이것은 과도한 땀과 죽은 피부 세포의 조합에서 발생하는 경향이 있기 때문에 추운 지방에서는 발생이 적다. 상태는 불편한 발진이다. 이 경우 각질 제거를 수행해서는 안된다.

(4) Eczema 습진

건선과 마찬가지로 이것은 현재 면역 체계가 과잉 활동하여 염증이 있는 피부를 유발하는 것으로 생각된다. 활성 습진은 각질 제거를 금해야 한다.

(5) Dermatatis 피부염

이것은 피부의 염증을 나타내는 데 사용되는 포괄적인 용어이다. 아프거나 갈라지거나 염증이 있는 피부는 각질 제거를 하지 않는다.

(6) 염증성 정맥류

정맥류는 종종 각질 제거에 의한 부드러운 자극이 도움이 되는 경우가 있을 수 있지만, 아프거나 염증이 있는 정맥류에 직접 각질 제거를 해서는 안 된다. 확신이 안서는 경우 고객에게 확인한다.

(7) 기생충감염(Infestation)

기생충감염은 기생충이 거주하는 상태를 의미한다. 이것은 때때로 인간의 눈으로 볼 수없는 너무 작은 생물이 피부 안이나 아래에 살고 있음을 의미한다. 기생충 자체를 볼 수는 없지만 감염의 물리적 징후(발진, 피부에 염증) 또는 증상(가려움)을 볼 수 있다.

(8) 옴(Scabies) 개선

옴은 피부 아래에 파묻혀 몸 전체에 가려운 발진을 일으키는 미세한 진드기의 침입이다. 옴은 전염성이 매우 강하며 이 상태로 고통 받는 환자를 치료하려고 시도해서는 안 된다. 또한 감염된 사람이 접촉한 모든 부위를 철저히 소독해야한다.

(9) 이(Lice)

감염이 극히 드물며 매우 더러운 피부에서만 번성하기 때문에 관리사가 이 상태에 직면할 가능성은 거의 없다. 그러나 머릿니는 특히 어린이와 접촉한 사람들 사이에서 상당히 흔하다. 이들은 머리카락의 작은 흰색 알과 가려움증으로 식별할 수 있다. 일반 의약품으로 쉽게 치료할 수 있다. 머릿니는 전염성이 있지만 감염된 모발이 다른 두피와 직접 접촉하는 경우에만 가능하다. 감염이 발견되면 고객에게 재치있게 경고하고 머리가 닿은 부위가 치료되었는지 확인한다.

(10) 바이러스

바이러스 감염은 신체의 세포에 들어가 핵으로 파고들어 신체의 자체 메커니즘을 가로 채서 새로운 버전을 만들 수 있다. 염증이 억제되고 면역 체계에 의해 극복된 후에도 바이러스는 여전히 핵 속에 숨어 있다.

그런 다음 그들은 신체가 스트레스를 받고(따라서 면역력이 약화된) 때를 감지하고 이 시간을 사용하여 번식하고 다시 감염시킬 수 있는 것으로 보인다. 이러한 방식으로 바이러스는 오래 지속되고 평생 동안 재발할 수 있기 때문에 특히 오염 및 감염을 방지하기 위해 세심한 주의를 기울여야 한다.

(11) 사마귀

사마귀는 바이러스 감염으로, 일반적으로 오랜 시간이 지나면 스스로 제거된다. 사마귀는 전염성이 있으며 그 부위는 관리하지 않는다.

(12) 단순 포진

감기 염증으로 알려진 것과 달리 헤르페스는 매우 흔하며 60%의 사람들이 이 바이러스를 가지고 있는 것으로 추정된다. 안면 부위를 관리하지 않는 한 입 주변에 단순 포진이 있는 고객에게 시술을 할 수 있지만 추가적인 위생 예방 조치를 취하고 치료 중 얼굴을 만지지 않도록 해야 한다.

(13) 곰팡이

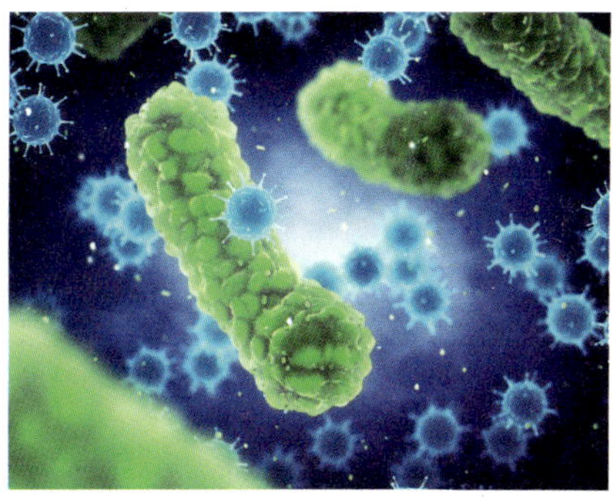

곰팡이 감염은 일반적으로 신체의 한 부분에 국한되며 발이 특히 취약하다. 영구적으로 치료하고 제거할 수 있지만 감염성이 있으므로 오염을 방지하기 위해 주의를 기울여야 한다. 곰팡이 문제는 일반적으로 산도 또는 효모와 같은 상태의 불균형으로 인해 곰팡이가 통제 불능 상태로 성장하여 정상적인 상태를 회복하는 신체의 자연적인 메커니즘을 압도할 때 발생한다.

(14) 피부 손상

작은 긁힘이나 타박상에서 더 심각한 찰과상까지 모든 종류의 부상은 각질 제거를 해서는 안 된다.

Summing-up

이 주제가 끝날 때 다음을 이해해야 한다.
① 각질 제거에는 금기사항이 있을 수 있다.
② 주요 형태는 박테리아, 바이러스, 곰팡이 및 기생충(감염성)

5. 각질 제거 방법

각질 제거의 강도는 다양할 수 있으며 다양한 제품과 방법을 사용할 수 있다. 고객의 피부 유형에 따라 개인의 필요에 맞는 트리트먼트를 선택하고 싶을 것이다.

(1) 제거 방법(Manual)

이들은 피부 표면에서 각질을 물리적으로 제거하는 각질 제거 방법을 말한다. 가장 기본적인 수준에서 깨끗한 수건으로 피부를 문지르는 것조차도 어느 정도의 각질 제거로 간주되지만 관리사는 전문적인 결과를 얻기 위해 브러시, 스크럽 및 기타 도구를 사용한다.

(2) 드라이 브러싱

이것은 각질 제거와 관련된 가장 전통적인 방법 중 하나이며 긴 손잡이 브러시를 사용한다.

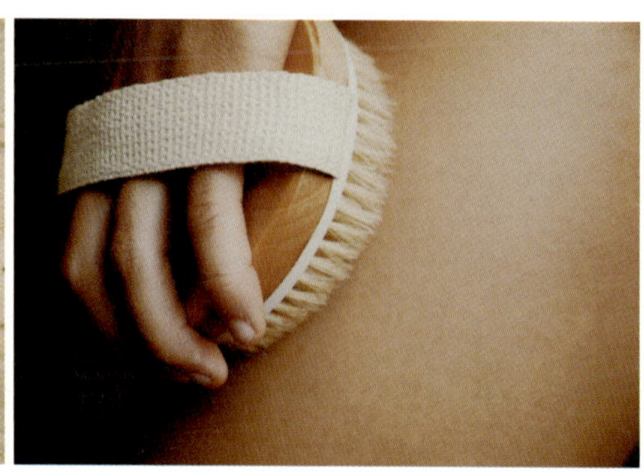

① Best for

- 건조한 피부
- 느린 순환

② 혜택

드라이 브러싱은 넓은 개념의 해독 과정과 관련이 있으며, 피부의 죽은 세포를 제거하고 신진 대사를 자극하여 혈액 순환을 촉진하는 것으로 알려져 있다.

(3) 생체 리듬

24시간 주기로 되풀이되는 생체 리듬은 하루 종일 신체의 자연 호르몬 변동으로 아침에 일어나고 밤에 졸리게 하는 데 도움이 된다. 신진 대사를 촉진하는 특성으로 인해 드라이 브러싱은 신체의 자연스러운 생체 리듬에 맞게 수행되어야한다.

아침에는 코티솔과 같은 '일어나기' 호르몬이 절정에 달하며, 드라이 브러싱의 활력을 주는 과정을 통해 더욱 자극을 받을 수 있다. 이는 또한 나머지 하루 동안 신진대사의 이점을 제공할 것이다. 그러나 저녁에는 호르몬을 인위적으로 자극하여 수면 장애를 유발할 수 있으므로 이러한 과정을 피해야 한다.

(4) 각질 제거 테크닉

① 고객이 엎드려 있는 상태에서 시작한다. 오른쪽 발과 발바닥을 시작으로 종아리 위로 길게 쓸어 올리고 허벅지까지 가까운 림프절과 심장 방향으로 길게 쓸어 올린다.

② 왼쪽 다리에서 반복한다.

③ 허벅지 윗부분과 셀룰라이트가 보이는 엉덩이 부분에 추가 스트로크를 한다.

④ 오른쪽 팔을 쓸어 닦은 후 손에서 겨드랑이까지 길게 쓸어준다

⑤ 등 위쪽을 심장 쪽으로 닦은 다음 허리를 길게 쓸어내린다.

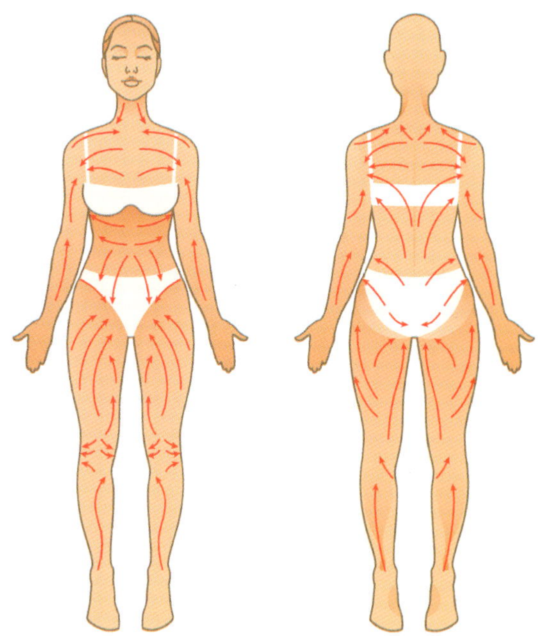

⑥ 고객을 돌려 다리 앞쪽에 1~2 단계를 반복한다.
⑦ 자연스러운 소화 경로를 따라 복부를 시계 방향으로 가볍게 닦는다.
⑧ 고객의 동의를 얻은 후 흉골에서 유방을 통과하여 가슴 주변을 가볍게 스트로크하며 심장으로 향한다.
⑨ 또는 고객을 등 뒤로 눕히고 왼발을 닦은 다음 왼쪽 다리 아래를 닦는다. 오른쪽도 반복한다. 고객을 앉히고 등 전체를 닦는다. 이전에 설명한대로 고객을 다시 아래로 부드럽게 눕히고 가슴 복부를 향해 위쪽으로 치면서 각 팔을 브러시로 문지른다.
⑩ 작은 브러시를 사용하여 이마에서 턱까지 원을 그리며 얼굴을 부드럽게 닦는다.
⑪ 피부에 홍반이 나타나야 한다.
⑫ 고객이 추가로 스파 트리트먼트를 받을 경우 이 단계에서 샤워한다.

루파 수세미는 실제로 말린 채소로 만든 것이며 단단한 질감으로 각질 제거에 이상적이다. 수세미는 단독으로 또는 바디 스크럽과 함께 사용할 수 있다. 떨어져나가는 질감으로 인해 피부 세포에 박힐 수 있으며 사용 후 항상 철저히 세척하고 건조시켜야 한다. 따라서 이것은 가정용으로 더 좋다.

(5) 각질 제거 도구 관리

사용 후 루파 수세미 및 드라이 브러쉬와 같은 각질 제거 도구는 사용 후 일반적으로 작아서 볼 수 없는 건조한 죽은 피부 세포가 박혀 있다.

이들은 박테리아의 번식지를 제공할 수 있으므로 수세미, 브러시 또는 기타 도구는 사용할 때마다 철저하게 세척하는 것이 매우 중요하다.

수세미와 바디 브러쉬를 소독하려면 끓는 물에 잠깐 담그고 알코올 소독제를 뿌리고 깨끗한 천으로 닦은 다음 다시 뜨거운 물에 담근다. 그런 다음 따뜻하고 통풍이 잘되는 곳에 말린다.

Summing-up

이 항목을 마치면 다음을 이해해야 한다.

① 드라이 브러쉬 및 수세미와 같은 도구를 사용하는 다양한 각질 제거 방법

② 이러한 방법이 자연적인 신체 순환에 미치는 잠재적 영향

③ 각질 제거 장비를 관리하고 깨끗하게 유지한다.

6. 스크럽

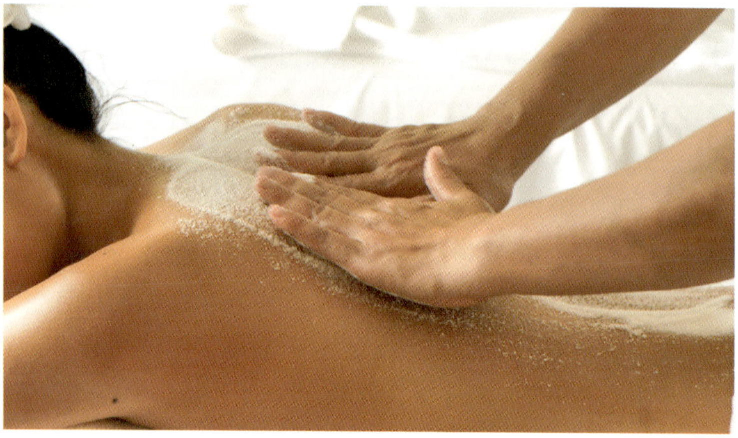

스크럽과 각질 제거 제품은 매우 다양하다 모두 약간 다른 수준의 연마력이 있으므로 다양한 피부 타입에 적용 가능하다.

스크럽은 일반적으로 세 가지 주요 성분으로 구성된다.

(1) 각질 제거제

이것은 스크럽의 일부로 질감을 부여하고 피부 세포를 제거한다. 전통 재료로는 소금, 규사, 쌀겨, 호호바 구슬, 살구씨 알갱이 및 커피 알갱이 등이 있다. 분해성 각질 제거제는 합성 과립과 달리 사용 시 용해되기 때문에 훨씬 선호된다.

(2) 오일 / 보습제

이것은 오일 각질 제거제를 감싸고 피부에 보습 성분을 추가한다. 가장 좋은 것은 스위트 아몬드와 같은 너트 오일인 경향이 있지만 올리브 오일과 같은 다른 오일이 때때로 사용된다.

(3) 향수 / 활성 성분

이것은 제품를 향기롭게 하고, 약간의 추가적인 방향 요법이나 치료적인 속성을 가지고 있거나, 또는 둘 다 가지고 있다. 예를 들면 셀룰라이트를 감소시키는 것으로 생각되는 카페인이나 주니퍼, 블랙페퍼 또는 레몬그라스와 같은 에센셜 오일이 있다.

(4) 솔트 글로우 트리트먼트

솔트 글로우 트리트먼트는 소금의 각질 제거 특성과 해독 특성을 결합하는 요즘 각광을 받고 있는 방법이다. 트리트먼트는 바다 소금과 아로마오일을 사용한 바디 스크럽이다. 나트륨 함량으로 인해 수분과 독소가 피부에서 빠져 나가는 반면 혈관 확장과 박리가 증가한다.

Check Point

일반적으로 가벼운 각질 제거제는 젊고 민감하며 건조한 피부에 적합하며, 강한 스크럽은 노화되고 기름진 피부에 가장 효과적이다.

Summing-up

이 항목을 마치면 다음을 이해해야 한다.
① 각질 제거 스크럽의 구성
② 다양한 블렌드 및 성분
③ 소금 글로우 트리트먼트 및 그 구성.

Chapter 5

매뉴얼 마사지

1. 마사지를 위한 해부학
2. 마사지 테크닉

Chapter. 5

매뉴얼 마사지
(Manual Massage)

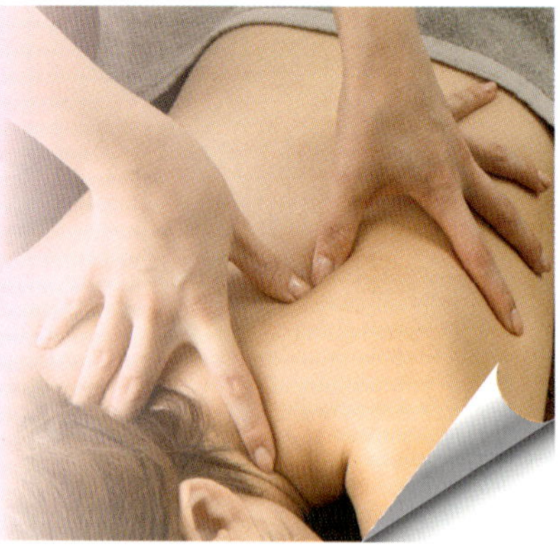

1. 마사지를 위한 해부학

마사지는 생리적으로나 심리적으로 전신에 도움이 된다. 더구나 일부 시스템, 특히 피부, 혈액 및 림프 순환, 근육 및 신경계에는 보다 직접적으로 영향을 줄 수 있다.

마사지가 이러한 시스템에 미치는 영향과 이점을 이해하려면 이들 계통의 구조, 기능 및 영향을 미치는 질병에 대해 배우는 것이 유용하다.

이번 장의 학습 목표는 다음과 같다.

- 피부의 구조, 기능 및 질병
- 순환(혈관) 시스템의 구조, 기능 및 질병
- 림프계의 구조, 기능 및 질병
- 근육계의 구조, 기능 및 질병
- 신경계의 구조, 기능 및 질병

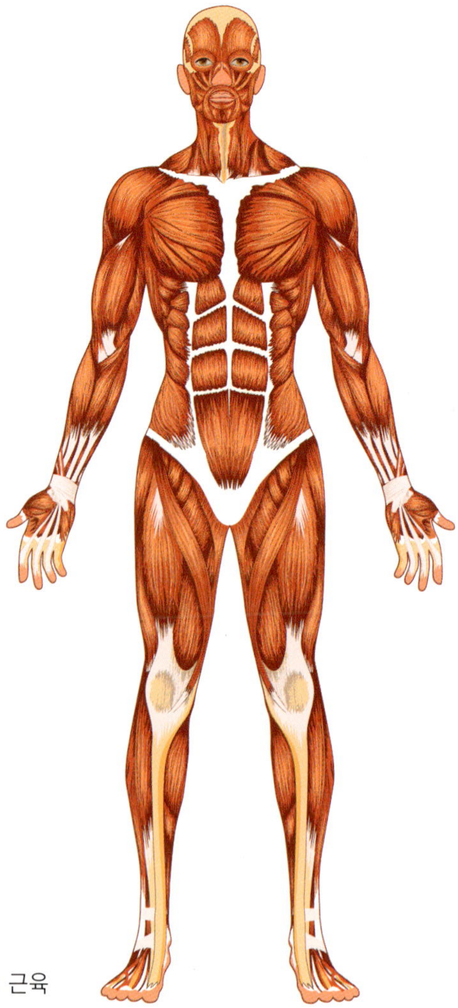

그림 5-1 인체 근육

1. The Skin

(1) 피부란?

피부는 외피계통으로 인체의 외부를 보호하는 층이다. 또한 피부는 인체에서 가장 큰 기관이기도 하다. 눈을 포함한 모든 부분을 덮고 있으며 두께가 다양하다. 예를 들어 발바닥의 피부는 눈꺼풀의 피부보다 훨씬 두껍다. 피부에는 표피와 진피(진짜 피부)라는 두 개의 층이 있으며, 그 아래에는 피하 지방층이 있다. 표피는 우리가 보는 피부이며 몇개의 세포층으로 구성되어 있다.

표피의 세포는 지속적으로 박리(인체에서 천천히 밀려나감)되고 교체된다. 진피는 표피 바로 아래에 있고, 이 부분에는 땀샘, 피지선, 모낭 및 살아있는 세포뿐만 아니라 혈액, 림프 및 신경 혈관이 포함되어 있다.

(2) 피부가 하는 일은?

피부에는 많은 기능이 있다.

① 피지선에서 천연 보습제인 피지를 분비한다. 피지는 모간을 윤활하고 피부에 수분을 공급하며 땀과 결합하여 산성 맨틀이라는 박테리아에 대한 장벽을 형성하는 데 도움이 된다.

② 혈관 확장과 혈관 수축을 통해 체온 조절에 도움을 준다.

③ 특정 약물과 에센셜오일을 포함하여 일부 물질은 흡수할 수 있지만 신체를 방수 처리한다.

④ 천연적인 피부의 산 pH는 박테리아의 침입을 방지하고, 표피 기저층에 포함된 멜라닌은 자외선으로 인한 손상으로부터 피부를 보호한다.

⑤ 발한으로 인한 노폐물 제거

⑥ 정보 및 경고 시스템 역할을 하는 촉각 기관으로 신체에 통증, 압력, 열 및 추위뿐만 아니라 접촉의 편안함과 즐거움을 알게 해준다.

⑦ 뼈의 형성과 유지에 필수적인 비타민 D를 생성한다.

⑧ 자외선으로부터 피부를 보호하기 위해 피부를 어둡게 하는 태닝 색소인 멜라닌을 생성한다.

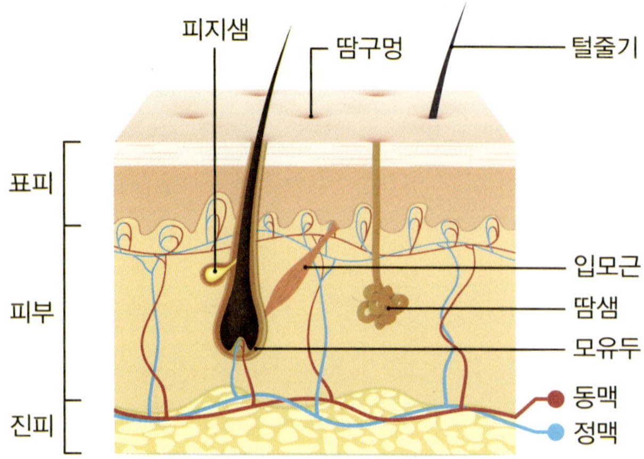

그림 5-2 피부의 구조

(3) 피부 질환

마사지 테라피스트는 고객의 피부와 지속적으로 접촉한다. 따라서 자신과 고객의 안전을 위해 피부 상태 및 질병을 인식할 수 있는 것이 매우 중요하다.

(4) 선천성 질환

이러한 상태는 유전될 수 있으며 출생부터 종종 존재한다.

① 습진

피부에 비늘이 생기고 가렵고 건조한 반점이 생기며 때로는 출혈이 있다. 바디 전체에서 발견되지만 특히 팔꿈치 구부러진 곳, 무릎 뒤, 얼굴, 손 및 두피에서 흔히 발견된다. 전염성은 없다. 모든 형태의 습진이 선천적인 것은 아니다. 아토피 습진은 알레르기 경향이 있는 사람에게서 주로 발생한다. 다른 형태의 습진(예를 들어 주부습진)은 자극의 결과일 수 있다.

② 건선

지속적으로 탈락되는 은빛 비늘로 덮인 붉은 반점을 일으키는 피부의 만성 염증이다. 패치의 크기는 반점에서 팔다리 전체에 이르기까지 다양하며 때때로 출혈이 있다. 건선은 전신 특히 무릎, 팔꿈치, 두피, 허리 및 팔에 영향을 미치고 전염성은 없다.

③ 피부염

피부에 흡수되었거나 접촉한 물질에 대한 알레르기 반응이다. 증상은 일반적으로 붉어지고 가렵고, 터질 수 있는 작은 수포(물집)가 생겨 갈라져 출혈을 일으킬 수 있는 건조한 딱지를 형성할 수 있다. 이것으로 2차 감염을 일으킬 수 있다.

(5) 세균에 의한 증상

① 홍비증(Acne rosacea)

이것은 얼굴, 코 및 뺨에 영향을 미치는 발진이다. 붉고 홍조가 있고 농포가 생길 수 있고 울퉁불퉁하고 두껍게 생기는 경우가 많다. 폐경이나 기타 호르몬 변화와 관련이 있을 수 있으므로 남성보다 여성에서 더 흔하다. 뜨겁고 매운 음식, 카페인, 알코올 및 온도 변화로 인해 악화될 수 있다. 전염성은 없다.

② 여드름

구진, 농포 및 코메돈을 발생시키고 기름지고 칙칙한 외관을 가지고 있다. 심상성 여드름은 특히 사춘기의 호르몬 불균형으로 인해 과잉 활동적인 피지선으로 유발될 수 있다. 과도한 피지가 모공을 막고 감염을 유발한다. 주로 얼굴, 등, 가슴 및 어깨에 영향을 미치고 감염된 부위를 만지면 상태가 퍼지거나 농포가 터질 수 있으므로 전염성이 없지만 심상성 여드름은 피부 관리 시 금기이다.

③ 종기

모낭 주위에 염증을 일으키는 감염증이다. 마사지 중에 해당 부위를 만지면 안된다.

④ 모낭염

피지선과 모낭의 감염으로 염증을 유발하고 종종 심상성 여드름과 함께 발생한다. 마사지 중에는 만지면 안된다. 엉덩이, 허벅지, 목 및 겨드랑이에 흔하다.

⑤ 농가진

수포를 유발하여 진물이 나고 두꺼운 노란색 껍질을 형성하는 전염성이 높은 감염이다. 일반적으로 코와 입 주변에 생긴다. 마사지 시 금기이다.

(6) 바이러스에 의한 증상

바이러스 성 질환은 전염성이 높기 때문에 마사지 시 금기이다.

① 단순 포진

단순 포진은 일반적으로 구순 포진으로 알려져 있다. 주로 입 주변에 발생하지만 신체의 다른 부분으로 퍼질 수 있는 작은 물집이 생기고 감염된다. 물집은 결국 말라서 떨어지는 껍질을 형성한다.

② 대상 포진

이 바이러스 감염은 성인 형태의 수두이다. 일반적으로 척추 신경과 흉부의 한 쪽에 영향을 미치는 신경계 장애이며 매우 심한 가려움증과 함께 물집 발진을 유발한다. 전염성이 높다.

③ 사마귀

피부에서 커지고 많은 유형이 있다. 그 주위는 피해야 한다.

④ 발바닥사마귀(Verrucas)

발에 생기는 사마귀. 그 주위는 피해야 한다.

(7) 곰팡이에 의한 증상

곰팡이에 의한 증상은 주로 피부의 각질화 구조에 발생되는 감염이다. 전염성이 높은 곰팡이 상태에 대해서는 마사지를 금한다.

① 체부 백선(Tinea Corporis)

이것은 백선으로도 알려져 있으며 몸 전체에서 발견된다.

② 무좀(Tinea Pedis)

이것은 일반적으로 무좀으로 알려져 있으며 발에서 발견된다.

(8) 그 외 증상

① 두드러기를 포함한 알레르기 반응

피부가 자극을 받으면 방어 수단으로 히스타민을 생성하는데 이것은 눈물, 따끔거림, 가려움증, 부기, 붉은 반점 및 콧물의 원인이 될 수 있다.

두드러기(발진이라고도 함)는 분홍빛으로 부어오르는 것이 특징인 심각한 알레르기 반응이다. 테라피스트는 상담 단계에서 고객에게 마사지나 사용할 제품에 의해 유발될 수 있는 알레르기가 없는지 확인해야 한다.

② 피부암

피부암은 햇빛에 과도하게 노출되어 발생하며 확산과 같은 위험으로 인해 마사지를 금한다.

③ 기저 세포암

피부에 결절이나 가장자리가 올라간 얕은 궤양이 생긴다. 피부의 노출된 부분, 특히 얼굴, 코, 눈꺼풀, 뺨에 발생하며 악성 피부암이 될 확률은 적다.

④ 편평 세포암

편평 세포는 피부의 최상층에서 발견되는 세포 유형이다. 이 암은 빠르게 성장하는 사마귀 또는 궤양과 유사한 부종으로 구성되어 있다.

⑤ 악성 흑색종

멜라닌 세포 (멜라닌을 생성하는 세포)의 악성 종양이다. 일반적으로 양성인 점에서 발생한다. 점이 커지면서 어두워지고 가렵거나 피가 날 수 있다. 종양은 결국 퍼지게 되며 이것은 가장 악성 피부암이다.

2. 순환(혈관) 시스템

(1) 순환계란?

순환계는 동맥이 심장에서 산소가 공급된 혈액을 운반하고 정맥은 심장, 혈액 및 혈관으로 구성된 운반 시스템을 운반한다. 혈액은 우리 몸의 연료를 운반하고 정맥은 산소가 제거된 혈액으로 심장으로 돌아간다.

모세혈관은 산소와 영양을 분배하고 이산화탄소 및 폐기물을 수집하는 동맥의 끝에 있는 아주 작은 다공성 혈관이다.

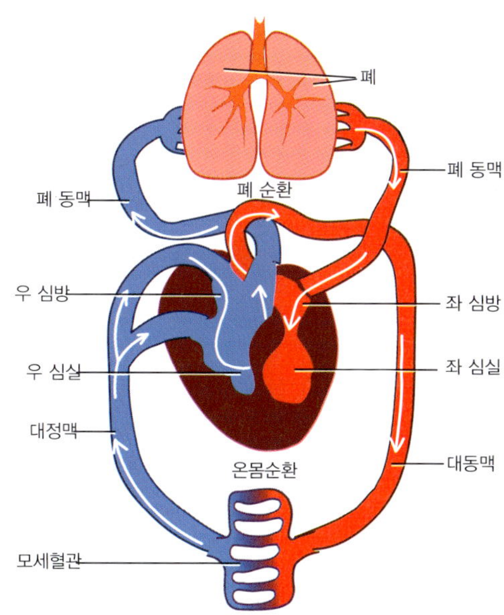

그림 5-3 순환계 시스템

(2) 순환계가 하는 일은?

순환계는 영양분과 산소를 조직에 분배하는데 사용되는 여러 유형의 세포로 구성된 유체 결합 조직인 혈액을 펌핑하고 운반하며 조직에서 나오는 폐기물과 이산화탄소를 수집하여 심장으로 운반한다. 혈액은 또한 호르몬을 운반하며 감염과 싸우는데 도움이 되는 세포 (백혈구)를 가지고 있다. 또한 열을 전달하므로 열 조절에도 도움이 된다.

(3) 순환계 질환

마사지는 혈액 순환을 자극하여 순환계의 질환를 악화시킬 수 있다. 테라피스트는 상담 단계에서 고객에게 순환계 질환이 없는지 확인하고 관리의 적합성에 대해 의문이 있는 경우 고객의 주치의에게 문의해야 한다.

① 빈혈증(Anaemia)

빈혈은 적혈구의 감소 또는 그들이 운반하는 헤모글로빈 또는 둘 다에 의해 발생하는 혈액의 산소 운반능력 감소이다. 광범위한 혈액 손실, 식단에서의 철분 부족, 골수가 정상 수준의 세포를 생성하지 못하는 게 원인일 수 있고 또는 유전인 경우도 있다.

② 동맥경화증(Arteriosclerosis)

혈관벽이 굳어지고 탄력을 잃는 동맥의 퇴행성 질환이다. 탄력이 떨어지면 혈압이 상승한다. 이 상태는 주로 노인에게 영향을 미친다.

③ 죽상 동맥경화증(Atherosclerosis)

콜레스테롤을 포함한 지방이 동맥 내부에 축적되어 동맥 통로가 좁아지는 현상, 혈관 벽의 경화 및 탄성 손실

④ 혈우병(Haemophilia)

혈액이 응고되지 않는 질환. 주로 남성에게 영향을 주지만 여성이 옮길 수 있는 유전 질환이다.

⑤ 치질(Haemorrhoid)

치핵이라고도 하며 직장이나 항문의 비대된 정맥으로, 늘어지고 혈전을 포함할 수 있다.

⑥ 심장 질환

심장병, 협심증 또는 심장 마비의 병력이 있는 고객은 주치의의 승인을 받은 관리를 받아야 한다.

⑦ A · B · C형 간염

바이러스, 독성 물질 또는 면역학적 이상으로 인한 간 염증이다. A형은 오염된 식품에 의해 전염된다. B형과 C형은 혈액을 포함한 감염된 체액에 의해 전염된다. 전염성이 있다.

⑧ 고혈압

고혈압은 지속적으로 정상 수준 이상으로 유지되는 혈압이다. 스트레스, 식습관 부족, 흡연 및 비만 등 다양한 요인으로 인해 발생한다. 자극적인 마사지는 혈액 순환을 촉진하기 때문에 이 상태를 악화시킬 수 있다. 고객이 고혈압을 앓고 있는 경우, 테라피스트는 고객이 혈압 변동을 초래할 수 있는 상태에 대해 약을 복용하고 있을 수 있으므로 마사지가 안전한지 주치의에게 확인해야 한다.

⑨ 높은 콜레스테롤

고 콜레스테롤은 콜레스테롤이라고 하는 지방 물질이 과도하게 축적되어 동맥 용량 감소 (동맥경화증)를 유발하여 고혈압을 유발할 수 있다.

⑩ 백혈병

백혈병은 백혈구 과잉 생산으로 인한 혈액암이다.

⑪ 저혈압

저혈압은 지속적으로 정상 수준 이하로 유지되는 혈압이다. 심한 경우를 제외하고는 마사지에 금기 사항이 아니지만 주치의와 상의하고, 안전하다면 마사지로 부교감 신경계가 자극을 받아 혈압이 떨어지더라도 테라피스트는 부드럽게 마사지해야 한다.

⑫ 정맥염

정맥 염증. 혈전 정맥염은 혈전이 형성된 정맥의 염증이다.

⑬ 스트레스

스트레스는 정신적 또는 신체적 건강에 영향을 미치는 요인으로 정의할 수 있다. 사람이 스트레스를 받으면 심장이 더 빨리 뛰고 혈액을 더 빨리 펌핑한다. 과도하고 해결되지 않은 스트레스는 고혈압, 관상 동맥 혈전증 및 심장 마비로 이어질 수 있다.

⑭ 혈전증

혈관의 혈전이다. 마사지로 인해 움직이고 더 많은 합병증을 유발할 수 있으므로 항상 금기이다.

⑮ 정맥류

정맥류는 정맥 판막의 붕괴로 인해 발생하며 일반적으로 하지에서 발견된다. 정맥혈은 심장으로 돌아가기 위해 오르막으로 이동해야 하며 정맥의 판막은 역류를 방지하는 데 도움이 된다. 때때로 이러한 판막이 더 이상 효과적으로 작동하지 않고 정맥혈이 수집되어 정맥을 확장하고 팽창시킨다. 증상은 푸르스름한 튀어나온 혈관을 만든다. 마사지는 정맥류 부위의 위쪽에서만 실행해야 하며 정맥류에 직접 해서는 안된다.

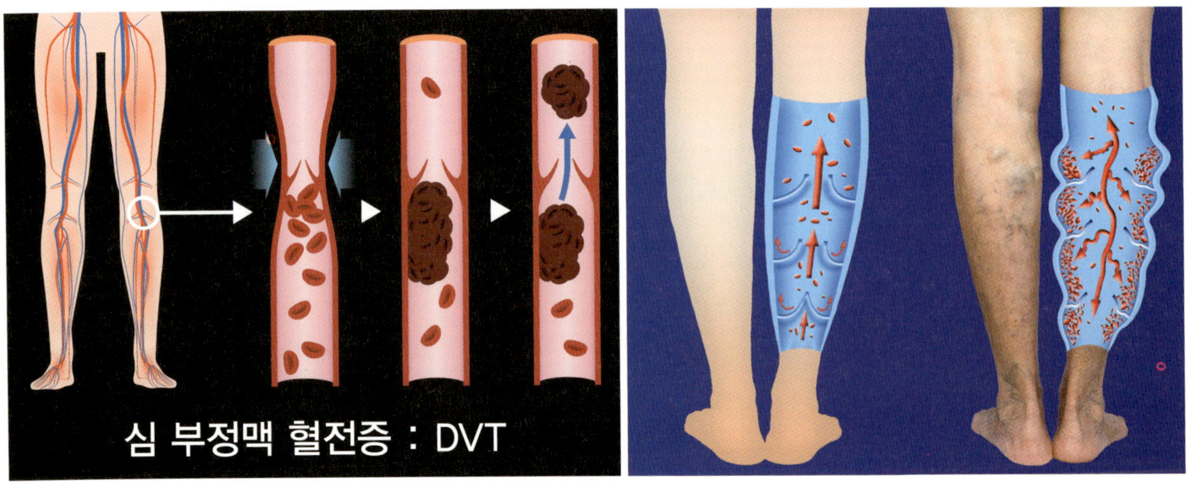

그림 5-4 심 부정맥 혈전증

3. 림프 시스템

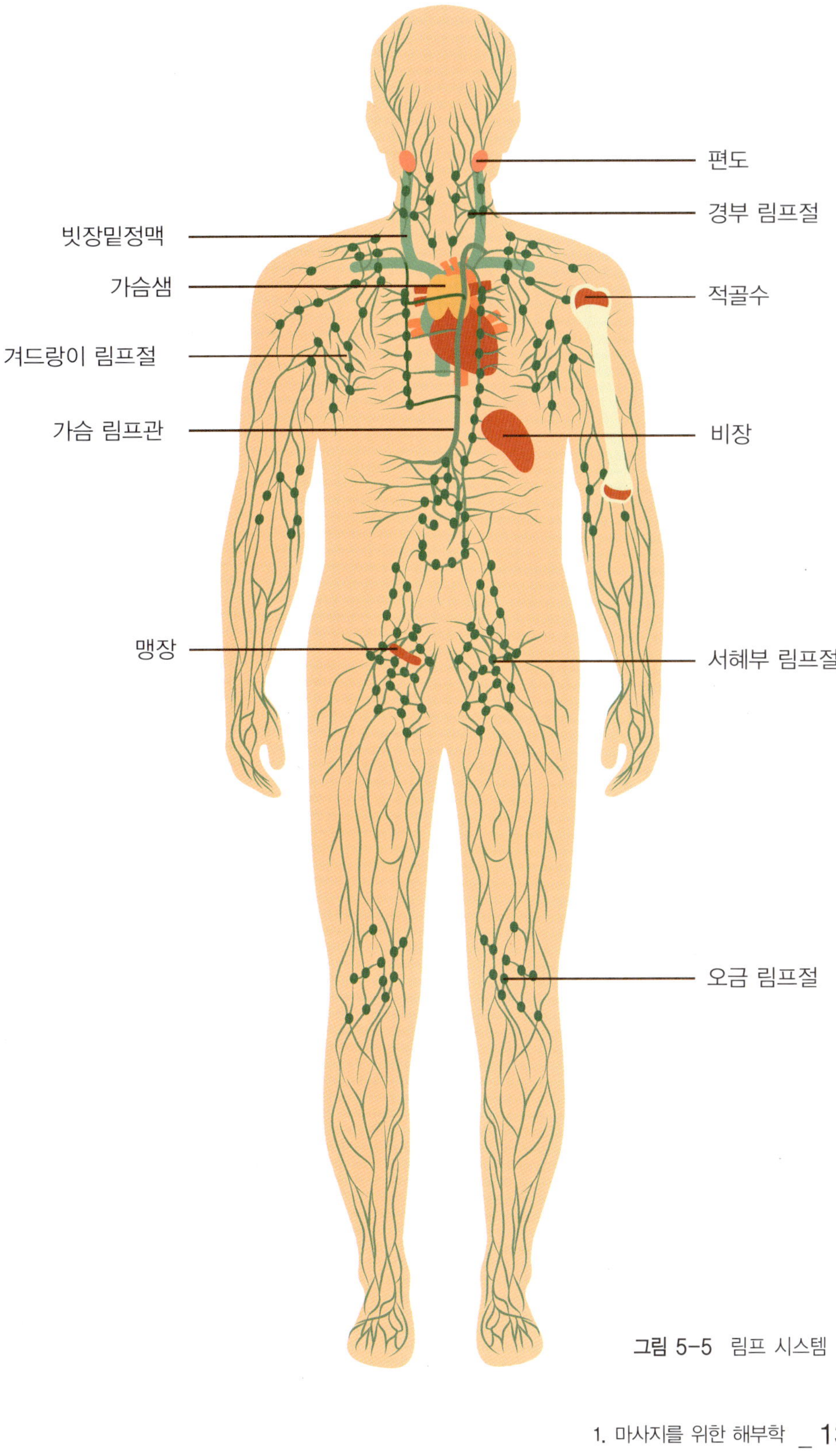

그림 5-5 림프 시스템

(1) 림프계란?

림프계는 혈액과 얽혀 있고 도와주는 2차 순환이다. 림프관, 림프절, 림프관 및 림프로 구성된다.

(2) 림프계가 하는 일은?

림프계는 조직 자체가 아니라 조직 주변 공간에서 과도한 조직액을 배출한다. 모세혈관의 작은 구멍을 통해 다시 통과할 수 없는 조직 공간의 과도한 체액과 큰 입자는 림프 모세 혈관에 의해 수집된다. 그것들은 림프로 알려진 이 액체를 림프관으로 운반한 다음 림프절로 이동하여 폐기물, 독소 또는 박테리아를 제거한다. 림프계는 또한 림프절에서 림프구로 알려진 항체와 백혈구를 생성하여 감염과 질병으로부터 보호한다. 이 보호 세포는 림프로 돌아가기 전에 림프에 추가된다.

(3) 림프계의 질병 및 장애

마사지는 림프 순환을 개선한다. 열이나 감염은 테라피스트에게 안전하지 않을 뿐만 아니라 관리에 의해 전파될 수 있기 때문에 금기이다.

(4) 림프 부종

림프 부종은 림프계의 오작동으로 인한 부종의 한 형태이다. 이는 림프관이 손상되었거나 림프가 갇혀서 배액 불량으로 인해 발생한다. 정맥류와 마찬가지로 림프 배출이 불량하면 부종이 시작될 수 있다. 일단 림프가 갇혀 모아지면 혈관에 얹혀져 팽창하여 배수가 잘되지 않는다.

림프 부종은 일반적으로 팔이나 다리에 영향을 미친다. 마사지, 특히 림프배농 마사지는 매우 유익할 수 있다.

(5) 홉킨스 병

림프 조직의 암으로 림프절이 한 부위 또는 여러 부위에서 통증 없이 부풀어 오른다. 기타 증상은 체중 감소, 쇠약, 가려움증, 발열, 빈혈 및 면역 저하가 포함된다. 관리시 금기이다.

4. 근육 시스템

(1) 근육계란?

근육계는 근육을 뼈와 관절에 연결하는 힘줄과 근막으로 알려진 근육과 그 부착물로 구성된다. 근육에는 심장, 불수의근 및 수의근 세 가지 유형이 있다. 심장 근육은 심장에서만 발견되며 신체 주변에 혈액을 공급하는 역할을 한다. 불수의(내장) 근육은 혈관 벽에 있는 근육처럼 우리가 의식적으로 제어하지 않는 근육이다. 수의(골격) 근육은 팔과 다리에 있는 근육과 같이 우리가 의식적으로 제어하는 근육이다.

(2) 근육계가 하는 일

근육계는 움직임을 가능하게 한다. 근육은 근육 섬유로 구성되어 있으며 이러한 섬유가 수축하면 근육이 모양을 바꾸고 연결된 신체 부위를 움직인다. 근육은 또한 관절을 안정시키고 모세 혈관의 떨림과 확장을 통해 체온을 조절하며 자세를 유지한다. 언제나 우리가 편안하게 릴렉스한다고 생각해도 앉거나 서거나 눕기 위해 늘 근육은 수축한다.

(3) 마사지를 위해 근육에 대해 아는 것이 왜 중요한가?

마사지를 하는 동안 테라피스트의 움직임은 근육에 작용하며, 언제 어떤 수의 근육이 관리되고 있는지, 그 근육들이 하는 일(행동), 그리고 마사지가 근육에 어떤 영향을 미칠 수 있는지 아는 것이 매우 중요하다.

수의 또는 골격근은 일반적으로 기시(몸통의 중심쪽/근육의 고정 된 끝 부분이므로 거의 움직이지 않는 부분)와 종지(몸의 중심에서 가장 먼, 움직이는 근육의 끝점)로 알려진 두 개의 끝을 가지고 있다. 근육은 항상 종지에서 기시까지 작동하며 마사지 할 때 일반적으로 동작방향은 심장 방향으로 수행되므로 종지에서 기시 방향으로 이동한다. 뒤의 그림과 같이 근육의 위치를 이해하는 것이 중요하다.

다음 표 (79 페이지)는 신체 주요 근육의 기시, 종지 및 작용을 자세히 설명한다.

(4) 근육계의 질병

마사지는 근육에 직접적인 영향을 미치며 일반적으로 근육에 영향을 미치는 대부분의 상태에 유용하다.

① Atony (무긴장증)

근육의 정상적인 톤이나 긴장이 부족합니다.

② Atrophy (위축)

신진대사 장애나 생활현상의 감퇴가 일어나 근육의 크기가 줄어들거나 정상적인 크기에 도달하지 못한다.

③ Cramp (경련)

경련은 아마도 염분 결핍으로 인한 근육의 지속적인 불수의적 수축이다. 마사지는 경련을 완화하는 가장 효과적인 방법 중 하나이다.

④ Fibrosis (섬유염)

근육 내부에 젖산이 축적되어 조직의 염증, 경직 및 통증을 유발한다. 요통은 등의 요추 부위 근육 섬유염의 한 형태이다. Torticollis(기운 목) 또는 'wry neck'은 목에 있는 흉쇄유돌근의 섬유염 형태로 머리가 한쪽으로 기울어진다.

⑤ 근염

근육의 염증

⑥ 파열

근육을 둘러싼 근막이나 건막이 파열되거나 찢어진다.

⑦ 발작

지속적인 근육 수축으로 평소보다 많은 수의 근육 섬유가 작용하며, 보통 통증에 유발한다. 근육 섬유가 일반적으로 필요한 것보다 훨씬 오래 수축한다.

⑧ 강직

이것은 어제 신경이 절단되었을 때 발생한다. 척주 반사가 지속적인 수축을 유발한다.

⑨ 삠

관절 인대의 갑작스런 비틀림 또는 이탈

⑩ 변형

근육이 과도하게 늘어나 통증과 국소 통증을 유발한다. 때때로 근육 섬유, 힘줄 또는 근막의 파열이 나타날 수 있다.

⑪ 스트레스

스트레스는 신체적 또는 정신적 안녕에 영향을 미치는 모든 요소이다. 스트레스의 영향은 특히 등과 목에 과도한 근육 긴장과 그에 따른 근육통이다.

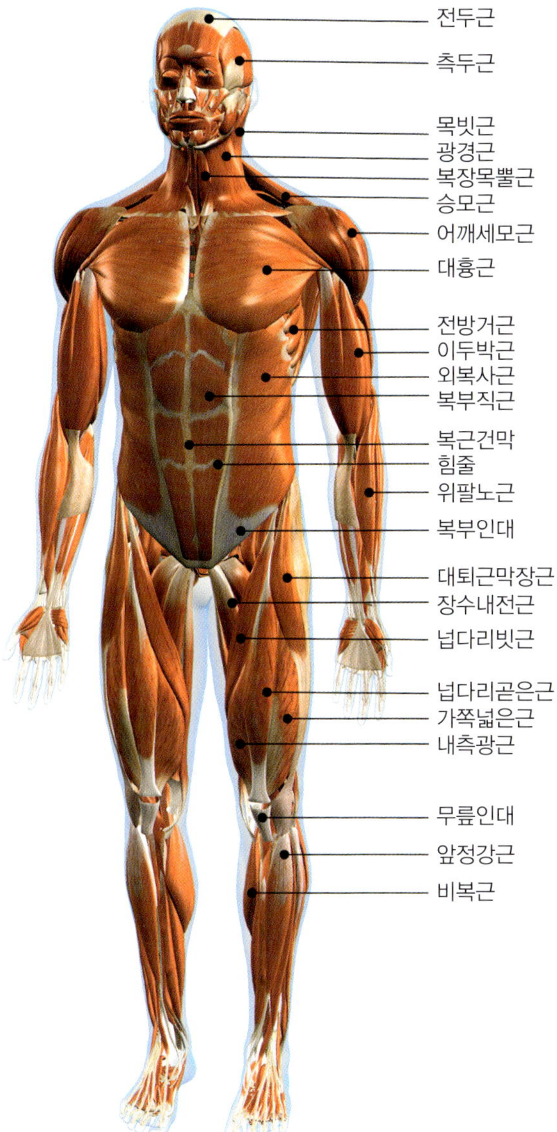

그림 5-6 인체의 근육(앞)

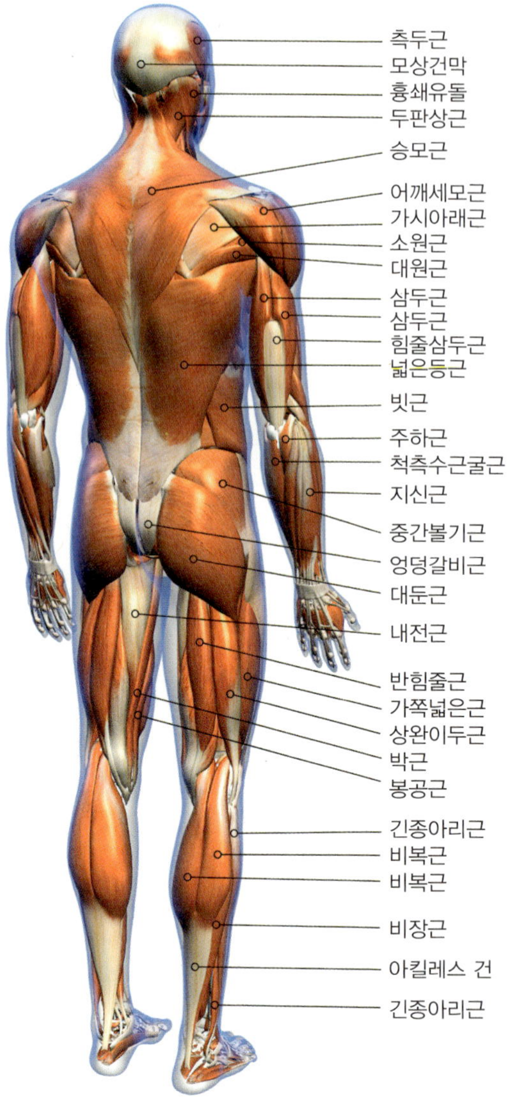
측두근
모상건막
흉쇄유돌
두판상근
승모근
어깨세모근
가시아래근
소원근
대원근
삼두근
삼두근
힘줄삼두근
넓은등근
빗근
주하근
척측수근굴근
지신근
중간볼기근
엉덩갈비근
대둔근
내전근
반힘줄근
가쪽넓은근
상완이두근
박근
봉공근
긴종아리근
비복근
비복근
비장근
아킬레스 건
긴종아리근

그림 5-7 인체의 근육(뒤)

5. 신경 시스템

(1) 신경계란?

신경계는 의사소통 및 교육 네트워크이다. 중추신경계(뇌 및 척수)와 말초신경계(뇌신경, 척추신경, 부교감 신경계와 교감 신경계를 포함하는 자율신경계)의 두 부분으로 구성된다. 중추신경계는 말초신경계의 메시지를 해석하고 반응할뿐만 아니라 마음과 행동의 기능을 제어한다. 말초신경계는 우리의 운동 및 감각 기능을 통제하고 내부 장기의 작용을 더해 뇌에 관련된 정보를 다시 보낸다.

(2) 신경계의 작용

신경계는 신체의 의사소통 및 지시 네트워크 중 하나이다. 뇌가 중심이며 정보와 명령을 전달하는 신경 세포에 의해 신체의 나머지 부분과 연결된다. 뇌가 위험, 감각 또는 통증을 알게 되면 경고를 보내 신체를 보호할 수 있다. 따라서 손가락을 매우 뜨거운 물에 넣으면 신경이 뇌에 물이 너무 뜨거워서 피부를 태울 수 있다는 메시지를 보내고 뇌는 손가락을 움직이라는 메시지를 보낸다. 우리는 이 과정을 인식하지 못하는데 그 이유는 신경 자극이 자기도 모르게(불수의적) 극도로 빠르기 때문이다.

(3) 신경계 질환

신경계는 마사지로 자극할 수 있다. 심한 신경통을 앓는 환자는 마사지가 너무 고통스럽고 영향을 받은 부위에 역효과를 줄 수도 있지만 스트레스 또는 경미한 신경 질환으로 고통 받는 고객에게는 관련 부위의 마사지가 적절할 수 있고 매우 도움이 될 수 있다.

① Bell's palsy

안면 신경의 손상 또는 감염으로 인한 안면 마비로, 이후에 염증이 발생한다.

운동 신경 질환 : 드문 진행성 장애로, 신체의 운동 뉴런이 구조적으로 기능적으로 점차 악화된다.

② 파킨슨 병

뇌의 기저핵 손상으로 인한 진행성 질환으로 도파민(신경 전달 물질)이 손실된다. 근육의 떨림과 경직은 물론 자발적인 움직임으로 인한 어려움과 둔화를 유발한다.

③ 스트레스

스트레스 인자는 상상(예 : 미래에 대한 걱정) 또는 실제(예 : 재정 문제)일 수 있다. 피해를 주는 것은 요인 자체가 아니라 이에 대한 대응인 것이다. 스트레스는 신체의 모든 시스템, 특히 뇌에 알리기 위해 실제 여부에 관계없이 위험을 찾으려고 하는 신경계에 적색 경보를 내린다. 이러한 고조된 활동은 소화불량, 심계항진 또는 설사, 식욕 부진, 떨림, 불면증 및 발한과 같은 증상을 유발한다. 마사지는 일부 내부 장기, 특히 심장의 작용을 늦추는 부교감 신경계를 자극하기 때문에 스트레스 치료에 매우 효과적이다.

④ 좌골신경통

좌골신경통은 종종 추간판의 퇴화로 인해 발생하며, 이로 인해 허리와 다리 및 발 바깥쪽에 통증이 발생한다. 영향을 받은 부위에 대한 마사지는 금기이지만 상체를 진정시키는 마사지는 이완에 도움이 되고 통증 완화에 효과적일 수 있다.

⑤ 신경통

신경을 따라 찌르는 통증을 말한다. 마사지는 감염된 부위에 너무 고통스러울 수 있다. 가벼운 접촉으로도 자극이 되어 신경통을 유발할 수도 있다.

⑥ 신경염

신경에 심한 통증을 유발하는 신경 염증이다. 마사지는 감염된 부위에 극심한 고통을 줄 수 있다.

⑦ 근육통성 뇌척수염(ME)

ME는 바이러스 감염 후 후유증 같은 피로감으로 알려져 있다. 증상과 의심되는 원인은 다양하다. 수면이나 휴식, 전신 통증, 두통 및 때때로 완화될 수 없는 극심한 피로가 특징이다. 마사지는 때때로 필요한 충분한 양의 깊은 이완을 제공할 수 있다. 또한 환자를 지치게 할 수도 있다.

⑧ 다발성 경화증

중추신경계의 신경 섬유에서 보호막이 손실되는 질환이다. 증상은 근육의 감각을 잃고 언어와 시각에 문제가 발생한다. 마사지는 근육의 경련과 뻣뻣함을 예방하는 데 도움이 될 수 있지만 치료 전에 고객의 상태에 대해 주치의에게 의뢰해야한다.

Summing-up

이 항목을 마치면 다음을 이해해야 한다.

① 마사지는 전신 표면에 사용되지만 혈액 순환, 피부, 근육 및 관절에 특히 유용하다.

2. 마사지 테크닉

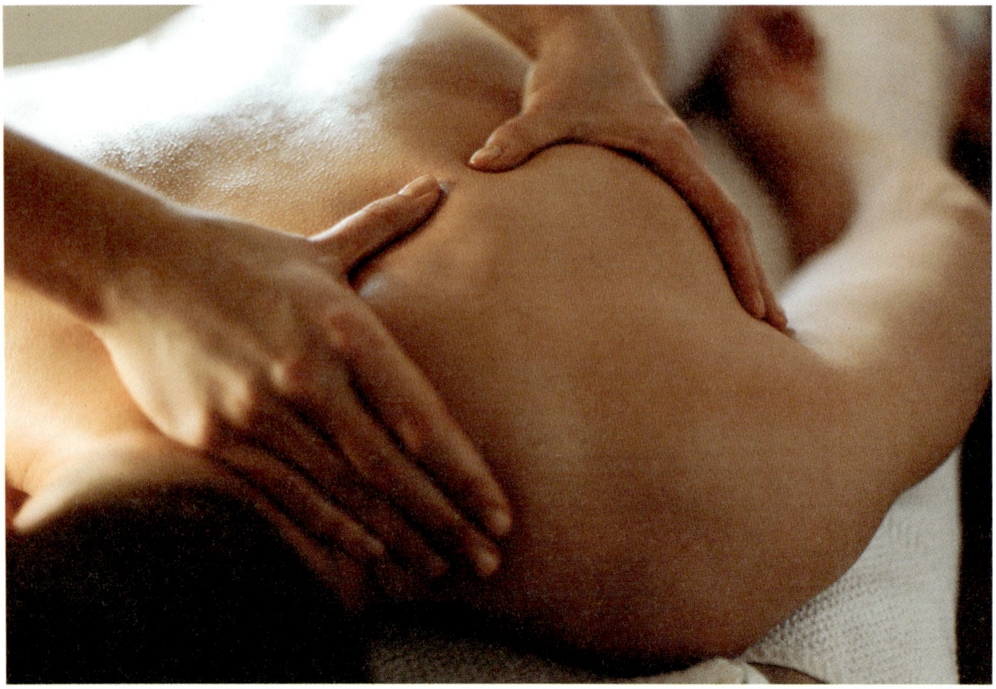

마사지는 신체의 연조직을 조작하여 모든 신체 시스템에 도움이 된다. 스웨디쉬 마사지 기법에 기반한 이 책의 기법은 압력을 가하여 진정시키거나 자극하는 기법이다.

1. 마사지 기법

(1) 마사지란?

마사지는 국소 및 전신의 영향과 효과를 주기위해 조직을 다루는 데 사용되는 다양한 동작의 조합이다. 움직임은 원하는 효과에 따라 부드러운 쓰다듬기에서 상쾌한 마찰까지 다양하다. 마사지는 일반적으로 스웨디쉬 시스템을 기반으로 하며 다양한 치료 효과를 위해 이러한 기술을 통합하는 여러 유형의 마사지가 개발되었다.

(2) 스웨디쉬 마사지란?

스웨디쉬 마사지 시스템은 그것을 개발한 사람 Per Henrik Ling의 이름을 따서 명명되었다. 그는 생리학자이자 펜싱 마스터였으며 건강을 개선하고 신체 상태를 유지하는 데 도움이 되는 운동 시스템을 개발했다. 고전적인 마사지는 여전히 그가 사용한 기술, 즉 effleurage, petrissage 및 percussion을 기반으로 한다. 이 장에서는 이러한 근본적인 움직임과 그 변형을 살펴볼 것이다.

2. 쓰다듬기(Effleurage, 경찰법)

(1) 에플라지란?

에플라지라는 이름은 '가볍게 만지다'를 의미하는 프랑스 단어인 effleurer에서 유래되었다. 일반적으로 마사지의 시작과 끝 부분에 사용되는 다양한 수준의 압력을 가진 부드럽고, 쓸어내리는, 이완 스트로크이다. 근육이 이완되면 넓은 부위에 강한 압력을 가하여 사용할 수도 있다. 반죽하기 및 두드리기와 달리 에플라지는 조직이나 근육을 움직이거나 조작하는 것을 목표로 하지 않으며, 단지 근육을 진정, 이완시키고 혈액 순환을 개선하기 위한 것이다.

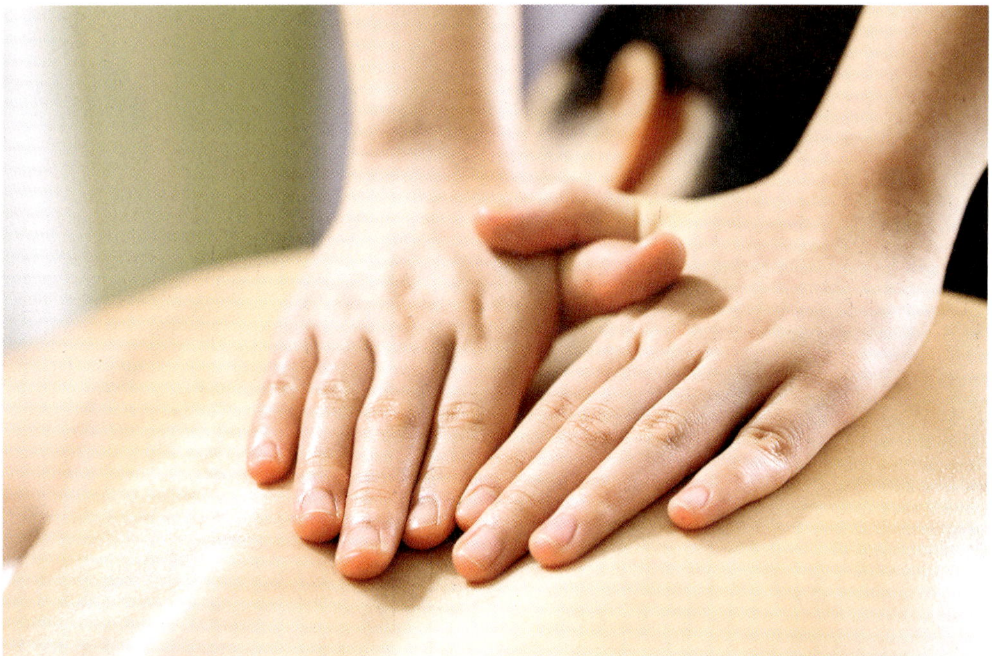

(2) 에플라지의 방법

엄지손가락을 포함한 손가락을 사용하여 손의 긴장을 풀고 자신감 있는 압력으로 천천히 리드미컬하게 피부를 쓰다듬는다. 팔다리를 마사지할 때 압력의 방향은 심장 방향이다. 손은 차례로 또는 동시에 사용할 수 있다. 고객을 간지럽히는 것을 방지하기 위해 손바닥 전체와 손가락을 사용해야 한다. 손은 관리되는 부위의 윤곽에 맞게 밀착되어야 한다. 부드러운 리듬이 형성되면 테라피스트는 점차적으로 압력을 증가시켜 이후의 더 깊은 작업을 위해 관리부위를 준비할 수 있다.

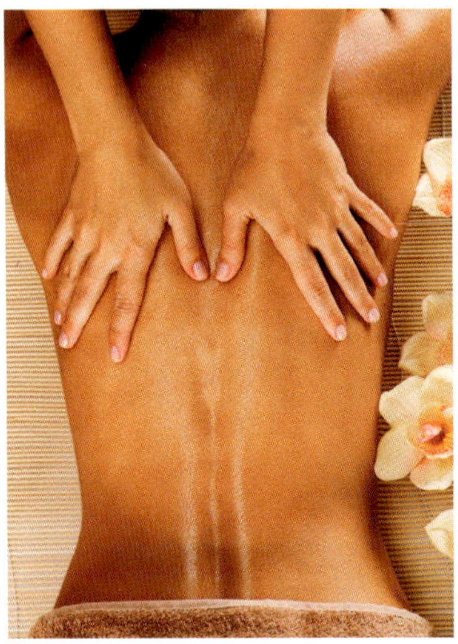

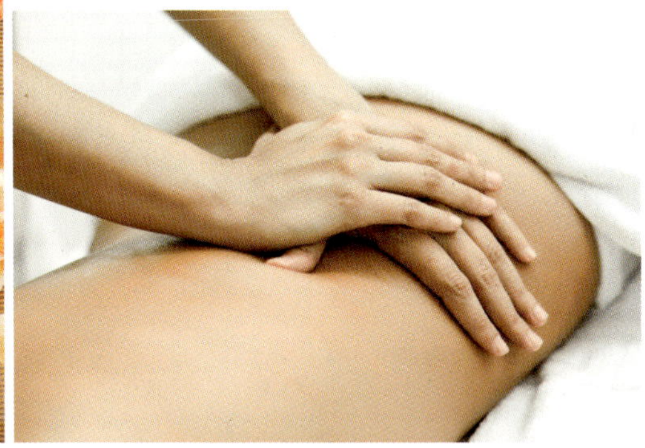

(3) 에플라지의 사용 시기

에플라지는 마사지 세션의 시작과 끝, 그리고 각 신체 부위의 시작과 끝에서 사용된다. 등이나 다리의 작업 시작과 끝에서, 마사지의 다른 부분 사이의 연결 스트로크로도 사용된다. 마사지를 수행할 때 테라피스트는 고객과의 접촉을 끊어서는 안된다. 손을 떼면 고객의 신체가 이를 감지하고 마사지가 끝났다고 믿고 이완된 상태에서 깨어나기 시작하기 때문이다.

(4) 에플라지의 작용

관리사와 고객 사이의 첫 번째 접촉으로, 에플라지는 마사지를 위한 준비단계라고 할 수 있다. 고객에게 관리사의 손길을 느끼게 하고 오일 또는 크림과 같은 매개체(사용하는 경우)를 적용하고, 피부를 따뜻하게 하고 고객의 몸을 이완시킨다. 또한 관리의 마지막에 사용되어 관리한 부위의 독소를 제거하는 데 도움이 준다. 특히 깊은 압력으로 사용하면 각질 박리에도 도움이 되어 피부 재생 효과도 있다. 심장을 향해 압력을 주는 팔다리의 에플라지는 혈액이 심장으로 돌아가는 것을 돕고 림프 배농을 돕는다. 깊은 에플라지는 또한 혈액을 표면 모세 혈관으로 밀어 혈액순환에 도움을 준다.

3. 반죽하기(Petrissage, 유날법)

(1) 페트리사지란?

에플라지와 마찬가지로 페트리사지는 프랑스어에서 파생된 이름이다. 'Petrir'는 힘으로 반죽하거나 문지르는 것을 의미하며, 이 동작은 반죽과 문지르기 동작을 모두 사용하여 조직과 근육을 다룬다. 긴장을 풀기 위해 손이나 손가락의 압력을 사용하고 다양한 방법이 있다. 어떤 경우에는 손가락 및 또는 엄지손가락만 사용하여 조직을 반죽하고 또 다른 경우에는 전체 손을 사용한다.

관리 중인 신체 부위의 조직을 양손이나 손가락으로 조심스럽게 천천히 잡고 한 손으로 들어 올린다. 마치 뼈에서 떼어내는 것처럼 들어 올리는 동안 조직을 단단히 압축한 상태로 유지한 다음 다른 손으로 풀어서 반복한다.

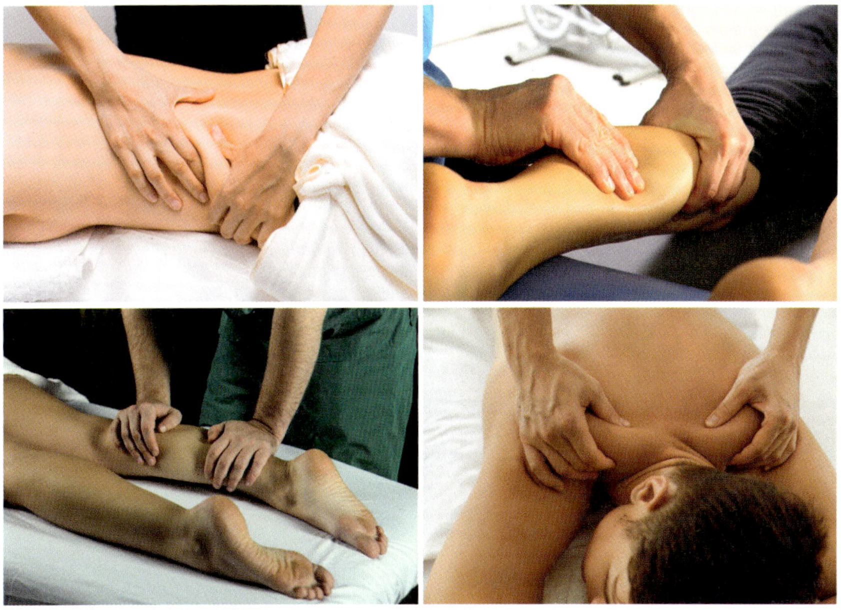

밀가루를 반죽하고 리듬을 이루는 것처럼 다른 손으로 계속 들어올리고 압축하고 풀어준다. 특히 뻣뻣하거나 꽉 조인 부분의 경우 조직이 축축한 천처럼 되도록 움직임을 비틀어 만든다. 압력은 부드럽고 급작스럽지 않아야 하며 피부가 끼이지 않도록 주의해야 한다. 항상 동일한 속도와 리듬을 사용하고 고객으로부터 피드백을 받으면서 부드럽게 시작하고 더 강한 압력을 가한다. 관리사에게 이 기술을 효과적이고 덜 피곤하게 만드는 데 도움이 되도록 체중과 몸의 움직임을 사용하는 것이 중요하다.

(2) 사용시기

페트리사지는 일반적으로 마사지를 시작할 때 하는 에플라지 다음으로 한다. 큰 근육의 긴장을 풀기 위해 사용되어야 한다. 뼈가 있거나 섬세한 부위에는 사용하면 안된다.

(3) 페트리사지의 작용

페트리사지는 근육을 펴고 조직에 대해 조직을 압축하여 유연성과 탄력성을 개선하고 조직과 큰 근육의 긴장과 경직을 완화하는 데 도움이 된다. 이러한 근육의 뻣뻣함은 종종 젖산과 같은 독소가 축적되어 발생한다. 반죽하기는 이러한 독소를 방출하고 분해하는 데 도움이 되어 근육이 보다 효율적으로 작동할 수 있도록 한다.

4. 문지르기(Friction, 마찰법)

이 방법 또한 순환을 촉진한다. 강한 동작임에도 불구하고 긴장된 근육과 내부의 독소를 방출하기 때문에 활력을 주는 다른 동작보다 더 편안함을 느낀다. 프릭션이라는 이름은 라틴어인 프리케어(fricare)가 어원으로 문지르는 것을 의미한다. 프릭션 기술은 다양한 모든 문지르기를 뜻하며 뼈를 피해서 조직에 압을 가하여 실행한다. 좁은 부위나 특정 영역의 밀착 작업에 자주 사용된다.

(1) 프릭션의 방법

관리할 신체 부위에 엄지손가락이나 손가락, 특히 엄지의 볼을 놓고 체중을 실어 엄지손가락 바로 아래에 있는 조직을 천천히 깊이 둥글게 돌린다. 피부 표면 아래의 조직과 마찰 동작이 다른 근육과 뼈에 마찰을 일으키는 것을 상상해 보자. 엄지손가락은 위아래로 문지르거나 고정된 위치에 유지할 수 있다.

관리사가 더 효과적이라고 생각하면 손가락 끝을 사용할 수도 있다. 작은 영역이 끝나면 다른 영역으로 이동한다. 철저하게 다른 섹션으로 이동한다. 넓은 부위를 빠르게 가로지르는 것이 아니라 한 번에 작은 부분에 천천히 집중하며 근육을 따라 이동해야 한다. 피부 유형이나 개인의 요구 사항에 따라 너무 오래 문지르거나 통증을 유발하는 것을 방지하기 위해 각 작은 부위에 소요되는 시간을 조정해야 한다.

교차섬유 마찰은 관리사가 근육의 길이를 따라서가 아니라 섬유에 직각으로 근육을 가로 질러 시행하는 마찰하기의 한 종류이다. 이것은 근육 섬유를 늘리고 긴장을 풀어주는 데 도움이 된다. 물리치료사 및 스포츠 마사지 치료사가 부상 치료에 광범위하게 사용한다.

(2) 사용 시기

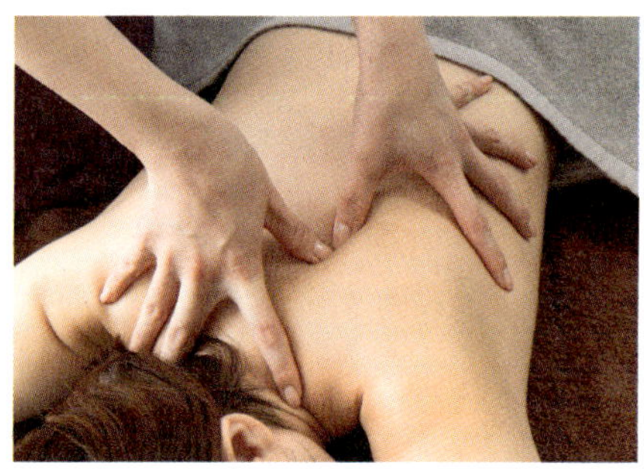

마찰하기는 특정 문제 영역에 초점을 맞추는 데 사용되는 방법이다. 특히 근육의 긴장을 풀고 관절 주변의 긴장을 풀어주는 데 유용하다. 관리사에게 시간이 많이 걸리고 피곤하기 때문에 전신 사용을 권장하지 않는다. 또한 페트리사지가 적절하지 않은 작은 근육에도 사용된다.

뭉친 근육에서는 매우 고통스러울 수 있으므로 고객을 살피는 데 주의가 필요하다.

(3) 프릭션의 작용

마찰하기 동작은 국소 부위를 가열하고, 순환을 개선하고, 림프 배수를 촉진하고, 신경을 자극하고, 근육의 긴장을 완화한다. 근육과 매우 밀접하게 작용하면 국소적인 뭉침을 없애는 데 도움이 된다. 교차섬유 마찰은 근육 섬유를 늘리고 근육의 긴장을 풀어준다. 특히 스포츠 마사지에서 근육의 한 부분에서 작업하면 나머지 근육을 스트레칭하는 데 도움이 되므로 손상되거나 염증이 발생한 부위를 건드리지 않고 가까이에서 작업할 수 있다.

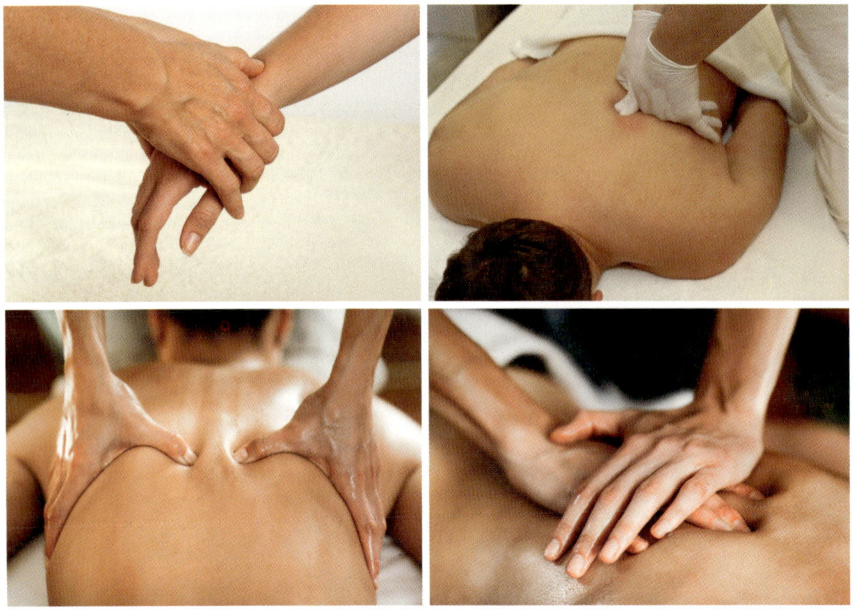

5. 두드리기(Percussion, 타진법)

Percussion은 타격을 의미하는 라틴어 percutere에서 유래되었다. 펄커션 기술은 활기차고 활력이 넘치며 자극적인 스트로크로, 손을 사용하여 몸을 빠르고 갑자기 치는 것이다. 스웨디쉬 마사지와 관련된 고전적인 'chopping'(잘라내기) 동작은 hacking(해킹)이라는 펄커션 기술이다. 그 외에 pounding, beating, cupping, tapotement 등이 있다.

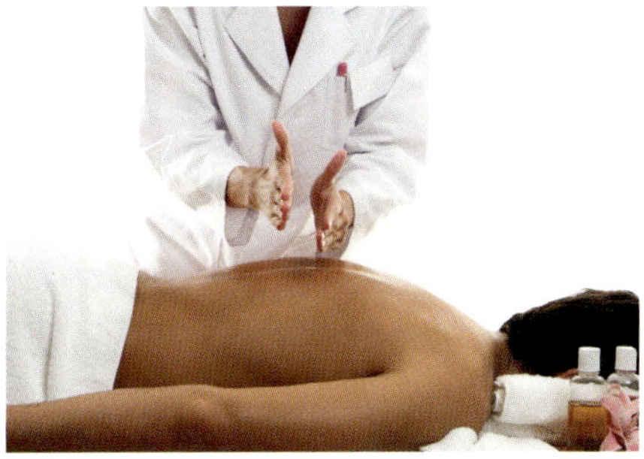

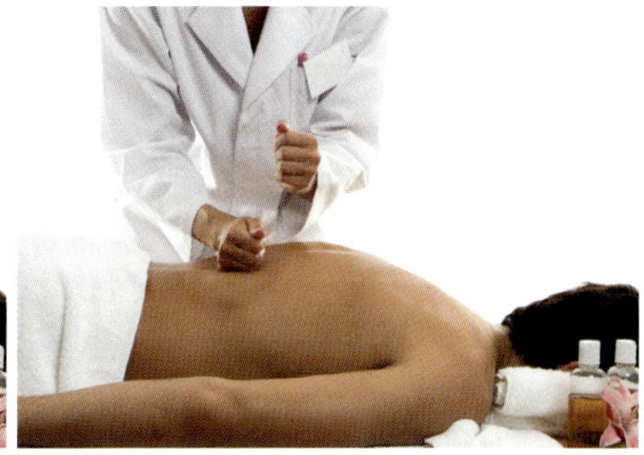

(1) 펄커션의 방법

① 해킹(Hacking)

손바닥이 서로 마주보고 고객에게 새끼손가락 가장자리를 사용하여 두 손을 모은다. 손가락을 모아서 긴장을 풀고 팔꿈치는 몸에서 멀어지게 하고, 손목에서 시작되는 움직임으로 다른 손으로 몸을 두드린다. 한 손이 피부에 닿자마자 다른 손이 닿을 때 다시 튀어 나오게 한다. 가벼운 압력으로 천천히 시작하고 단단한 압력으로 빠른 리듬을 형성한다. 통증을 예방하고 리듬을 탄력있고 가볍게 유지하기 위해 손과 손목을 편안하게 유지하는 것이 중요하다.

② 때리기(Beating)

새끼손가락 쪽이 서로 마주 보도록 손을 주먹으로 만든다. 양손을 교대로 한 주먹을 내린 다음 다른 주먹을 번갈아 가며 시행한다. 가벼운 압력으로 천천히 시작하고 단단한 압력으로 빠른 리듬을 형성한다. 양손과 손목의 긴장을 풀고 움직임을 활기차고 탄력있게 유지하여 주먹이 신체에 닿자마자 몸에서 튀어 나오듯이 하고, 통증을 유발하지 않도록 주의한다. 두드리는 것은 살집이 있는 부위에만 사용해야 한다.

③ 쿵쿵 두드리기(Pounding)

주먹의 측면이 조직에 부딪히고 주먹의 새끼손가락 쪽이 고객의 피부를 향하는 것을 제외하면 pounding과 비슷하다.

④ 컵핑(Cupping)

손바닥이 위로 향하게 손을 내밀고 손으로 컵모양을 만든 후 컵을 뒤집는다. 그런 다음 해킹과 같은 리듬에 따라 하나의 컵을 번갈아 가며 내린다. 가벼운 압력으로 천천히 시작하고 단단한 압력으로 빠른 리듬을 형성한다. 양손과 손목의 긴장을 풀고 움직임을 활기차고 탄력있게 유지해야 한다. 제대로 작동하면 말발굽 소리와 유사한 소리가 난다. 컵 모양의 손의 압력에 의해 피부 표면에서 공기가 밀려나와 진공 상태가 된다. 때리지 않도록 조심해야 한다. 심혈관 시스템을 자극하므로, 한의에서 부항을 뜨는 것보다는 약한 발적 또는 홍반이 발생할 수 있다.

⑤ 가볍게 두드리기(Tapotement)

이것은 얼굴과 같이 섬세하거나 민감한 영역에서 수행되는 손가락 끝을 사용하는 매우 부드러운 형태의 두드리기이다. 이름은 탭을 의미하는 프랑스어인 'tapoter'에서 파생되었으며 탭핑이 기술의 기초이다.

손가락을 느슨하게 하고 긴장을 풀고 그 부위를 아주 가볍게 그리고 부드럽게 두드린다. 천천히 시작하고 부드럽고 반복적이며 확고한 리듬을 구축한다. 다른 두드리기 동작과 마찬가지로 스트로크를 탄력있게 유지하려면 손을 편안하게 해야 한다. 이 동작은 진정시키는 움직임이며 무겁거나 갑작스럽지 않아야 한다.

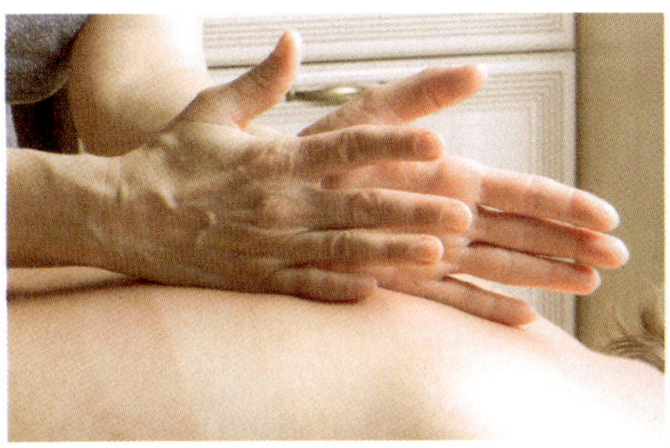

해킹

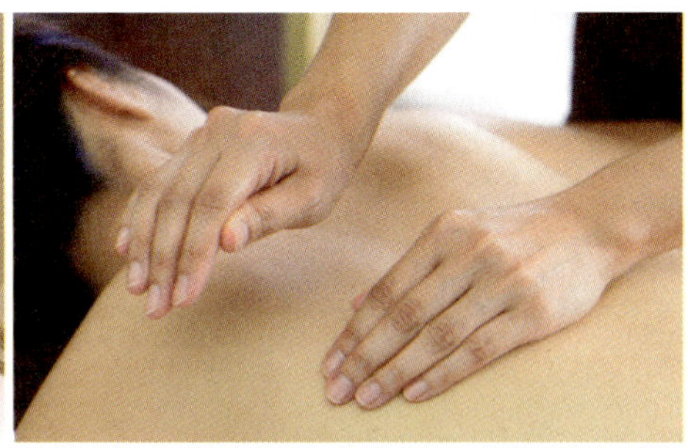

컵핑

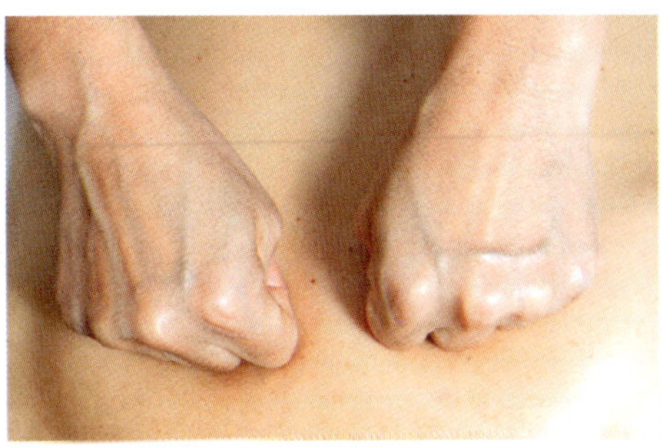

비팅

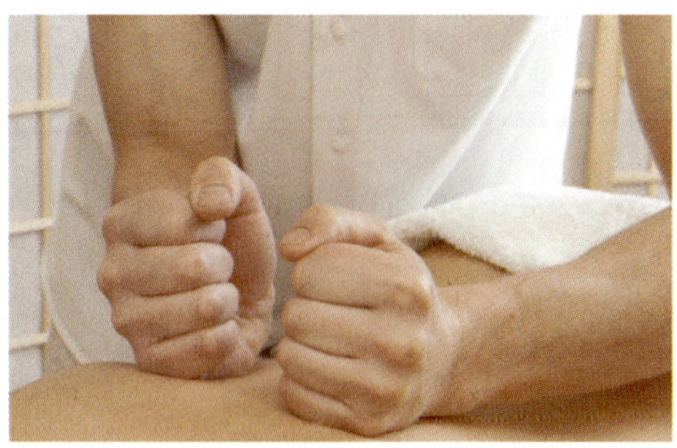

파운딩

(2) 사용 시기

두드리기는 활력을 불어 넣고 깨어나게 하는 동작이다. 전체 마사지의 목적이 진정 또는 이완인 경우, 진정시키기보다는 두드리기가 관리의 주요 부분을 형성해야 한다. 관리가 끝날 때까지 두드리기를 사용하여 최종 에플라지 스트로크 전에 신체의 시스템을 깨우게 할 수 있다. 뼈가 있거나 섬세한 부위에는 사용하면 안 된다.

(3) 펄커션의 작용

펄커션은 가장 활력을 주는 마사지 기술이다. 국소 및 전체적인 순환을 개선하고, 피부와 근육을 따뜻하게 하며, 치료의 물리적 효과와 개선된 순환으로 인해 근육의 긴장도를 개선하고, 살집이 있는 부위의 지방 침착을 분해하고 신경을 활성화시킨다.

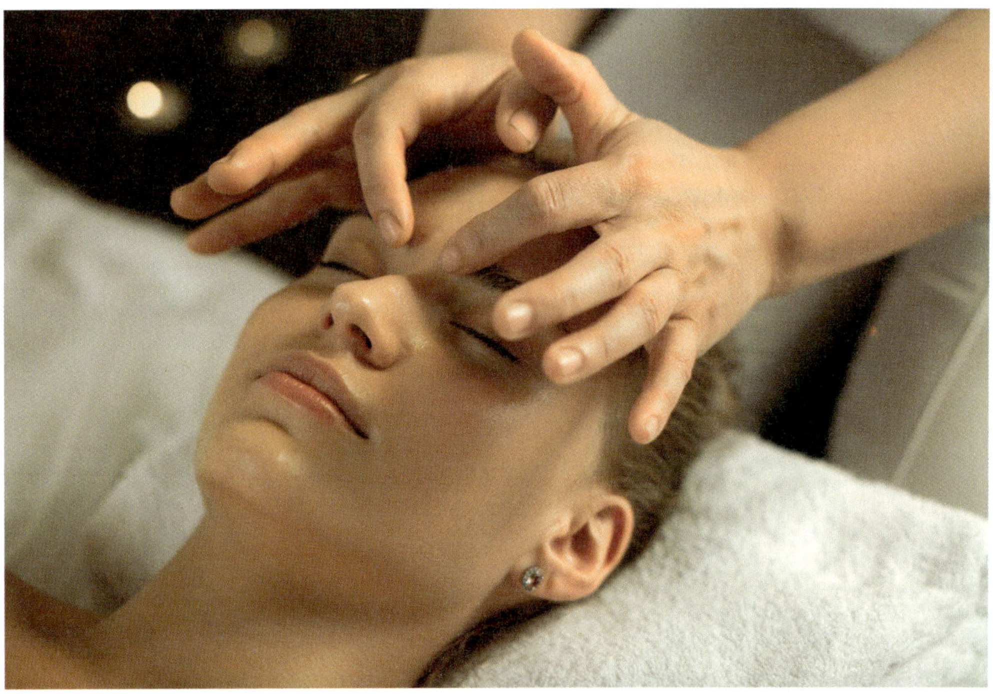

6. 진동(Vibration, 떨림)

(1) 바이브레이션이란?

진동은 손 또는 기계를 사용할 수 있다. 긴장을 풀고 긴장을 풀기 위해 근육을 떨리고 흔들리는 것을 목표로 한다. 기계적 진동 장비를 사용하여 동일한 효과를 낼 수 있다.

(2) 바이브레이션 방법

진동은 한 손 또는 양손과 손바닥 전체 또는 손가락 끝을 사용하여 수행할 수 있다. 손이나 손가락 끝을 근육에 대고 운동하는 동안 근육과 단단하고 깊은 접촉을 유지하면서 팔이 흔들릴 정도로 힘을 주어 손이나 손가락을 위아래로 또는 좌우로 세게 움직인다.

(3) 사용 시기

근육이 극도로 단단하고 페트리사지나 프릭션에 잘 반응하지 않을 때.

(4) 바이브레이션의 작용

바이브레이션은 통증과 긴장을 풀어준다. 원하는 결과에 따라 매우 진정시키는 기술이거나 매우 자극적인 기술이 될 수 있다. 말 그대로 근육이 긴장을 풀도록 놀라게 할 수 있다.

(5) 수동 관절 운동

수동적 움직임은 고객이 긴장을 풀고 관리사에게 몸을 맡기고 관리사의 자연스러운 움직임 범위를 통해 관절 (예 : 무릎, 팔꿈치, 어깨)을 부드럽게 움직이도록 해야 한다. 이러한 움직임은 이동성을 개선하고 긴장을 풀어주는 데 도움이 될 수 있다.

Check Point

- 마사지 동작은 항상 심장을 향해 위로 압력을 가하면서 사용해야 한다. 이것은 정맥으로의 복귀 및 림프 배농을 돕는다.
- 마사지 세션 동안 관리사는 항상 적어도 한 손을 고객과 접촉하고 이를 유지해야 고객의 릴렉스를 방해하지 않게 되고 고객이 안심하게 된다.
- 뼈가 있거나 섬세한 부위에는 펄커션과 피트리세이지를 사용해서는 안 된다.
- 관리사는 가벼운 터치와 부드러운 압력으로 시작하여 느린 속도와 리듬을 유지하면서 더 깊은 터치와 더 깊은 압력까지 쌓아나가야 한다.

7. 요약

(1) 마사지 기술 및 효과

다음은 마사지에 사용되는 움직임이나 압력의 스타일과 그것이 신체에 미치는 영향에 대한 일반적인 요약이다. 이것은 절대적인 것이 아니라 지침으로 일부 관리 및 일부 고객의 경우 다른 효과가 발생할 수 있으며 기술이 다르게 사용될 수 있다.

(2) 루틴에서의 기술 적용

① 관리사의 루틴

Per Ling의 마사지 루틴은 쓰다듬기 → 반죽하기 → 쓰다듬기 → 두드리기 → 쓰다듬기 순서를 사용했다. 모든 마사지 관리사는 고객의 요구 사항에 따라 자신의 루틴을 개발한다. 관리사는 마사지의 원천이므로 그 효과와 결과를 제어할 수 있다. 고객의 요구 사항과 기대 사항을 파악하고 이를 충족할 루틴을 계획하는 것은 관리사의 책임이다.

예를 들어, 강하고 자극적인 마사지를 원하는 고객은 두드리기와 같은 자극 기술을 중심으로 구축된 루틴이 필요하며, 이완과 같은 부드러운 스트로크에는 덜 집중해야 한다. 편안한 마사지를 원하는 고객은 두드리기를 전혀 사용하지 않고 쓰다듬기 및 반죽하기에 초점을 맞춘 루틴이 필요하다.

기계적 방법은 일반적으로 손만큼 효과적이지 않기 때문에 근육을 만져 주거나 접촉을 통해 고객을 이완시키는 데 사용되지 않는다. 각 유형의 움직임에 소요되는 시간과 사용되는 압력은 개인의 필요와 원하는 결과에 따라 결정된다.

② 고객 입력

고객마다 마사지 기술을 다르게 느낄 수 있기 때문에 두드리기 움직임이 매우 활기차게 느끼는 사람이 있는 반면 다른 사람은 고통스러울 수 있다. 관리사는 이러한 이유로 최상의 결과를 얻기 위해 고객과 협력해야 한다. 특히 고통에 대한 고객의 의견을 무시해서는 안된다. 관리사는 각 고객의 통증 한계점을 알아내야한다. 이를 무시하면 단기적으로는 마사지가 이완되지 않고 장기적으로는 손상을 입을 수 있다.

(3) 지속적인 움직임이 필요한 이유는?

손을 떼는 즉시 몸이 이것을 마사지의 끝으로 인식하고 옷을 입고 떠날 마음의 준비를 시작하기 때문에 치료 중 한 손 또는 둘 다 항상 몸에 있어야 한다.

이제 마사지에 사용되는 다양한 기술, 이를 수행하는 방법과 시기 및 수행하는 작업을 알고 있다. 또한 관리사의 의견과 고객의 의견의 중요성을 알고 있다. 다음 섹션에서는 마사지 매개체가 무엇이며 왜 사용되는지 설명한다

8. 마사지 매개체

(1) 마사지 매개체란?

마사지 매개체는 관리사의 손이 고객의 피부 위에서 자유롭고 부드럽게 움직일 수 있도록 도와주는 윤활제이다. 사용되는 가장 일반적인 세 가지는 오일, 크림 및 파우더이다.

(2) 마사지 오일

오일은 부드럽고 가볍기 때문에 가장 유용한 마사지 매체이다. 마사지 오일은

식물성 또는 식물기원 오일이어야 하며 마사지 동작의 열과 압력으로 인해 끈적거리게 될 수 있으므로 질감이 너무 두껍거나 무겁지 않아야 한다.

포도씨와 같은 가벼운 오일은 더 부드럽기 때문에 넓은 부위에 더 유용하다. 아보카도와 같은 두꺼운 오일은 작은 부위에 더 유용하다. 블랜딩 오일은 어떤 목적으로 시너지 효과를 주기 위한 블랜딩과 비싼 오일을 많이 만들기 위한 블랜딩 두 가지 경우가 있다. 건성 피부에 사용하기에 매우 좋은 달맞이꽃 오일과 같은 밀도가 높고 값 비싼 오일을 포도씨와 같은 가볍고 저렴한 오일과 혼합할 수 있다. 베이비 오일과 같은 미네랄 오일은 피부를 건조시키기 때문에 사용해서는 안 된다.

(3) 마사지 크림

크림은 얼굴과 같은 작거나 섬세한 부위 또는 매우 건조한 피부에 좋다. 크림은 기름보다 무겁고 더 기름진 경향이 있다. 마사지 오일보다 빠르게 흡수되기 때문에 더 자주 발라야 할 수 있다.

(4) 파우더

파우더는 지성 피부, 털이 많은 고객 또는 오일과 크림의 잔여물을 싫어하는 고객에게 유용하다. 스웨디쉬 마사지는 전통적으로 파우더를 사용하여 수행되었다. 파우더는 손이 신체 표면 위로 미끄러지는 것을 방지하고 더 깊은 압력을 주기 용이하기 때문이다.

(5) 얼마나 많은 매개체를 사용해야 하나?

사용되는 매개체의 양은 고객에 따라 다르다. 일반적으로 전신 마사지에는 약 20–25ml의 오일이 필요하다. 더 큰 고객과 건조한 피부를 가진 사람들의 경우는 더 많은 양이 필요하다.

(6) 적용 방법

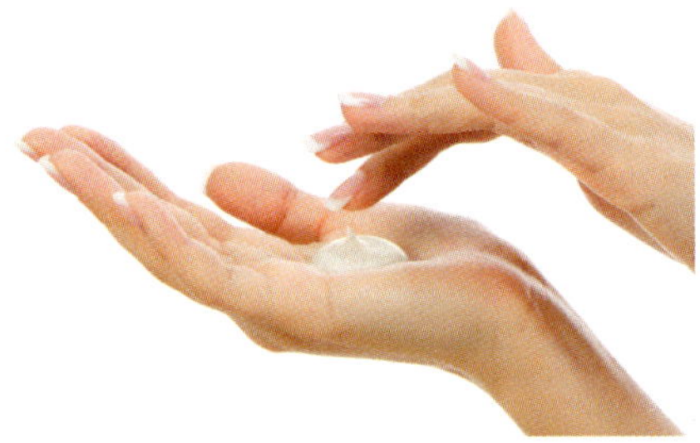

모든 마사지 매개체는 고객의 몸에 바로 올리지 말고 먼저 관리사의 손에 분배해야 한다. 이는 오일, 크림 또는 파우더가 따뜻해지지 않으면 피부에 차가운 느낌을 주어 불편함을 주기 때문이다. 관리사의 한 손바닥에 소량을 올린 다음 손을 함께 문질러 매개체를 따뜻하게 하고 손바닥과 전체에 부드럽게 분배한다. 그런 다음 에플라지 스트로크를 사용하여 매개체를 적용한다.

(7) 민감한 피부 및 알레르기

오일, 크림 또는 파우더를 사용하기 전에 관리사는 특히 고객이 민감한 피부나 알레르기가 있는 경우 패치 테스트를 수행할 수 있다. 팔꿈치 구부러진 부분을 물이나 물과 순한 비누로 씻고 건조시킨 다음 소량의 매개체를 피부에 문질러 바른다. 24시간 동안 그대로 두고 반응이 있는지 확인한다.

9. 마사지 동작

(1) 다리 전면

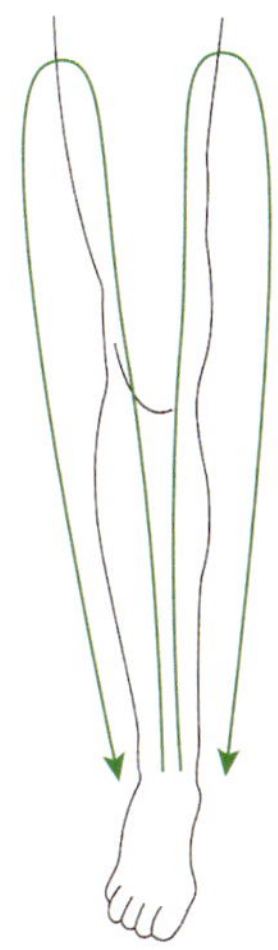

① 발목에서 대퇴까지 쓰다듬기

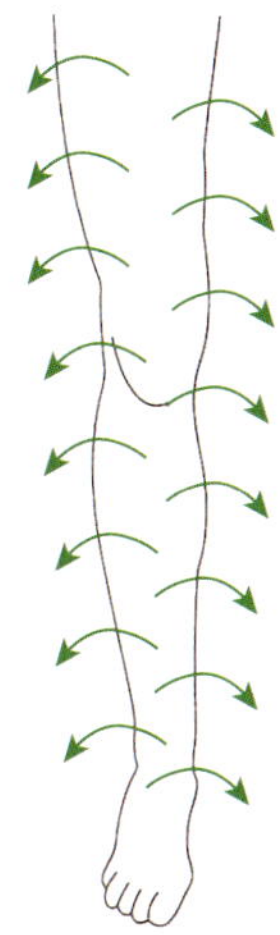

② 발목에서 대퇴까지 양손 번갈아 둥글게 쓰다듬기

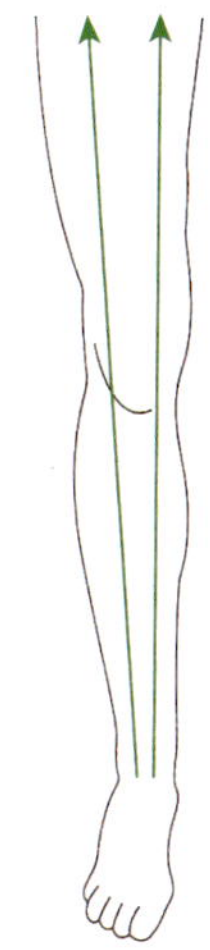

③ 발목에서 대퇴까지 엄지로 2부위 스트로크

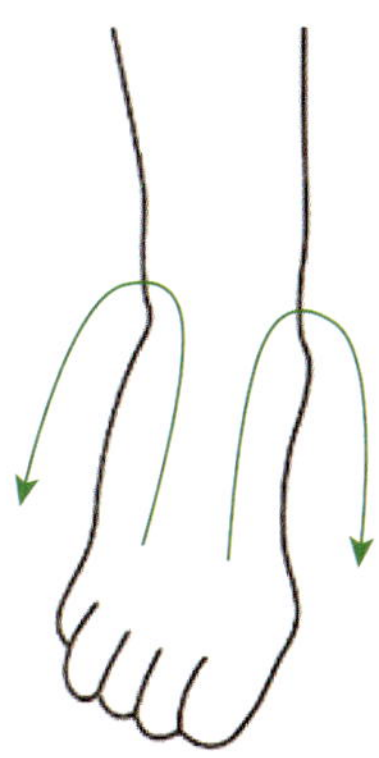

④ 발 쓰다듬기

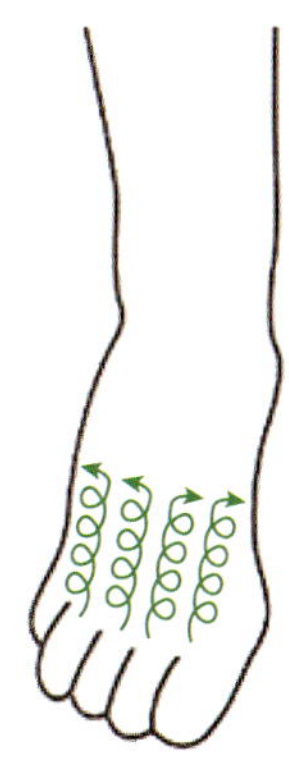

⑤ 중족골 사이 문지르기

⑥ 발가락 문지르기

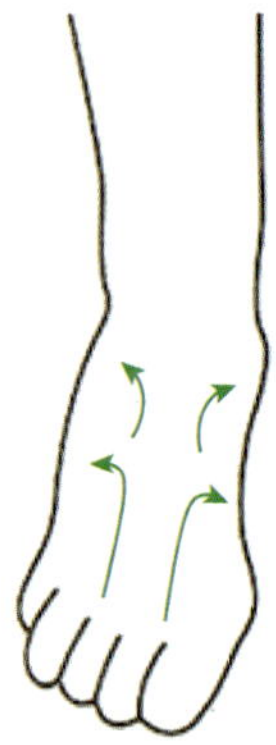

⑦ 발/발목 쓰다듬기

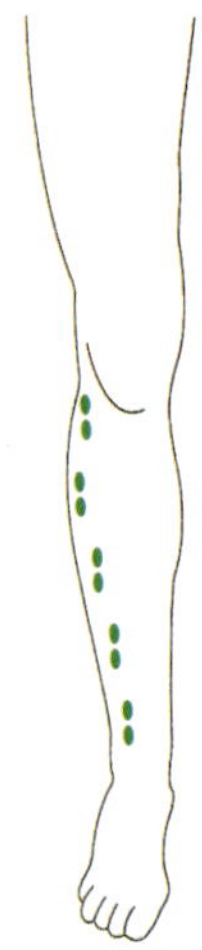

⑧ (옆으로 이동) 경골따라 무릎까지 양손 엄지로 압하기

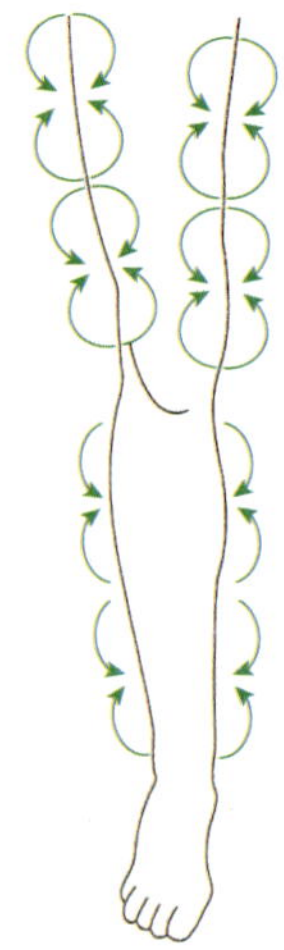

⑨ 발목부터 대퇴까지 반죽하기

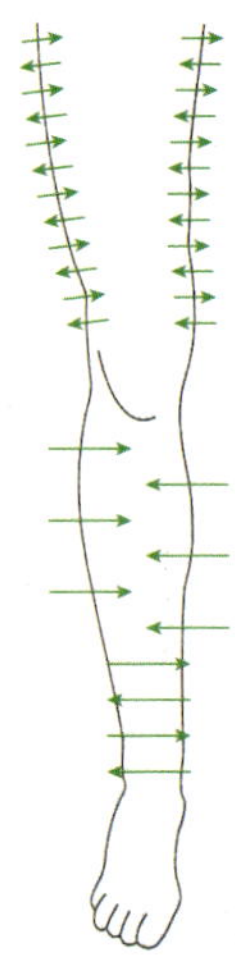

⑩ 검지측면으로 마찰하기

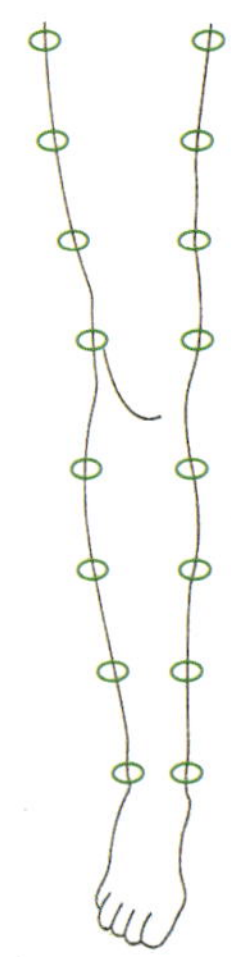

⑪ 둥글게 쳐올리기/집어주기

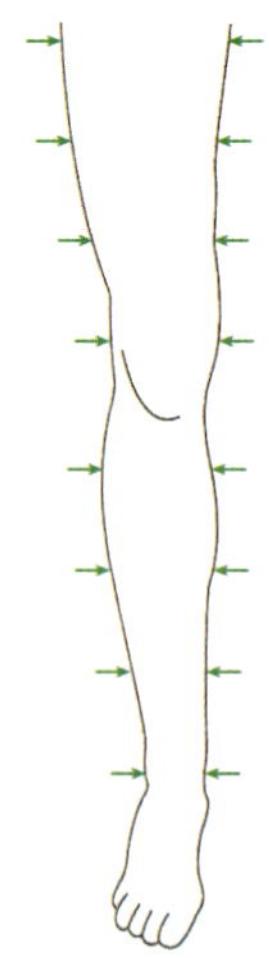

⑫ 두드리기(소지측면/컵)

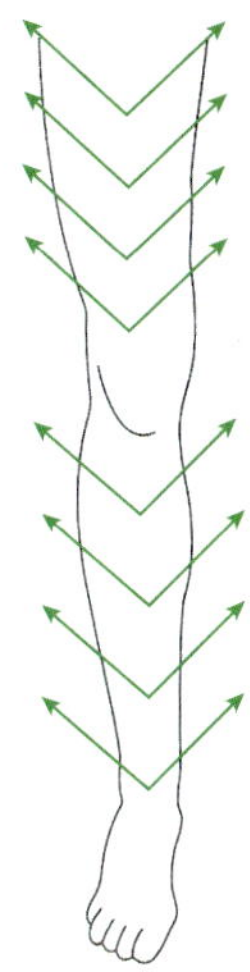

⑬ 발목에서 대퇴까지 퍼올리기

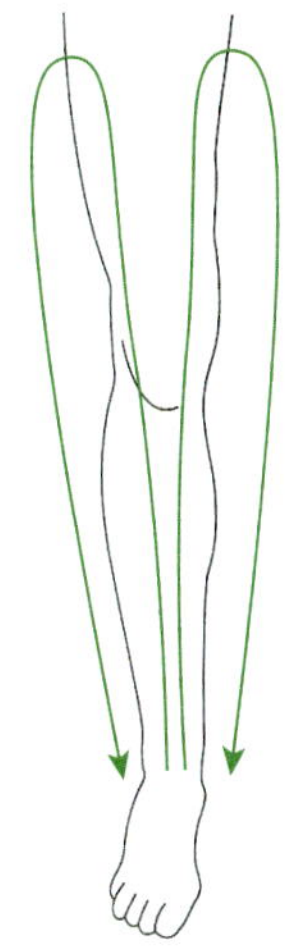

⑭ 전체 쓰다듬기

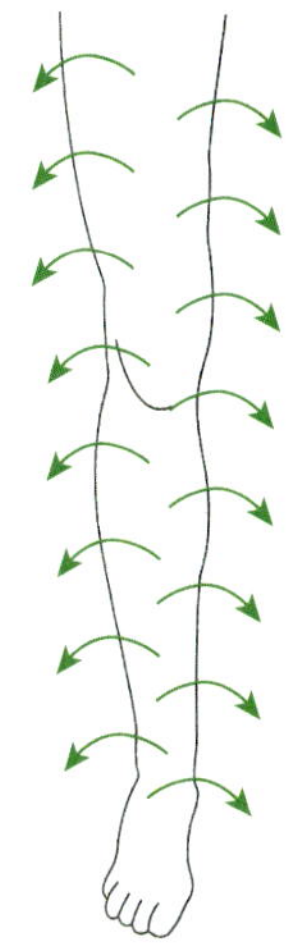

⑮ 발목에서 대퇴까지 양손 번갈아 둥글게 쓰다듬기

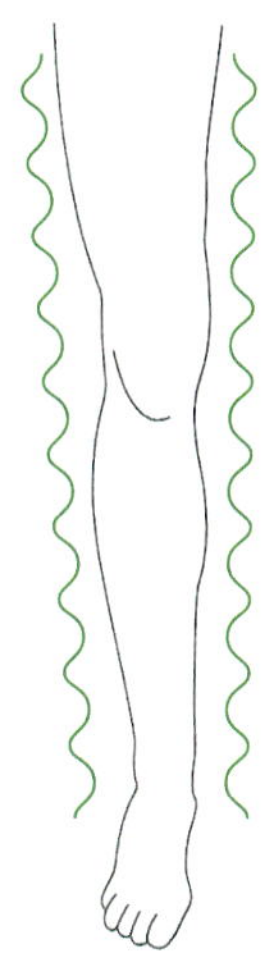

⑯ 스트레칭/바이브레이션

(2) 다리 후면

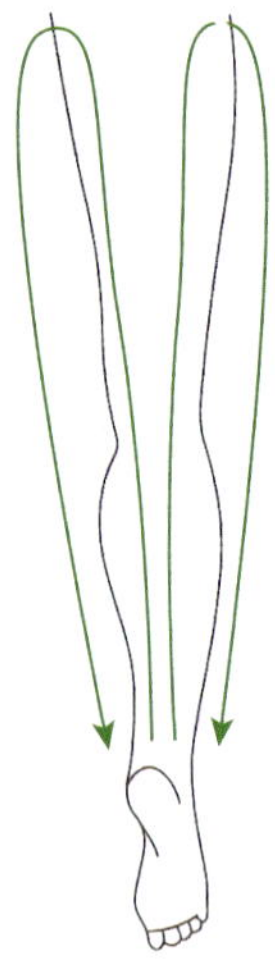	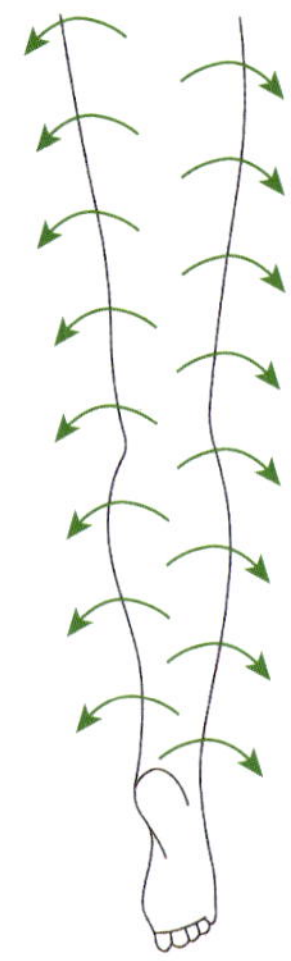	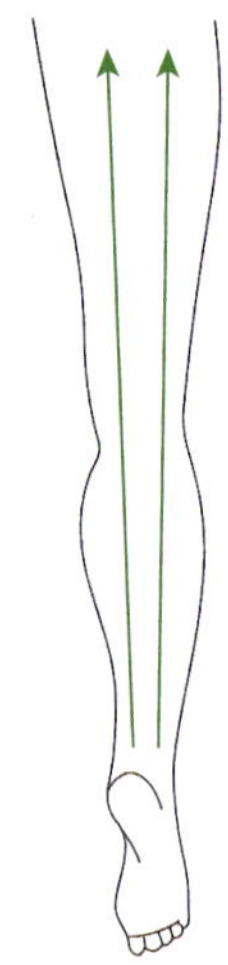
① 발목에서 대퇴까지 쓰다듬기	② 발목에서 대퇴까지 양손 번갈아 둥글게 쓰다듬기	③ 발목에서 대퇴까지 엄지로 3부위 스트로크
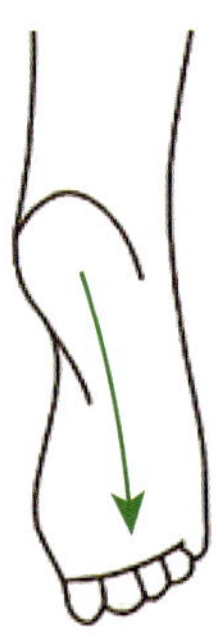		
④ 발바닥 쓰다듬기	⑤ 양손 엄지로 발가락 문지르기	⑥ 발바닥 엄지 & 주먹으로 문지르기

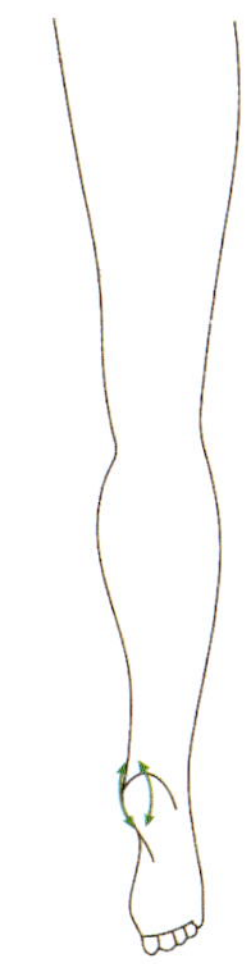

⑦ 뒤꿈치 감싸 쓰다듬기

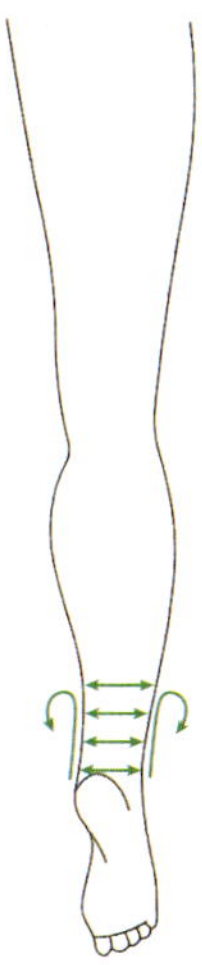

⑧ 아킬레스건 소지측면/손바닥으로 마찰하기

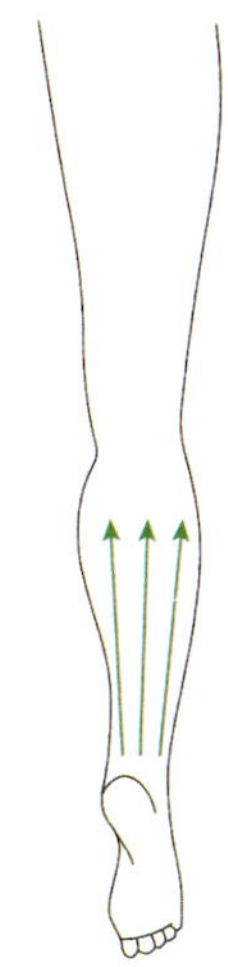

⑨ 무릎세워 양손 깍지/손끝으로 쓸어 내리기

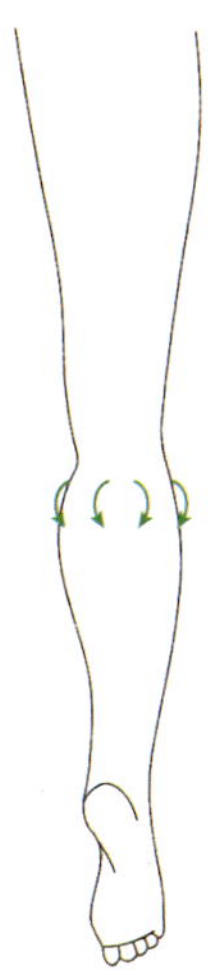

⑩ 둥글게 쳐올리기/집어주기/쓸어내리기

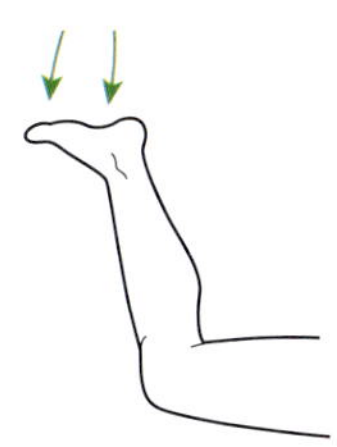

⑪ 발목 스트레칭/발바닥 치기/발목 돌리기

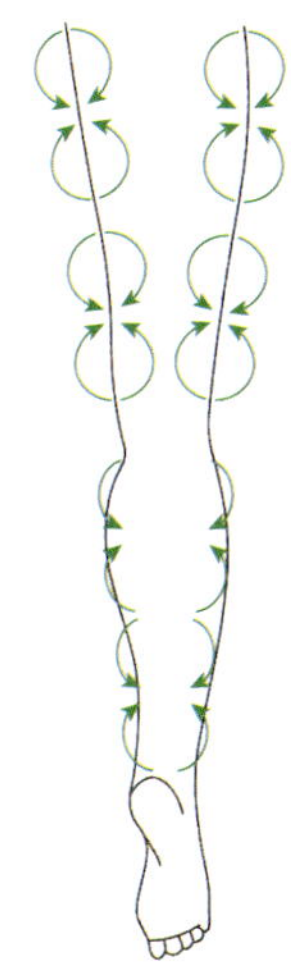

⑫ (옆으로 이동)발목에서 대퇴까지 반죽하기

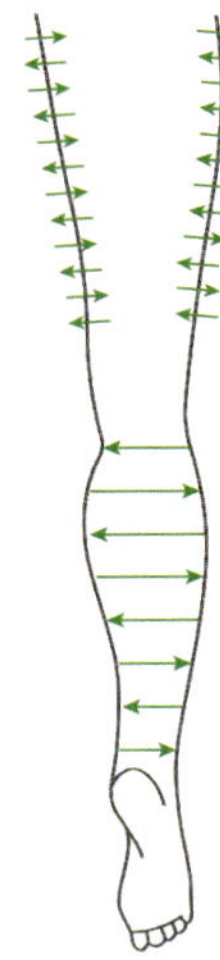	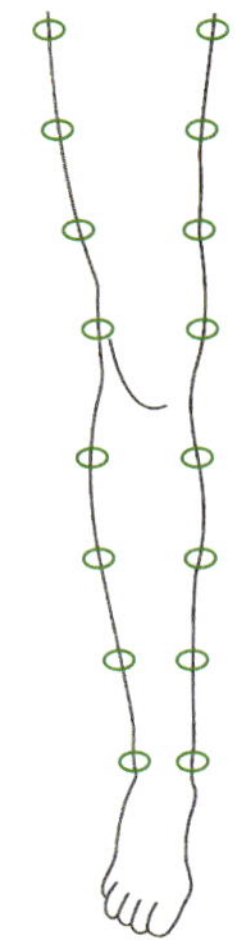	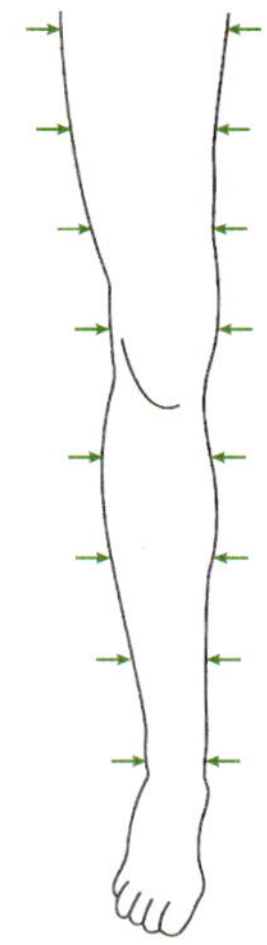
⑬ 발목에서 대퇴까지 검지측면으로 마찰하기	⑭ 쳐올리기/집어주기	⑮ 두드리기(소지측/주먹/컵)
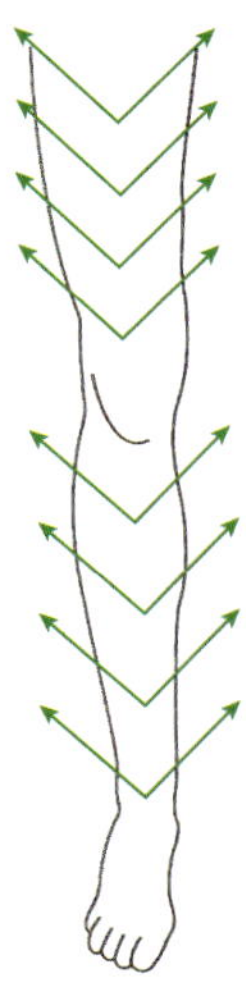	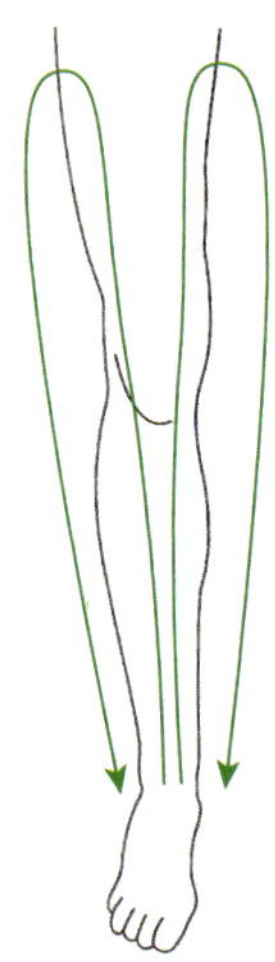	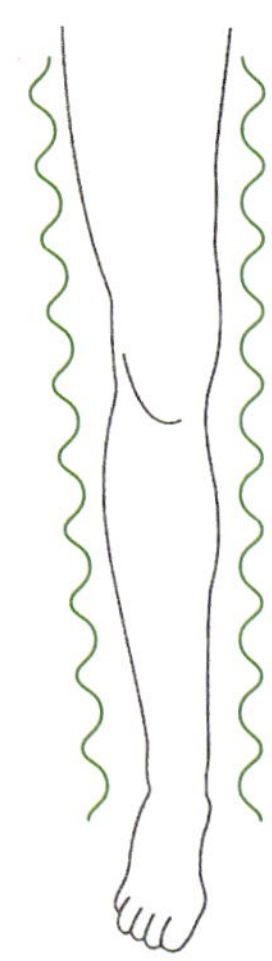
⑯ 발목에서 대퇴까지 퍼올리기	⑰ 양손으로 둥글게 쓰다듬고 전체 쓰다듬기	⑱ 스트레칭/바이브레이션

(3) 등

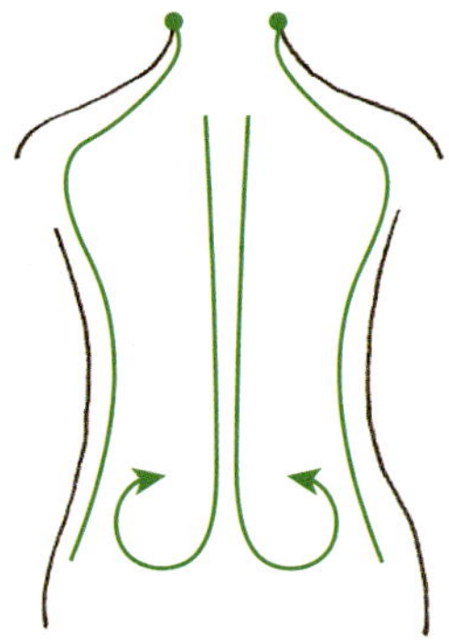

① 쓰다듬기(허리에서 3번, 팔꿈치에서 3번, 어깨지나 뒷목지압) 총 3번

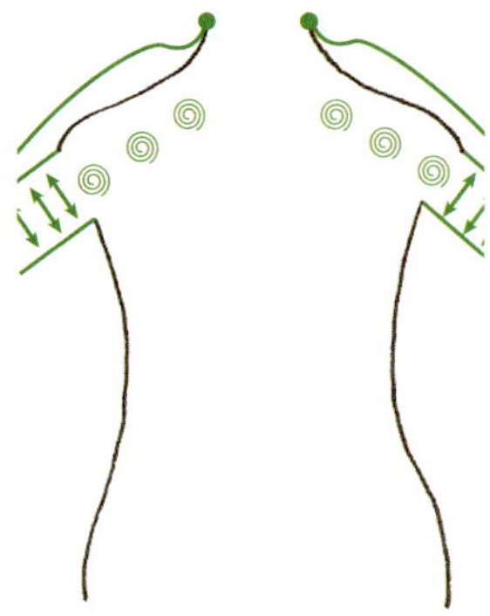

② 승모근 세부위 엄지로 문지르기→상완 문지르고 팔꿈치 문지르기→어깨지나 뒷목지압. 총 2번

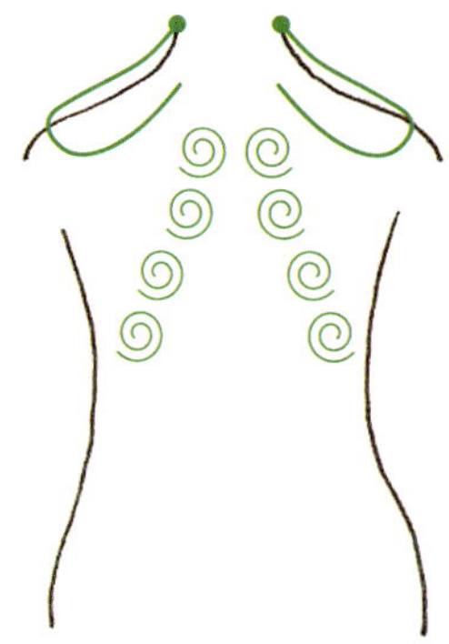

③ 견갑골 주위 문지르기→어깨지나 뒷목지압. 총 2번

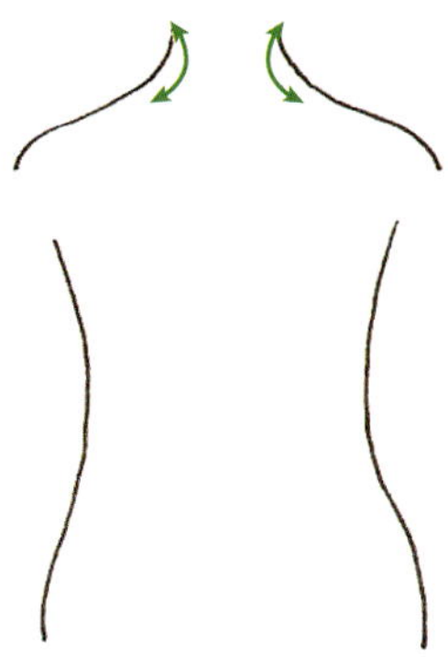

④ 뒷목–승모근 엄지&손바닥으로 스트로크 한 후 뒷목지압. 총 2번

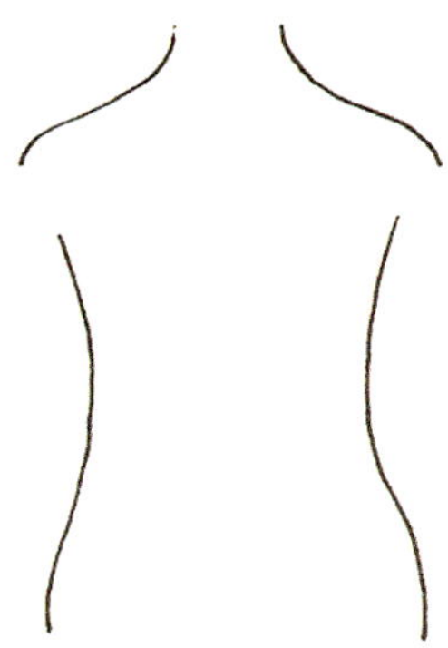

⑤ 전체 쓰다듬고 팔 내리기

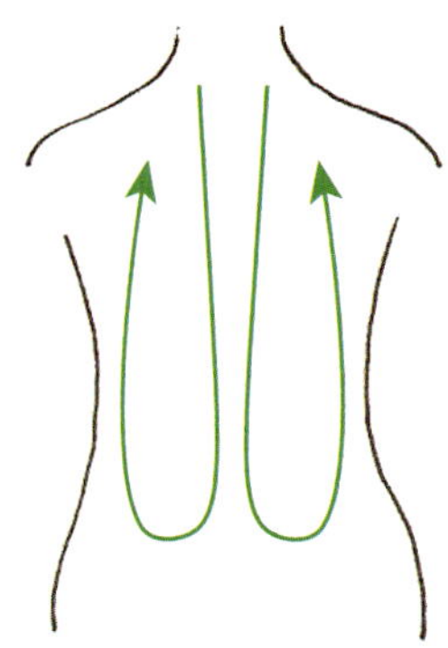

⑥ (옆으로 이동)허리부터 어깨까지 반죽하기.총 2번

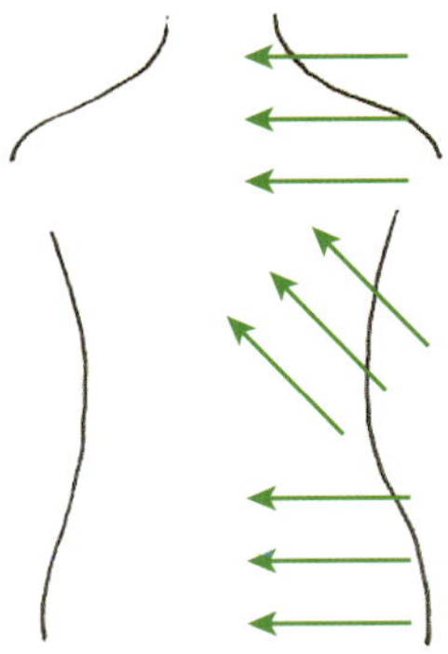	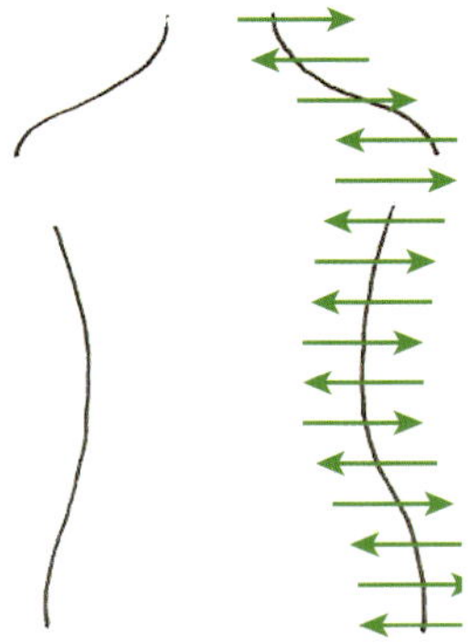	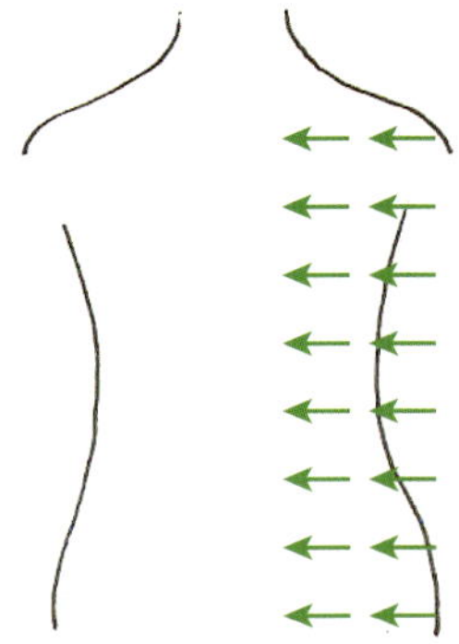
⑦ 허리부터 승모근까지 옆구리에서 중심으로 쓸어올리기. 총 2번	⑧ 허리부터 어깨까지 검지측으로 빠르게 마찰하기. 총 2번	⑨ 옆구리&등 손바닥으로 쳐올리기
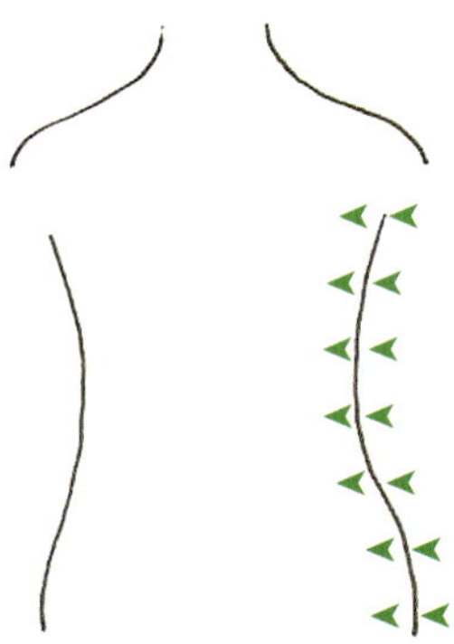	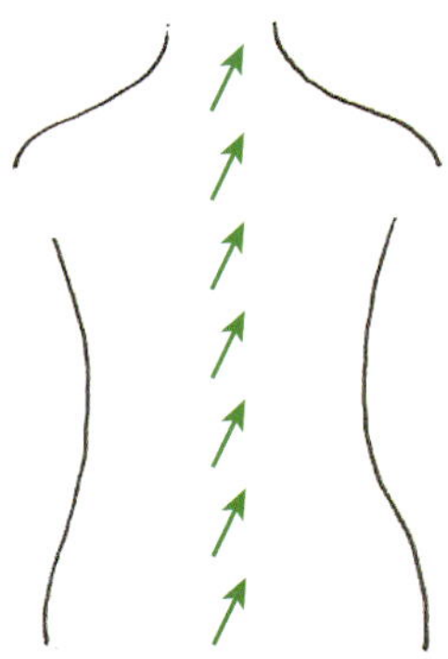	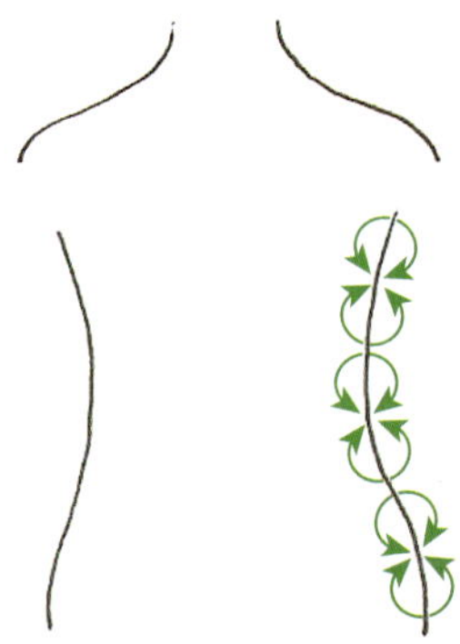
⑩ 옆구리&등 집어주기 2번	⑪ 소지측면/컵으로 두드리기 총2번	⑫ 양손 번갈아 허리부터 어깨까지 반죽하기 2번

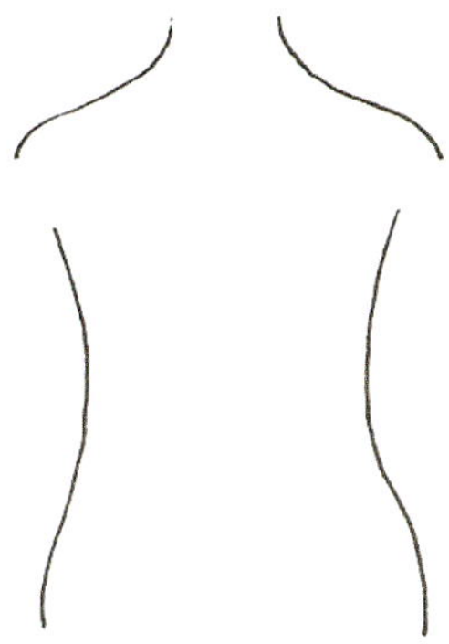

⑬ 6–12 반대편 반복

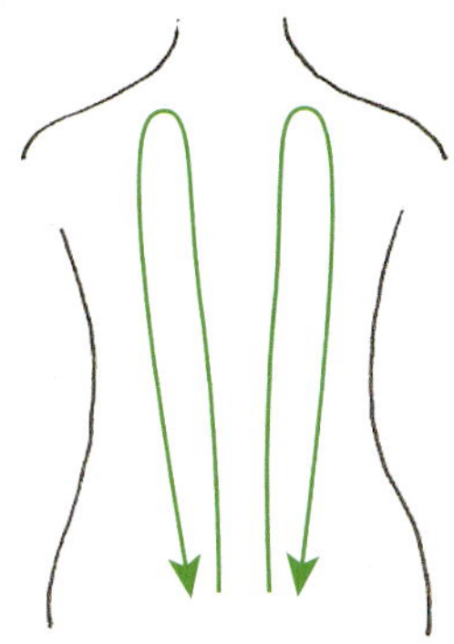

⑭ 척추기립근 따라 stroke 2번

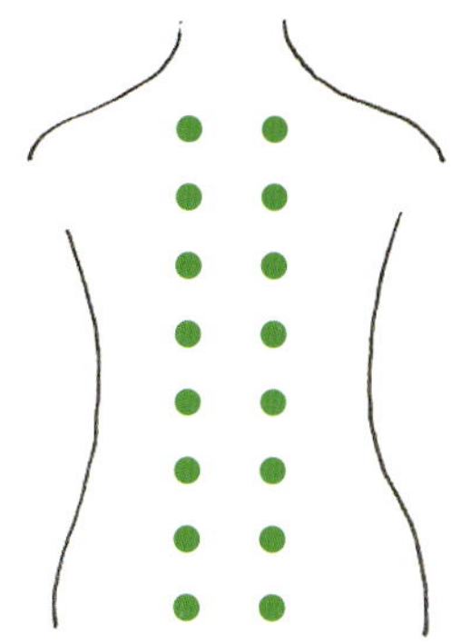

⑮ 주요혈 압하기

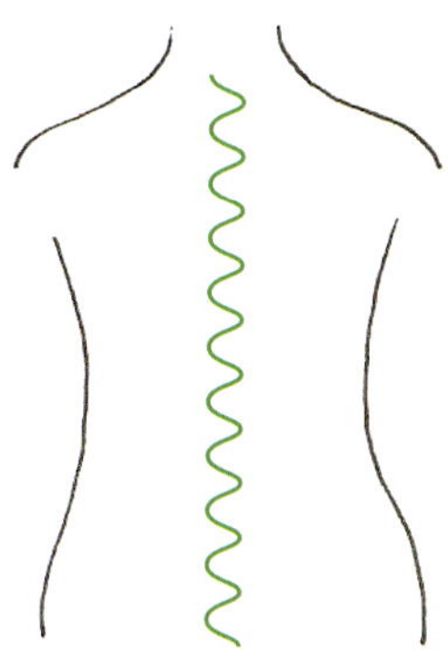

⑯ 바이브레이션

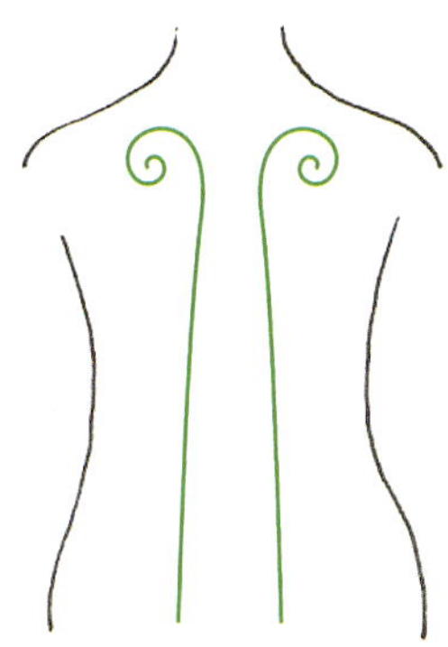

⑰ 승모근 엄지로 문지르기 2번

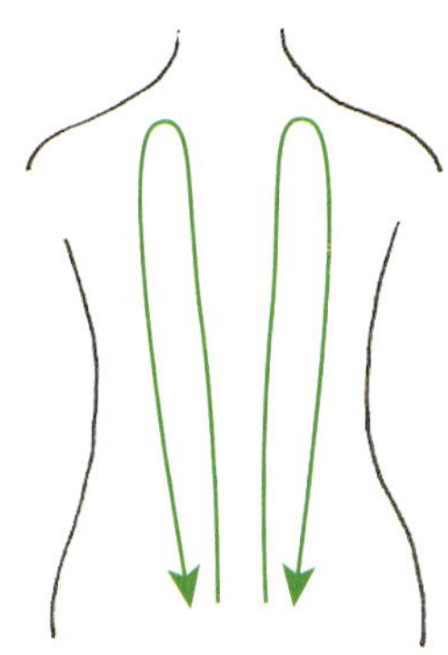

⑱ 전체 쓰다듬기 2번

(4) 복부

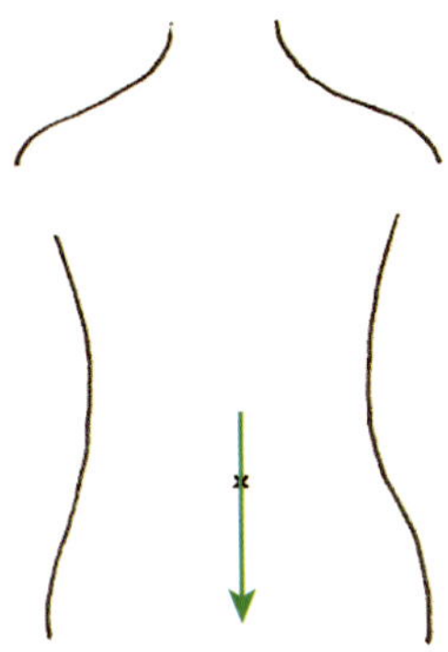	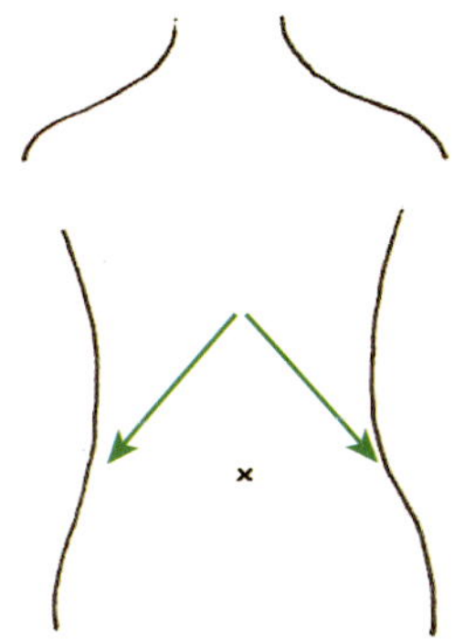	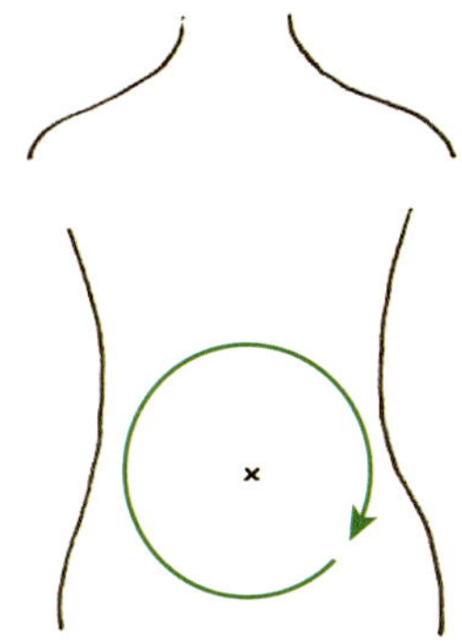
① 수직 쓰다듬기(위에서 아래로)	② 횡경막 쓰다듬기	③ 둥글게 쓰다듬기
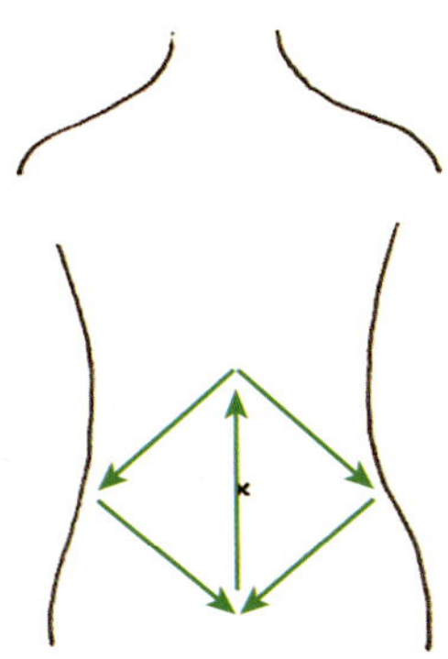	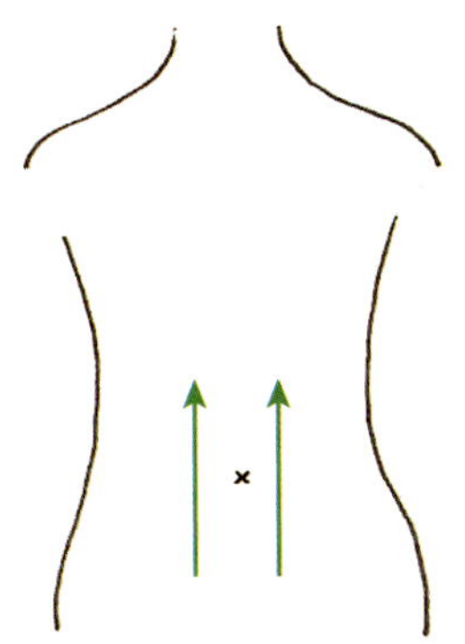	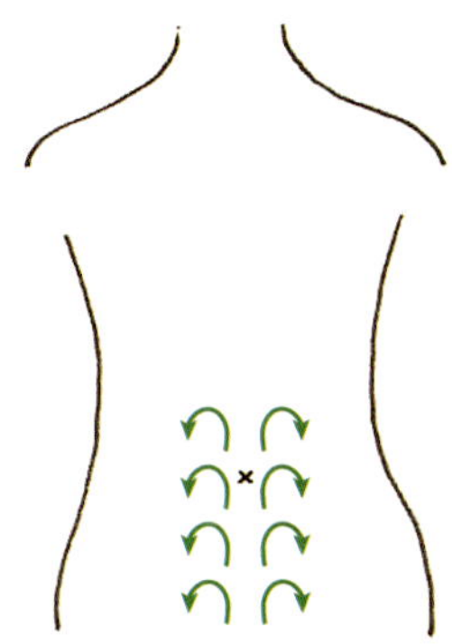
④ 마름모 쓰다듬기	⑤ 복식근 사지로 한쪽씩 쓸어주기	⑥ 복직근 사지로 화전하면 한쪽씩 문지르기

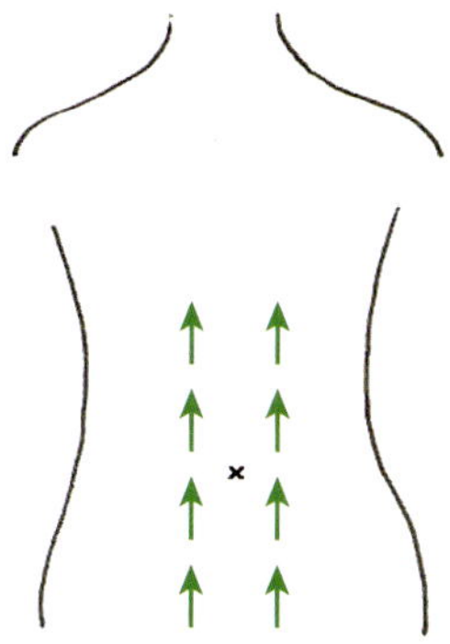

⑦ 복직근 한쪽씩 양손 교대로 엄지로 밀어주기

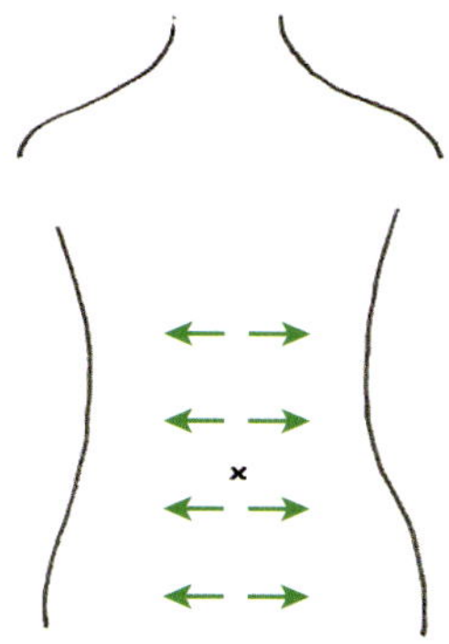

⑧ 복직근 양 엄지로 외측으로 밀어주기

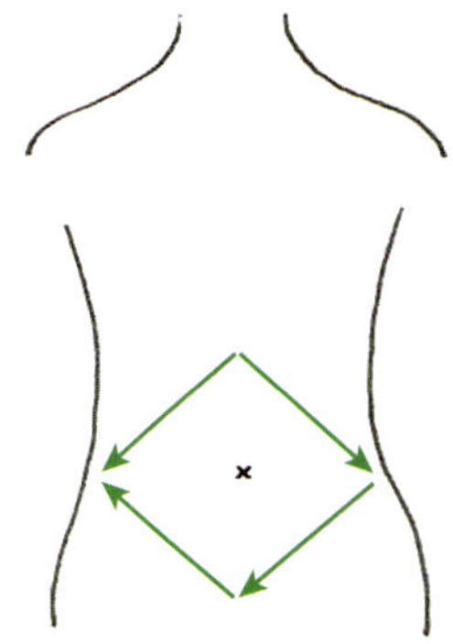

⑨ 양 옆구리 외복사근/내복사근 쓸어주기.

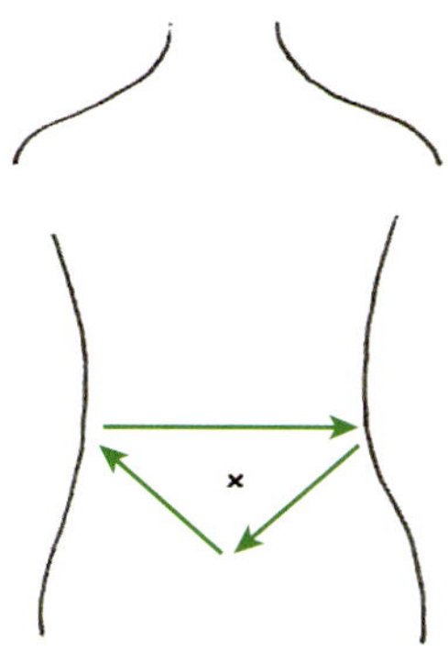

⑩ 삼가형 그리기

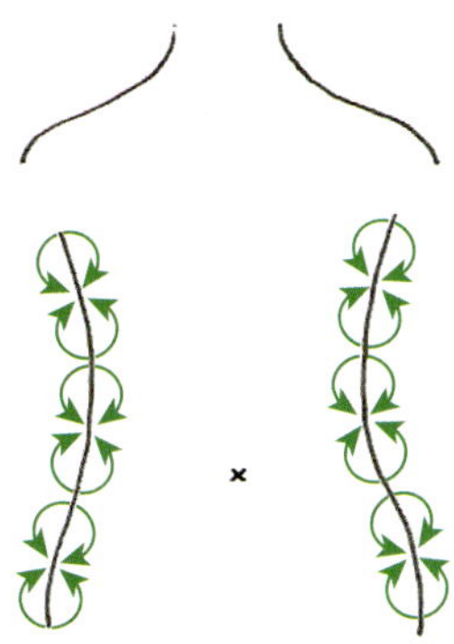

⑪ 옆구리 둥글게 반죽하기

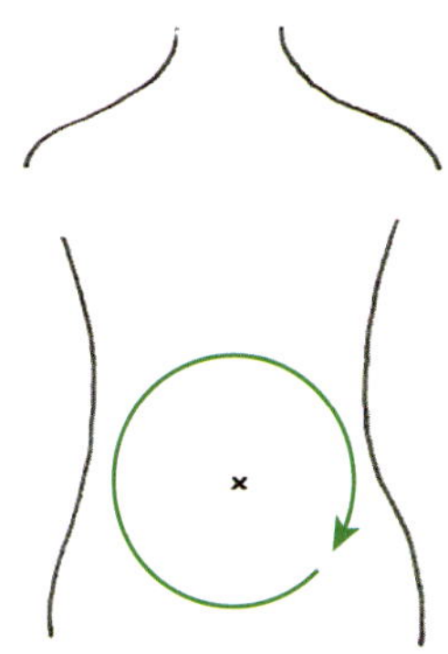

⑫ 둥글게 쓰다듬기

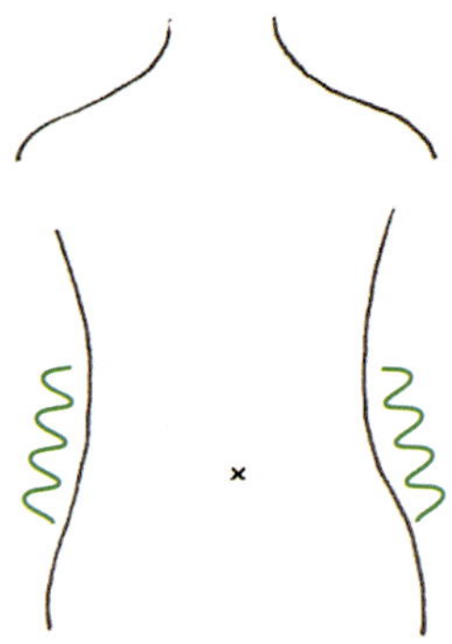

⑬ 바이브레이션(옆구리아래 손)

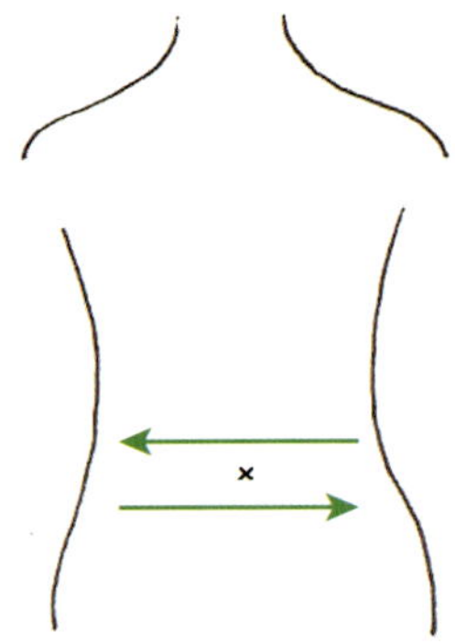

⑭ 양손으로 복부 가로로 문지르기

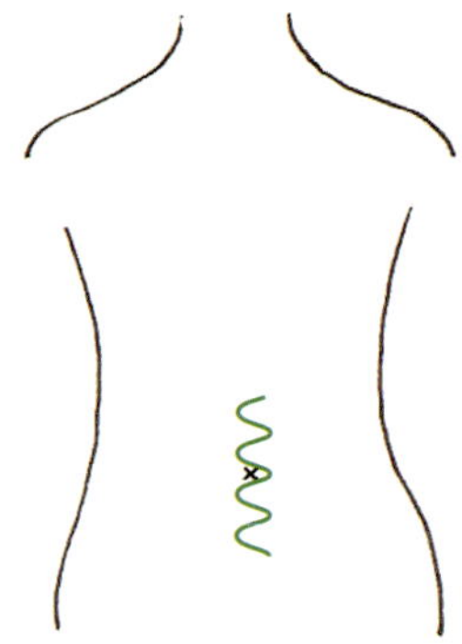

⑮ 바이브레이션(배꼽 위)

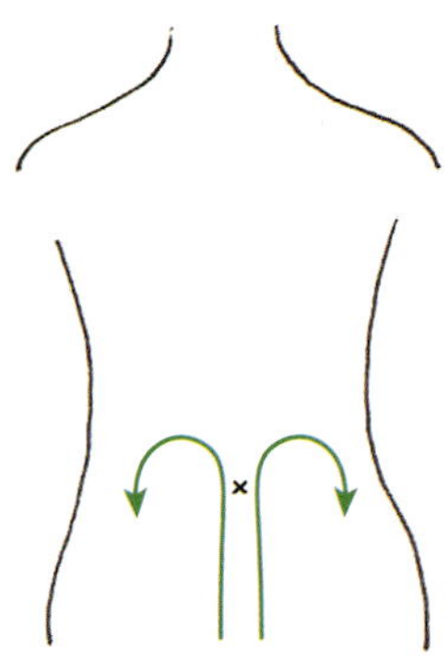

⑯ 마무리-복부 둥글게 쓰다듬기 세 번 후 옆구리아래 손을 넣고 들어 올리듯 빼준다

(5) 팔

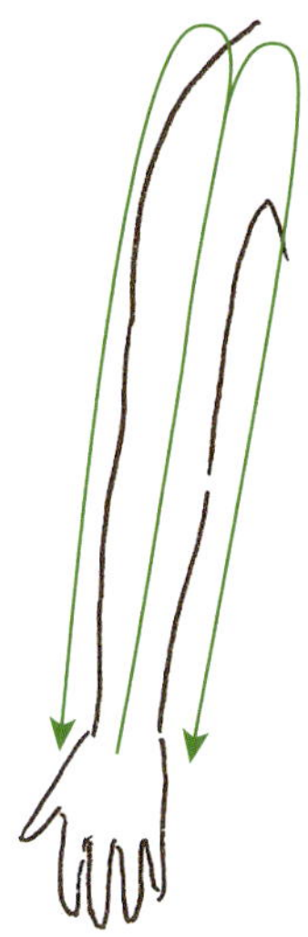

① 손목에서 어깨까지 전체 쓰다듬기

② 손목에서 어깨까지 양손 번갈아 둥글게 쓰다듬기

③ 손등 쓰다듬기

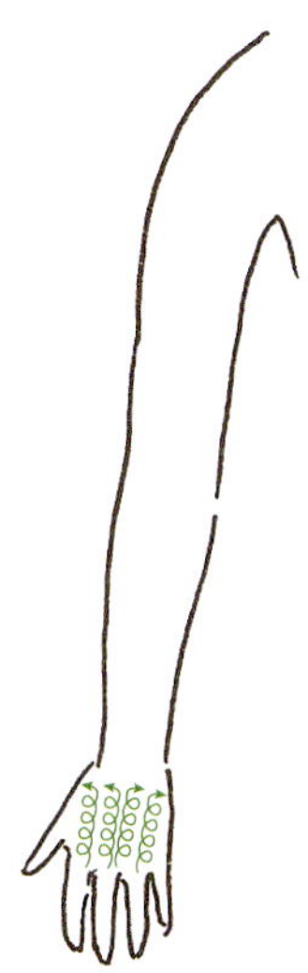

④ 중수골 사이 문지르기

⑤ 손가락 문지르기

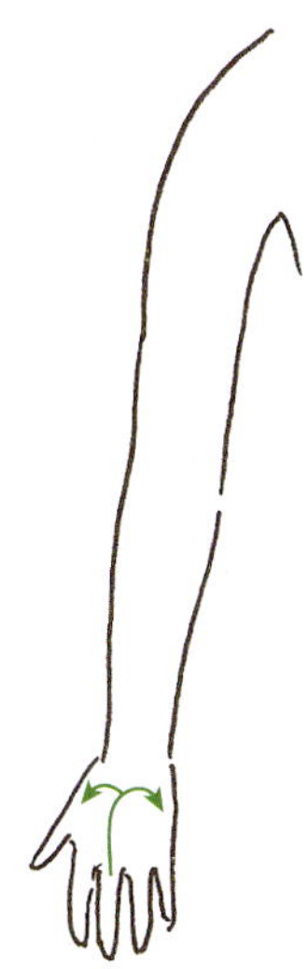

⑥ 손바닥 문지르기

⑦ 손목 회전/굴곡/신전

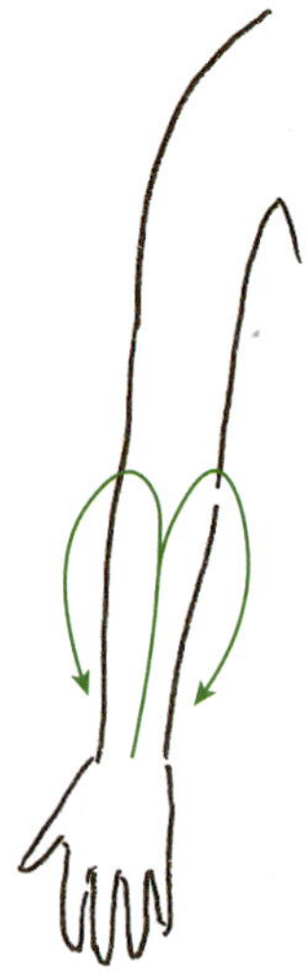

⑧ 전완 쓰다듬기

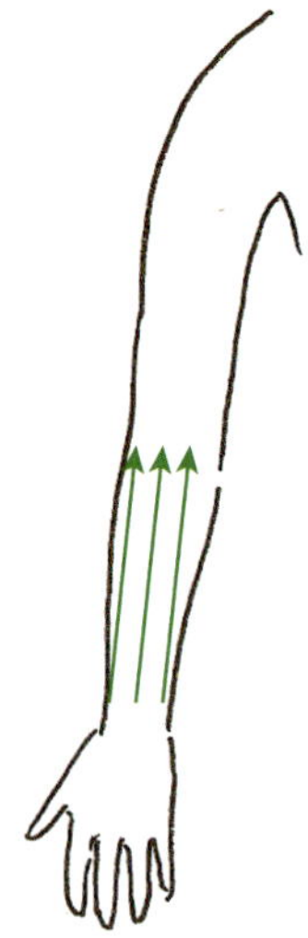

⑨ 전완 신전근/굴곡근 3부위 스트로크

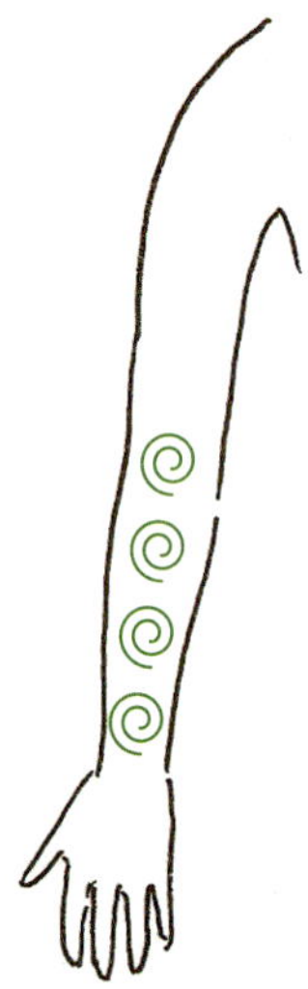

⑩ 전완 신전근/굴곡근 엄지로 문지르기

⑪ 전완 비틀어주기

⑫ 전체 쓰다듬기

⑬ 상완, 어깨 쓰다듬기

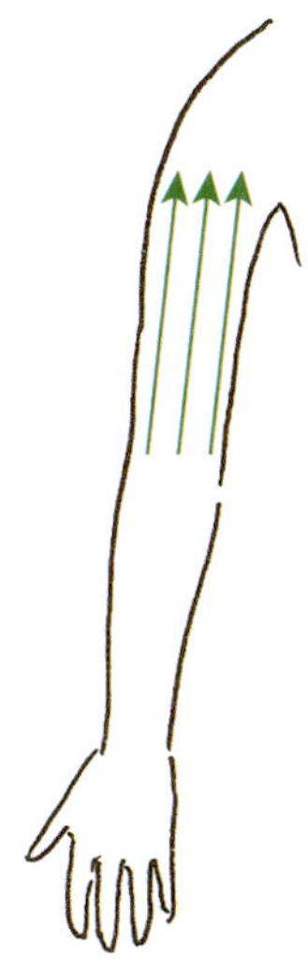

⑭ 상완 굴곡근/신전근 3부위 스트로크

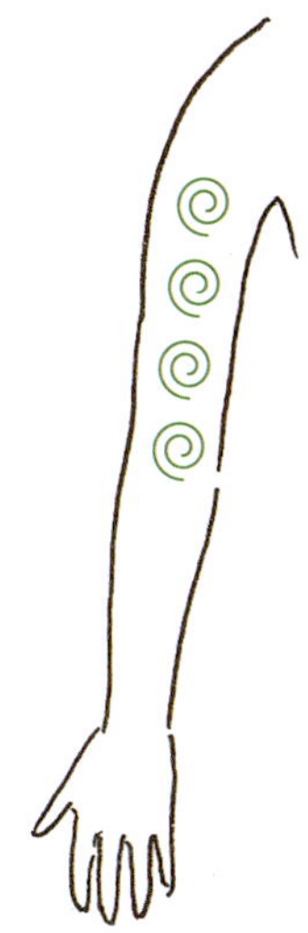

⑮ 상완 굴곡근/신전근 엄지로 문지르기

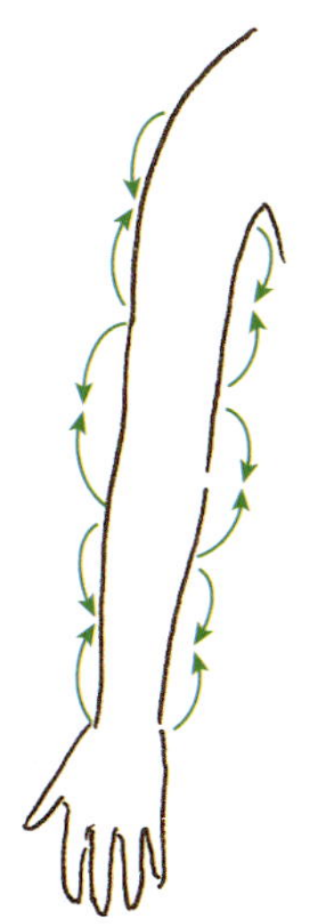

⑯ 전체 반죽하기

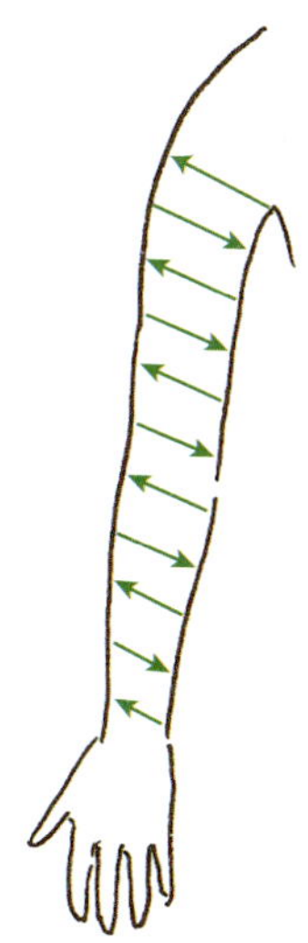

⑰ 검지측면으로 마찰하기

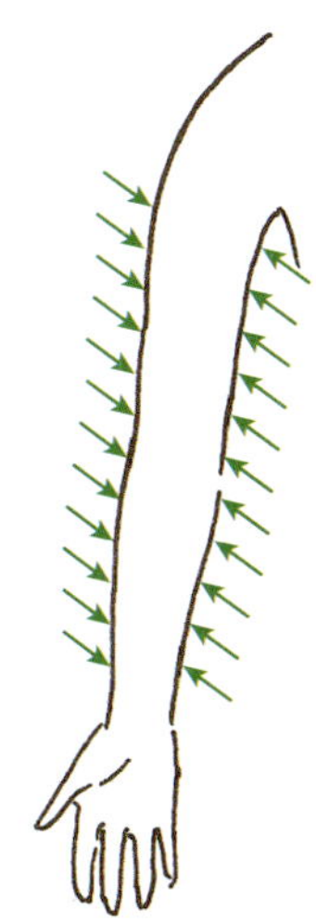

⑱ 둥글게 쳐올리기/집어주기

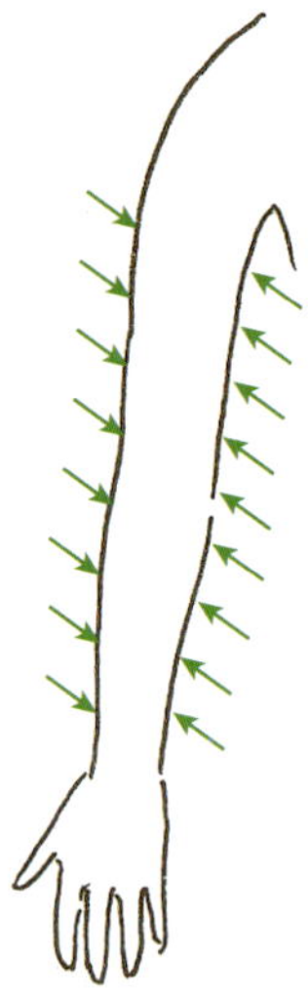

⑲ 두드리기(소지측면/컵)

⑳ 전체 쓰다듬기

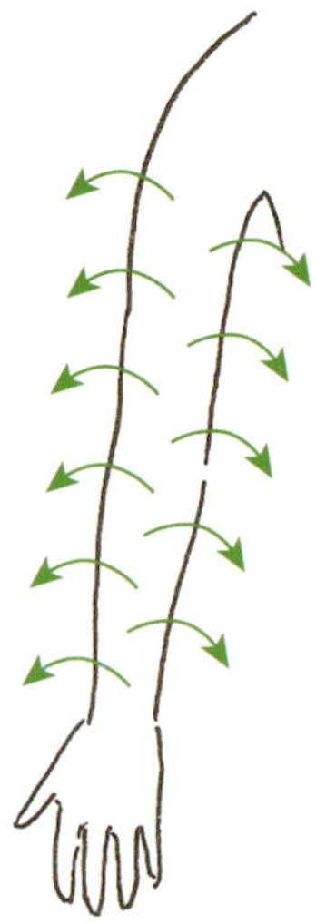

㉑ 양손 번갈아 둥글게 쓰다듬기

㉒ 전체 쓰다듬기

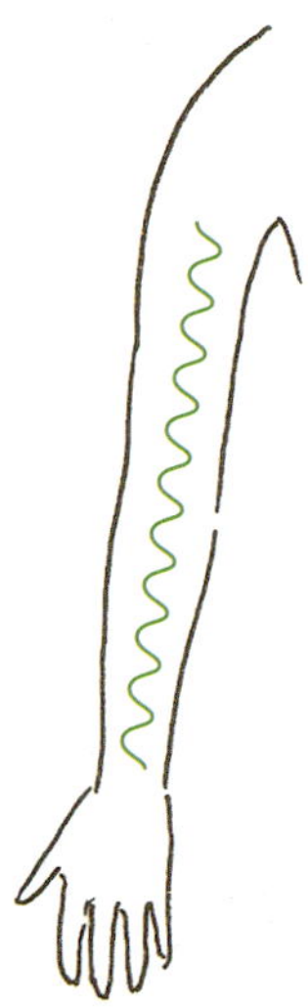

㉓ 바이브레이션

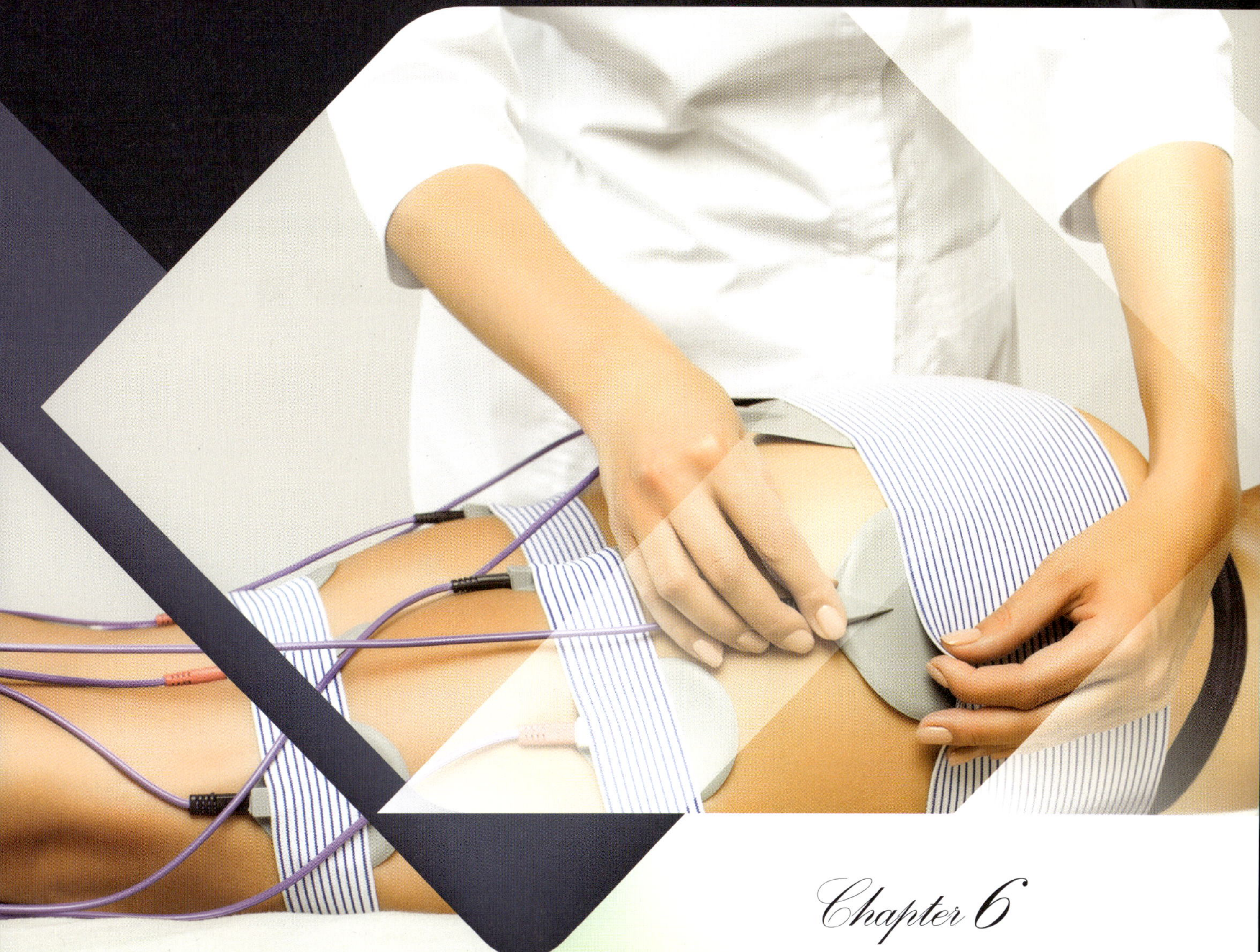

Chapter 6

온열 요법 및 램프 트리트먼트

1. 온열 요법의 이점
2. 열과 Hydration
3. 온열 요법 시설
4. 램프 트리트먼트
5. 위생
6. 금기 사항
7. 에프터 케어

Chapter. 6

온열 요법 및 램프 트리트먼트

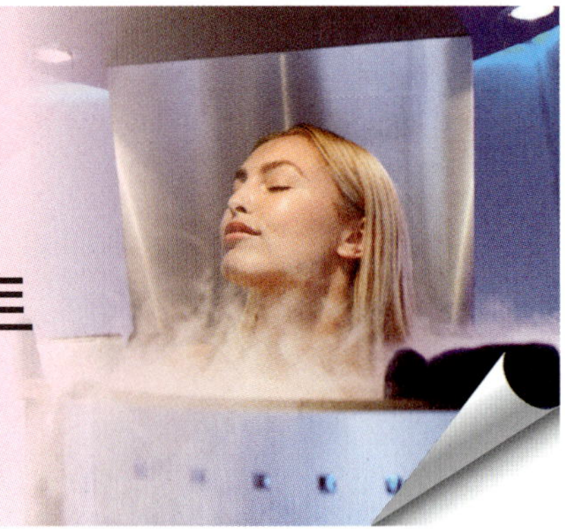

1. 온열 요법의 이점

몸에 온화한 열을 가하면 건강, 피부 외모 및 치료 이후에 모두 많은 이점이 있다. 대부분의 고객은 온열 치료가 다른 치료 절차를 준비하는 편안한 방법이라는 것을 알고 있으며 이러한 목적으로 종종 스파에서 많이 사용된다.

(1) 온열 요법이란?

온열 요법은 건강과 웰빙을 위해 몸을 따뜻하게 하는 과정을 말한다. 가장 널리 알려진 온열 방법은 로마 시대부터 존재해 온 사우나 또는 한증탕이다.

온열 치료는 관리 전에 몸을 이완하고 따뜻하게 해서 진정시키는 방법이나 그 자체로 치료법이 될 수 있다. 몸을 부드럽게 예열하는 데는 많은 이점이 있으며 사우나 및 한증막과 같은 시설은 일반적으로 더 큰 스파와 관련이 있지만 일반 살롱에서도 기기나 국소적인 시설로 널리 사용되고 있다.

(2) 온열 요법의 이점

① 긴장된 근육 이완

관리사의 관점에서 볼 때 신체의 주요 이점은 온열 치료가 긴장된 근육 섬유를 이완한다는 것이다. 즉, 고객이 열 치료 후 마사지를 받는 경우 이미 근육 이완을 통해 관리사가 작업을 더 쉽게 하고 고객에게 더 편안함을 느끼게 할 수 있다.

② 신경 진정

신경 종말은 열이 있는 상태에서 진정되어 고객을 편안하게 한다.

③ 피부색 개선

모세 혈관이 확장됨에 따라 피부가 약간 붉어지면서 피부에 더 균일한 색이 나타난다. 반복적인 치료를 통해 이 효과는 피부의 전반적인 질감을 개선하는 데 도움이 될 수 있다.

④ 순환 증가

몸이 차가워지면 내부 장기를 따뜻하게 유지하기 위해 혈액이 안쪽으로 이동한다. 그러나 가열된 조건에서는 반대 효과를 줄 수 있다. 혈액은 사지로 펌핑되어 피부에 영양분을 공급하고 노폐물을 제거하며 피부색을 개선한다. 꾸준한 온열요법은 저하된 혈액 순환을 개선할 수 있다.

⑤ 땀 유발

체온이 올라가면 몸을 식히기 위해 피부의 땀샘이 확장된다. 땀은 또한 신체에서 독소를 방출하는 전달 메커니즘이기 때문에 열이 이 과정을 가속화하고 향상시킨다. 피부는 가장 큰 해독 기관이며 불순물을 땀으로 배출하는 것은 건강에 큰 도움이 된다.

⑥ 젖산 배출

운동 시설에 있는 사우나와 한증막의 유용한 이점은 신체가 근육에서 젖산을 분산시키는 데 도움이 된다는 것이다. 무거운 운동을 하는 동안 근육은 포도당의 주요 연료 공급원을 고갈시킬 수 있으며 대신 무산소 호흡으로 들어가 에너지를 생성한다. 이러한 유형의 에너지는 젖산을 부산물로 생성하여 신체에 축적되어 운동 다음날 근육통을 유발할 수 있다. 운동 후 열처리를 하면 이 효과를 줄이거나 제거할 수 있다.

⑦ 심박수

온열 요법은 고객에게 가벼운 심혈관 운동에 해당하는 효과를 제공하는 것으로 오랫동안 입증되었으며 일상적인 피트니스에 탁월하다. 신체가 모세 혈관을 확장하고 혈액을 피부 표면으로 몰아가면서 혈액을 사지로 더 효과적으로 펌프하기 위해 심장이 더 빨리 뛰게 된다. 이 과정에서 빠른 심장 박동은 수영이나 빠르게 걷기와 같은 방식의 근육 감각으로 심장을 강화시킨다.

⑧ 모공 열림

온열 요법의 첫 번째 플러시는 몸의 모공을 열어 독소를 제거하는 것이다. 이것은 일반적으로 샤워할 때 이루어지는 것보다 더 깊은 수준의 클렌징 효과가 있다. 여드름과 같은 지속적인 상태는 열 치료의 모공 개방 특성으로 혜택을 받을 수 있다. 깨끗해진 모공과 피부는 랩 및 마스크와 같은 일련의 관리는 유효성분이 피부에 더 쉽게 침투할 수 있도록 하여 효과를 극대화 할 수 있다.

⑨ 피부가 부드러워진다

피부가 부드러워지며 각질이나 굳은살이 형성된 부위에 초점을 맞춘 더 좋고 쉬운 치료가 가능하다. 특히 페디큐어 시 온열 관리를 하면 발뒤꿈치와 발바닥의 부드러워진 각질과 굳은살을 보다 쉽게 벗겨 내고 보습할 수 있다.

⑩ 피지선 활동 증가

피지선은 피부를 보습하고 보호하도록 설계된 천연 유성 왁스 물질인 피지를 분비한다. 이것은 자연적으로 발생하기 때문에 많은 사람들이 피부 최고의 보습제 중 하나로 생각한다. 또한 과도한 피지 생성으로 고통 받는 사람들은 이 효과를 두려워 할 수 있지만 결과는 실제로 피부 균형을 유지한다.

⑪ 신진대사율 증가

열이 나면 신체는 자체적으로 냉각시스템을 돌리는데 이렇게 함으로써 신체는 신진대사율을 증가시켜 심장박동수와 에너지 생성을 증가시킨다. 이것은 지방과 같은 저장된 연료가 에너지를 위해 더 쉽게 연소되므로 체중 감량 목적에 긍정적인 효과가 있다. 신진대사 속도를 높이는 효과는 관리 후 몇 시간 동안 지속될 수 있다.

⑫ 혈압 강하

수분과 독소가 몸에서 증발함에 따라 혈압이 떨어진다. 그 결과 동맥과 모세 혈관에 대한 잠재적 손상이 감소하여 심혈관계에 대한 압력이 감소한다.

⑬ 림프배농 증가

심박수가 증가하고 신체 순환이 증가함에 따라 림프배농이 향상된다. 림프계는 순환계와 병렬로 작동하며 근육 수축과 밸브의 개폐에 의해 구동된다.

림프의 기능 중 한 가지는 노폐물을 배출하는 것이므로 적절한 수분 공급이 필수적이지만 신체에서 독소를 제거하는 데 유익한 효과가 있다.

Summing-up

이 장을 마치면 다음을 이해해야 한다.

① 온열 요법의 장점과 이점
② 이러한 이점을 관리에 적용
③ 최적의 효과를 위해 온열 요법과 다른 관리를 결합할 수 있다.

2. 열과 Hydration

신체 내부와 외부에 미치는 열의 영향은 수분(Hydration)에 크게 좌우된다. 이것은 사용된 열의 수분 요소와 치료를 받는 개인의 수화 수준 모두에 적용될 수 있다.

(1) 열의 유형

일반적으로 온열관리 세팅에는 습열 또는 건열의 두 가지 유형의 열이 있다. 둘 다 땀으로 정화하는 원리에 따라 작동한다.

① 습열

이것은 물이 가열되어 공기 중으로 습한 열이 증발하는 스팀 룸에서 발견되는 열이다. 사우나의 건열 환경이 불편하다고 생각하는 사람들은 부드러운 습열 느낌을 선호할 수 있다.

② 습열의 주요 요소

- 피부에 부드러운 열감.
- 온도 50~70 ℃
- 기분 좋은 향 첨가 가능
- 'hammam'스타일의 터키식 목욕탕의 한증실에서 사용된다.
- 충분한 공간이 있는 대형 시설이 많다.
- 1인용 소형 장치도 있다.

③ 건열

사우나의 건조한 열은 고객에게 뜨겁게 느껴질 수 있지만 실제로 화상을 입히지는 않는다. 하지만 금속재질의 물건을 착용하게 되면 화상 위험이 있으니 주의한다.

④ 건열의 주요 요소

- 몸에서 땀을 끌어내고 빠른 열감 생성에 효과적이다.
- 온도 80 ~ 100 ℃
- 북유럽 스타일의 목재 사우나에 사용된다.
- 매우 작은 공간에 적합하며 단일 벤치로 구성할 수 있다.

사우나는 오랫동안 스웨덴과 핀란드와 같이 매우 추운 나라에서 건강에 탁월하다고 칭송 받아왔다. 고대에는 일부 여성들이 사우나 출산을 선택하기까지 했다.

(2) 고객의 수분 레벨

신체에 대한 온열 요법의 효과는 매우 유익하다. 그러나 고객의 수분 레벨을 관리하는 것은 온열 요법을 최대한 활용하는 데 필수적이다. 더운 환경에서 몸은 더 자유롭게 땀을 흘리며 독소를 배출하지만 이 과정에서 피부에서 수분도 손실된다. 사우나 상태로 인해 몸은 0.5리터에서 1리터의 물을 매우 빠르게 잃을 수 있다. 그러나 고객이 마시는 물로 수분을 보충할 때 빠르게 보충된다.

① 최적의 수분 공급 수준

신체는 60–70%의 수분이 있어야만 올바른 상태라 할 수 있다. 이 수치는 2장 : 신체 분석에서 논의된 바와 같이 전자 저울을 사용하여 계산할 수 있다.

평균적인 사람의 수분 수준은 약 50%로 최적의 상태가 아니다. 즉, 온열 요법 시설에 들어가기 전이라도 고객이 물이나 과일 또는 허브 차를 마시도록 권장해야 한다.

② 탈수에 대한 지방 영향

과도한 지방(또는 지방 조직)은 신체가 물을 저장할 수 있는 시설이 적다는 것을 의미한다. 지방 세포는 물을 15%만 보유하고 있지만 근육 세포는 물을 75% 보유하고 있다.

이는 과도한 지방을 보유한 고객이 수분을 잘 유지하지 못함을 의미한다. 그들이 많은 양의 물을 소비한다면 이러한 이유로 이 범주의 고객은 열 소모 또는 질병의 증상에 대해 더운 상태에서 더 면밀히 모니터링 해야 한다. 마찬가지로 근육이 많은 고객은 더운 조건에서 더 높은 저항력을 보인다.

(3) 온열 요법을 통한 최적의 하이드레이션의 이점

온열 요법의 이점은 최적의 수분 상태로 향상된다는 것이며 일부 수분 부족 상태를 되돌릴 수도 있다는 것이다.

① 신장

신장은 압력과 염분에 민감한 세포를 통해 신체가 탈수되는 시기를 판단한다. 이 상황에서 그들은 몸에서 더 많은 염분을 혈류로 재 흡수하는 호르몬을 분비하고 이것은 더 많은 물을 혈액으로 끌어들이는 효과가 있다. 결과적으로 신장에서 소변으로 손실되는 수분이 줄어든다. 그러나 신장은 또한 수용성 독소를 배출하며 이 작업을 최적으로 수행하기 위해 적절한 신체의 수분 상태에 의존한다. 신체가 탈수된 상황에서는 신장에서 배설될 수 있는 독소가 적다.

② 림프계

림프계는 신체 조직에서 과도한 체액을 배출하고 배설할 독성 폐기물을 운반한다. 이 과정은 림프계 내에서 균형을 유지하는 데 도움이 되는 최적의 수분 상태에 의해 향상된다.

③ 혈압

탈수는 혈액에서 액체를 제거하여 혈압을 낮춘다. 신체는 적절한 수분 공급으로 이 효과를 상쇄할 수 있다. 수분 공급이 매우 좋지 않으면 탈수로 인해 현기증이나 실신까지 유발할 수 있다.

④ 땀

온열 요법은 땀을 증가시켜 피부를 통한 독소의 배설을 증가시킨다. 올바른 수준의 수분 공급은 이 과정을 돕고 지원하여 수용성 독소가 피부 밖으로 배출될 수 있도록 돕는다.

⑤ 과도한 수분 공급

온열 요법 중에 물이 손실되는 동안 소금 및 기타 전해질도 피부에서 배출된다. 이러한 이유로 과도하게 수분을 공급하지 않는 것이 매우 중요하다. 전해질 손실과 함께 과도한 물 소비는 뇌 활동과 근육 수축에 작용하는 신체의 자연적인 작용에 영향을 미칠 수 있다. 관리 중 큰 잔으로 3잔 이상 마시지 않는 것이 좋다.

Summing-up

이 장을 마치면 다음을 이해해야 한다.

① 습열과 건열의 차이

② 습식 및 건식 열이 사용되는 일반적인 장소 및 다른 열의 일반적인 특성

③ 치료 중 고객의 수분 유지의 중요성

④ 열을 조절하고 해독하는 신체 능력에 대한 수분의 효과.

3. 온열 요법 시설

온열 요법은 온열 룸에서부터 보다 직접적인 적용에 이르기까지 다양한 형태를 가질 수 있다. 스파테라피스트는 고객을 위해 온열 요법을 관리하는 여러 가지 방법을 이용할 수 있다.

(1) 사우나

사우나는 북유럽 또는 핀란드가 기원이며 내부에 석탄을 사용하여 가열되는 소나무 목재로 만든 단열실로 구성된다. 목재 내부는 외부에 매우 효과적인 단열재와 소나무 목재의 껍질이 늘어서 있다.

내부의 돌이나 무연 석탄은 전기 히터에 의해 매우 높은 온도로 가열되어 건조한 열을 제공한다. 돌에 물을 묻힐 수 있도록 나무통과 나무 국자가 제공된다.이로 인해 습한 공기가 상승하여 목재 벽에 흡수됨에 따라 열을 방출한다. 소나무는 수분을 흡수하고 많은 사람들이 폐에 좋다고 생각하는 기분 좋은 향기를 제공하는 데 사용된다. 목재 내부는 열을 실내로 다시 방출하는 데 도움이 된다.

① 실용성

온도 조절용 자동 온도 조절기는 일반적으로 고객의 무분별한 조절을 방지하기 위해 객실 외부에 있다. 다양한 좌석 레벨이 있는 곳은 다양한 온도를 즐길 수 있다. 레벨이 높을수록 열이 더 강해진다. 어떤 종류의 금속도 사우나 내부로 가져가면 안 된다. 화상을 입을 수 있는 온도까지 가열되기 때문이다.

② 적외선 사우나

전기 히터가 아닌 적외선으로 가열되는 사우나이다. 이것은 소나무로 된 단열 상자로 만들어진 일반 사우나와 거의 동일한 구조적 특성을 가지고 있으며 고객이 다양한 열에 접근할 수 있도록 계단의 좌석이 있다.

적외선 에너지는 따뜻한 공기를 통해 간접적으로 흡수되는 열이 아니라 사우나 곳곳에 위치한 조명에서 몸으로 직접 흡수된다. 적외선은 전자기 스펙트럼의 일부인 빛 에너지의 한 유형이며 관절염과 같은 상태를 가진 고객에게보다 효과적인 근육 진정 효과를 제공하는 경우도 있다. 적외선 사우나는 전통적인 열처리보다 낮은 온도에서 더 많은 신체 불순물을 제거한다. 건강한 적외선은 주변의 공기를 과열시키지 않고 몸을 부드럽고 따뜻하게 하여 고객이 전통적인 사우나보다 건조하고 시원한 분위기에서 사우나 세션과 관련된 건강상의 이점을 누릴 수 있는 이점이 있다.

(2) 증기목욕/증기탕(Steam Bath/Room)

전통적인 형태로 증기탕은 자체적으로 전체 시설을 구성하며 터키와 모로코와 같은 국가에서 여전히 이 형태가 있다. 이 초대형 욕조는 다양한 온도의 여러 방으로 구성될 수 있다. 이 목욕탕의 기본적인 전제는 지역 사회 목욕 시설, 그리고 남성과 여성이 분리된 곳에서 친구들끼리 목욕을 하는 것이다. 보다 현대적인 시설에는 트리트먼트와 마사지도 포함된다. 서양 온천에서 한증탕은 독립된 방의 형태를 취하는 경우가 더 많다.

① 스팀 캐비닛

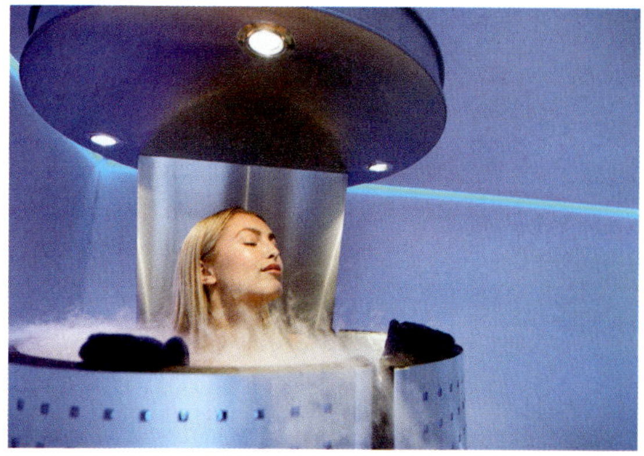

이것은 한 사람을 위해 설계된 것으로, 일반적으로 유리 섬유로 만든 큰 캐비닛 형태를 취한다. 증기욕이라고도 한다. 고객은 내부에 좌석이 있고 상단에 머리를 두는 공간이 있는 몸 주위로 닫힌 캐비닛에 들어간다. 고객의 목이 캐비닛에 닿을 수 있는 부분을 가리기 위해 수건이 놓여 있다.

내부에 지퍼가 달린 플라스틱 덮개가 땀을 흘리기 위해 고객 주위에 배치되고 바닥에는 물이 담긴 용기가 증기를 위로 올린다. 캐비닛은 유리 섬유 또는 금속으로 제조할 수 있다. 금속 캐비닛은 튼튼하고 비용이 효율적이지만 청소하기가 더 어렵고 더 많은 보호 수건이 필요하며 보기에도 덜 매력적이다. 고객은 도움 없이 스팀 캐비닛을 나올 수 있고 문은 일반적으로 바깥쪽으로 열리므로 쉽게 걸을 수 있다. 내부 온도는 45–50℃ 정도이다.

② 냉탕(Plunge Pools)

냉탕은 사우나와 세트를 이루는 인기가 있다. 사우나의 강렬한 열이 급속 냉각에 적합하기 때문이다. 일부 시설에는 매우 차가운 플런지 풀이 있으며, 노르딕 지역에서는 일부 사우나를 얼어붙은 호수와 접목하기도 한다. 그러나 현대적인 시설에서는 일반적으로 추위보다는 시원함이 선호된다. 현대적인 스파 시설은 이를 위해 수영장의 온화한 온도를 사용한다. 극심한 추위와 극심한 더위는 혈액 순환에 약간의 이점이 있지만 스파는 관리사의 지도에 따라 관리되므로 이러한 형태가 가장 많이 적용된다.

③ 샤워

사우나 또는 한증막 치료를 제공하는 시설에는 충분한 샤워 시설이 있어야 하며 고객은 열처리 전에 샤워를 먼저 한다. 이렇게 하면 장비를 깨끗하게 유지하고 피부 건강 측면에서 더 나은 결과를 얻을 수 있다.

(3) 에티켓

스파 에티켓은 국제적으로, 심지어 스파마다 다르기 때문에 고객은 종종 사우나와 한증막의 에티켓에 대해 확신하지 못한다. 영국과 미국의 표준 관행은 전신 수영복을 입고 사우나에 들어가거나 수건으로 덮는 것이다. 그러나 동유럽과 스칸디나비아에서는 사우나의 모든 옷이 부적절하다고 간주된다.

고객의 편안함이 가장 중요하다. 고객은 스파 방문 중에 무엇을 기대해야 하는지에 대한 명확한 안내를 받아야 한다. 스팀 캐비닛의 경우 관리사가 절차를 통해 고객을 안내해 주지만 고객이 직접 조절 할 수 있는 사우나와 스팀 룸도 있다.

4. 광선 치료(Lamp Treatment)

뷰티살롱 내에서 관리프로그램에 따라 여러 가지 다른 형태의 광선 치료를 사용한다. 일부는 긴장을 완화하기 위해 국소 부위에 열을 제공하고 또 다른 일부는 선탠 효과를 생성하는 미용 목적으로 사용된다. 트리트먼트는 단일 램프, 또는 보다 넓은 부위의 신체 적용을 위해 여러 개의 램프 장치가 사용될 수 있다.

사용 가능한 장비는 매우 다양하며 광선 처리의 기본 원리에 대한 충분한 지식이 있으면 어떤 램프 장치를 사용하든 안전하고 효과적인 적용을 할 수 있다. 최근의 다중 램프 등은 동일한 원리와 광선 소스를 기반으로 하면서 적용이 더 편리하다. 장점은 효과적인 면 보다는 더 쉽고 빠른 적용과 향상된 안전성에 있다.

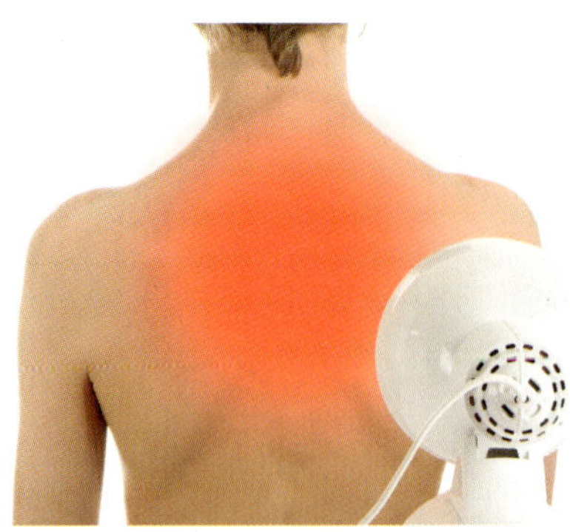

모든 램프 관리는 과잉노출, 피부 그을림 또는 화상의 위험이 항상 존재하므로 안전에 대한 세심한 주의가 필요하다. 적외선/복사열과 같은 일부 램프 치료는 관리사의 조치가 필요한 즉각적인 반응을 생성하는 반면, 자외선과 같은 다른 관리법은 즉각적인 반응을 생성하지 않아 훨씬 더 신중한 타이밍이 필요하다.

생성되는 피부 반응은 홍반이며, 광선 치료에 의해 생성되는 열 반응을 언급할 때 충혈이라고도 한다. 이것은 열에 대한 정상적인 피부 반응이다. 일반적인 관리에서 따뜻함, 국부 온도 상승 등 램프 관리에서 홍반 정도를 측정하여 관리가 피부 손상이나 화상을 초래할 수 있는 과도한 반응을 일으키지 않도록 한다.

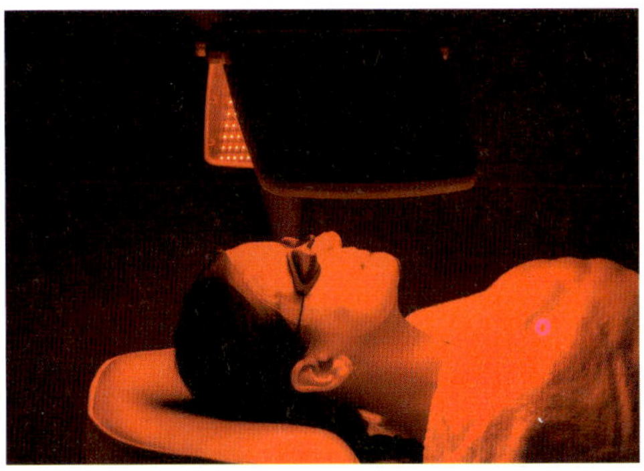

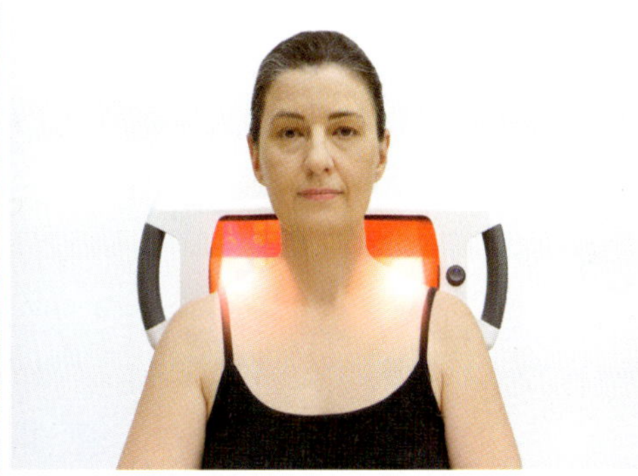

클리닉에서 치료사가 사용하는 광선은 자외선, 가시광선 및 적외선이다.

가시광선은 다양한 색상의 전체 범위 또는 스펙트럼 중 하나로 발생할 수 있고 각 색상은 서로 다른 파장을 가지며 무지개에서 잘 알려진 색상의 빨강, 주황, 노랑, 녹색, 파랑, 남색, 보라 순서는 파장이 감소하는 순서이다.

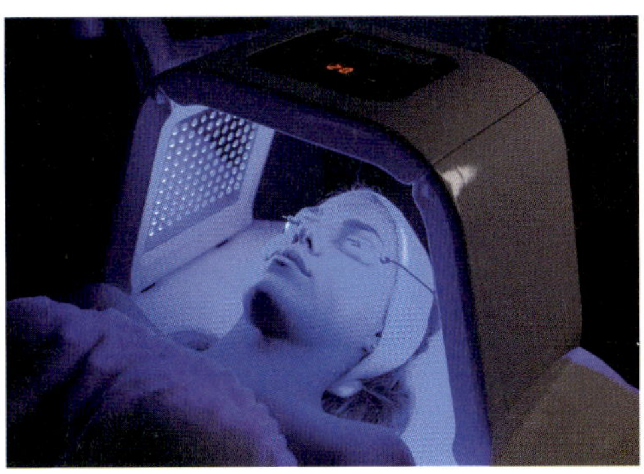

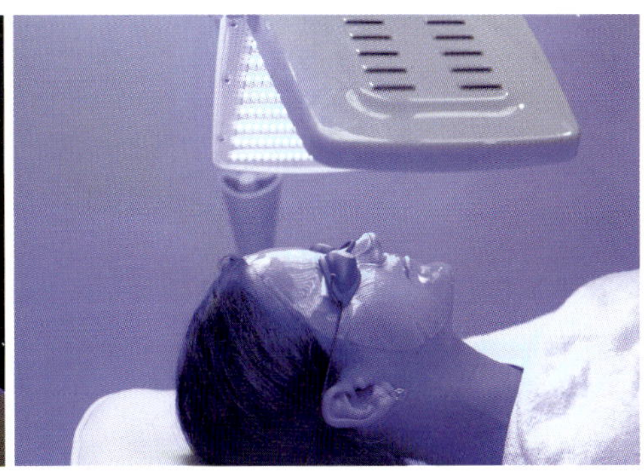

자외선은 파장이 짧고 적외선은 가시광선보다 파장이 더 길다. 다양한 광선의 서로 다른 속성을 설명하는 것은 서로 다른 파장이다. 예를 들어 전파와 같은 긴 파장의 방사선은 날카로운 그림자를 쉽게 드리우지 못하기 때문에 광선이라고 부르지 않고 물결처럼 이동하기 때문에 파동이라고 한다.

종종 자외선이 가시광선과 혼합되어 생성되며 가시광선이 어디로 가는지 확인하면 보이지 않는 자외선이 어디로 가는지 알 수 있다.

뷰티테라피에서 이러한 광선 혼합의 장점은 안전성이 향상된다는 것이다.

주로 가시광선과 적외선이 자외선과 혼합되어 따뜻함을 제공하고, 온기의 느낌으로 관리가 완료되는 시점을 알 수 있다. 또한 이 가열은 즉각적인 홍반 반응을 일으키고 자외선의 영향은 관리 후 6 ~ 12시간이 될 때까지 생성되지 않는다. 생성된 따뜻함은 또한 트리트먼트를 고급스럽게 만들고 열과 태닝 요소가 일반적으로 결합되는 천연 일광욕에 가까운 느낌을 얻는다.

열선 처리용 램프는 두 가지 주요 종류가 있는데, 하나는 일반적으로 복사, 때로는 혼합 또는 이중선 램프로 알려져 있고 다른 하나는 적외선으로 알려져 있다. 두 종류 모두에서 적외선은 주요 열원이며, 복사는 보이지 않기 때문에 일반 실내 난방기에서 보는 것과 같이 종종 검은 열로 묘사된다.

두 가지 유형의 램프의 차이점은 복사 램프는 적외선 외에 적색광을 방출하고 적외선 램프는 이름에서 알 수 있듯이 적외선만 방출한다.(가시광선 없음) 이 적외선은 파장이 더 길다. 복사 램프에서 나오는 가시광선의 존재는 램프가 사용 중임을 분명하게 하므로 램프를 더 안전하게 사용할 수 있다. 특수 효과가 필요하고 단파장 적외선에 의한 자극을 피해야 할 때만 적외선 램프를 사용한다.

(1) 울트라 바이올렛 치료(레이 램프)

자외선은 4000~136Å 파장의 전자기파로, 4000~1849Å 범위의 파장은 치료 목적으로 사용할 수 있다. 자외선이 피부에 흡수되어 이로운 효과를 일으키는 반응이 발생한다. 자외선이 신체에 미치는 영향은 조사의 정도(출력 및 광선에 대한 일반적인 노출)에 따라 국소 반응 또는 더 광범위한 효과를 가질 수 있다.

(2) 국소 효과

① 홍반 반응

가벼운 양은 피부가 약간 붉어지고 다른 증상이 동반되지 않고 곧 사라진다. 반응은 일반적으로 조사 후 12시간 이내에 나타난다.

4가지 단계의 홍반이 있다. 첫 번째 반응까지만 뷰티 테라피스트에게 허용되는 범위이지만, 과다 노출의 결과와 피부에 미치는 영향을 알고 있어야 한다.

- 1도 홍반은 피부가 약간 붉어지고 자극이나 통증이 없으며 24시간 이내에 사라진다.
- 2도 홍반은 약간의 자극과 함께 피부가 더 현저하게 붉어지는 것이다. 2~3일 이내에 사라진다.
- 3도 홍반은 현저한 반응으로 피부가 붉어지고, 아프고, 뜨겁고 부어오른다. 반응은 약 일주일 동안 지속되며 매우 고통스럽다.
- 4도 홍반은 3도 반응과 유사하며 물집 형성이 추가된다.

② 세포박리

자외선 노출은 피부의 정상적인 각질화 과정을 가속화한다. 박리의 양은 홍반 반응의 강도에 따라 다르다.

③ 착색

파장이 2800 ~ 3300Å 사이인 광선은 깊은 표피에 흡수되어 티로신 아미노산이 멜라닌 색소로 전환되는 화학 반응을 시작한다. 발견되는 색소 침착의 정도는 고객의 자연스러운 착색과 도포 방법에 따라 다르다. 살균 목적을 위한 지속적인 치료는 피부의 색을 크게 바꾸지 않는 반면, 미용 태닝 및 토닉 목적을 위한 점진적 적용은 일정 기간 동안 상당한 색 변화에 영향을 미친다. 국소 적용은 감염에 대한 피부의 저항력을 증가시키는 것으로 보인다.

(3) 일반 효과

1) 충분한 자외선 노출

① 감염에 대한 신체의 일반적인 저항력을 증가시킨다.

② 일반적인 강장 효과를 제공한다.

③ 충분한 강도와 지속 시간이면 비타민 D를 생성한다.

④ 색소 침착 및 개선 된 피부 상태를 만든다.

2) 치료를 위한 적용증

① 고르지 않은 질감과 pH 값의 칙칙한 안색 피부

② 지루성 피부, 피부 질감 개선 및 분비 조절

③ 심상성 여드름, 항균 및 필링 효과로 치유를 촉진한다.

④ 섬세하거나 민감한 피부 상태에서 자연광과 같은 효과로 불편함 없이 태닝을 형성하도록 한다.

⑤ 미용 태닝 목적으로 태닝된 안색을 생성하거나 유지하기 위함

3) 치료에 대한 금기사항

① 매우 민감한 피부 또는 햇빛에 반응하는 피부 (광과민성 피부).

② 자외선은 체온을 변화시키는 특정 다른 치료법과 함께 사용해서는 안 된다. 온도가 정상으로 돌아올 때까지 자외선을 쐬어서는 안 된다.

③ 고객이 자외선에 민감한 것으로 분류된 의학적으로 처방된 약물을 복용하는 경우

④ 백반증

⑤ 급성 습진 또는 피부염 또는 알려지지 않은 피부 문제

⑥ 모든 원인에서 부자연스러운 온도 상승

(4) 자외선 적용

1) 노출량 측정

필요한 조사량을 측정하는 가장 좋은 방법은 패치 테스트 또는 짧은 1차 노출에 의해 생성된 홍반 반응을 관찰하는 것이다. 다음 요인이 반응의 강도를 결정한다.

① 램프의 출력

② 노출 기간

③ 램프와 고객 사이의 거리

④ 치료에 대한 고객의 민감성

2) 장비

자외선 램프는 램프의 종류, 크기 및 자외선의 근원에 따라 출력이 다르다. 전구 유형은 일반적인 피부 효과 및 미용 태닝을 위해 얼굴 응용 프로그램에 가장 일반적으로 사용된다. 긴 자외선 파장만 생성한다. 수정 튜브는 또한 작거나 넓은 영역을 덮기 위해 단일 또는 다중 형태로 사용된다. 뜨거운 수정 램프는 짧은 광선과 긴 광선을 혼합하여 태닝, 강장제, 미용 및 살균 목적에 적합하다.

유리 전구 자외선 램프는 내부에 고온 수정 램프(고압 수은 증기)가 있으며 단파장은 전구의 유리를 통과할 수 없으므로 미용 태닝 파장만 제공한다.

선택한 램프는 안정된 베이스와 더 넓은 영역, 즉 뒷면의 일반적인 노출을 허용하기에 충분한 반사경이 있는 견고한 구조여야 한다. 반사경에는 움푹 들어간 곳이 없어야 한다. 그렇지 않으면 뜨거운 점이 발생하여 반응이 심해지고 화상을 입을 수 있다.

3) 적용

고객에 대한 자외선의 영향은 1m 거리에서 매우 짧은 기간의 조사를 실시하고 고객에게 4-8시간 후에 명백한 효과(있는 경우)를 기억하도록 요청하여 민감도를 테스트 할 수 있다. 모든 광선 램프가 준수하는 역 제곱 원리를 사용하여 후속 치료의 거리와 지속 시간을 결정할 수 있다.

방사선의 강도는 램프와의 거리의 제곱에 반비례한다. 따라서 30cm에서 복사 강도는 60cm에서보다 4배, 1m에서 9배이다. 이 법칙은 적외선, 가시광선 및 자외선에 적용되므로 램프가 역 제곱 법칙을 준수할 경우 60cm에서 4분, 1m에서 9분이 필요하다. 30cm에서 1분과 동일한 효과.

전구 램프와 튜브 램프는 최대 출력 또는 강도에 도달하는 데 1~2분이 소요되므로 치료를 위해 전원을 켜야 하며 준비되지 않은 사람에게 떨어지지 않도록 배치해야 한다. 자외선 치료에는 커튼이 있는 영역 또는 개별 칸막이가 필요하다. 고압 램프는 조사 전이나 조사 후에 냉각될 때까지 가능한 한 적게 움직여야 한다. 그렇지 않으면 수명이 단축된다. 또한 뜨거울 때 전구를 움직이거나 두드리면 전구 내에서 자발적인 파열의 위험이 있다.

4) 치료시기

점진적인 태닝 치료의 경우, 홍반 반응이 사라지자마자, 태닝이 될 때까지 격일로 빠르게 적용해야 한다. 진행은 고객의 일반적인 착색과 피부 반응에 따라 계획되어야 한다. 고른 피부를 가진 고객은 총 1분 노출에서 최대 치료 시간인 10~15분 노출까지 8~12회 치료를 받을 수 있다. 총 치료 시간은 다중 램프의 경우 2개의 바디 섹션 (전면 및 후면)으로 나눌 수 있고, 단일 반사경 또는 전구 램프의 경우 4개의 바디 섹션 (상부 및 하체 영역, 전면 및 후면)으로 나눌 수 있다.

치료는 ① 1분, ② 2분, ③ 3분, ④ 4분, ⑤ 6분, ⑥ 8분, ⑦ 10분, ⑧ 12분 형태로 진행될 수 있다. 또는 자극이나 민감성이 분명하면 어느 단계에서든 일시 중지하고 이전 노출 시간을 반복할 수 있다.

피부가 더 어둡거나 이전에 태닝된 고객은 4분 노출로 시작하고 총 20 분으로 빠르게 진행할 수 있으며, 이는 총 시간이며 몸 전체에 나뉘어져 있음을 다시 기억해야 한다. 치료는 ① 4분, ② 6분, ③ 8분, ④ 10분, ⑤ 12분, ⑥ 16분, ⑦ 20분 형태로 진행할 수 있다. 필요한 경우 일시 중지한다. 황갈색은 규칙적이지만 간격을 둔 노출로 유지될 수 있다.

어떤 이유로든 피부가 자극을 받으면 치료를 중단해야 한다. 그렇지 않으면 심한 박리가 발생하고 피부가 벗겨지고 통증을 유발할 것이다.

5) 클라이언트 준비

고객은 소파에 누운 채로 보호용 고글을 착용하고 자세를 편안하게 한다. 전신과 얼굴이 관련된 경우 자외선이 색에 영향을 미치기 때문에 염색을 했다면 머리카락을 가려야 한다. 크림, 오일 등을 피부에 바르지 않는다. 그런 다음 원하는 결과에 따라 램프를 고객에서 60~75cm 위치에 배치할 수 있다. 거리는 고객의 가장 높은 지점, 가슴 또는 엉덩이 등에서 측정된다.

여러 개의 램프를 사용하면 전신 전면을 한 번에 치료할 수 있으므로 전체 치료 시간의 절반을 시간을 정할 수 있다. 그런 다음 고객을 뒤집어 램프의 높이를 확인하고 나머지 절반을 적용한다.

단일 램프를 사용하는 경우 치료는 몸의 상반신에만 적용되고 하반은 덮고, 하반을 할 때는 상반을 덮는다. 중앙 영역에서 이중 노출 반응을 피하기 위해 수건의 정확한 위치를 표시해야 한다.

6) 치료 기록

날짜, 사용된 램프, 노출된 영역, 노출 시간 및 램프와의 거리를 기록해야 한다. 일반적인 영향, 홍반 반응 및 모든 관련 정보를 기록해야 한다.

7) 과잉 노출

피부가 뜨거워지고 붉어지며 극도로 아프고 물집이 생길 수 있다. 과다 노출의 경우 고객은 자신의 의사와 상담하도록 조언해야 한다. 과다 치료의 효과는 노출 직후에 분명하지 않으며 발생하는 데 최대 몇 시간이 걸리므로 그 형성 가능성을 무시해서는 안 되며 불안감을 해소하기 위해 고객과 논의해야 한다.

과다 복용에 대한 예방 조치는 신중한 기술과 앞서 언급한 모든 사항에 있다. 고객이 프로그램과 동시에 과도한 자연 선탠을 하면 강한 반응이 발생할 수 있다. 바람 노출 또한 피부의 홍반 반응을 증가시킬 수 있으므로 치료 전에 구두 및 시각적 조사가 필요하다.

(5) 적외선 및 복사열 치료

적외선은 7000~10,000 Å 사이의 파장을 가진 전자기파이다.

이 광선은 일반적으로 복사열로 알려져 있다. 왜냐하면 태양과 가정의 전기 화재와 같은 대부분의 히터의 열 효과는 거의 전적으로 적외선이 생성되기 때문이다.

적외선이 신체 조직에 흡수되면 흡수된 곳에서 열이 발생한다. 일반적으로 비 발광 또는 발광 발전기라고하는 다양한 유형의 열 발생기를 사용할 수 있다.

발광 발생기를 사용한 치료를 복사(가시 열)라고하며 적외선은 비 발광 형태의 복사를 설명하는 데 사용된다. 발광 발생기는 적색광과 적외선을 생성하는 반면 비 발광 발생기는 가시광선을 생성하지 않으며 단파 복사를 적게 생성한다. 두 램프 모두 적외선을 생성하기 때문에 램프를 설명하는 데 사용되는 용어는 오해의 소지가 있다.

열 방출기는 다음에서 사용할 수 있다.

- 가열 요소가 내화 점토 재료에 내장되어 가시광선이 발생하지 않는 비발광 형태로 적외선은 150,000~7000Å 사이의 파장으로 생성된다.
- 적외선에 추가하여 가시광선이 생성되는 발광 발생기. 코일 필라멘트는 내화 점토 방출기를 둘러싸고 최대 출력에 도달하면 40000~6000Å 사이의 적외선 및 가시광선을 생성한다. 많은 R/H 광선은 10,000Å 영역의 파장을 가지고 있다.
- 방사형 및 적외선을 생성하는 발광 형태의 전구(듀오 레이라고도 함)를 사용할 수 있다. 전구는 따뜻한 빛을 내며 전원을 켠 후 몇 초 내에 준비가 되어 치료를 위한 매우 편리한 열원이 된다. 전구의 내부 표면에 내장형 반사 시스템이 있기 때문에 광선을 클라이언트로 보내는 데 반사기가 필요하지 않다.

적외선은 진피의 더 깊은 부분이나 피하 조직으로 침투하는 반면, 짧은 광선은 표면 표피에서 흡수된다. 따라서 가시열은 양은 더 많이 침투하지만 표면 조직에 더 자극을 주는 반면 적외선은 덜 침투하지만 조직에 더 쉽게 흡수되고 덜 자극적이므로 미용 치료 용도로 자주 선택된다.

두 열원으로부터의 조사는 표재 조직에서 열을 생성하며, 이는 혈액 순환에 의해 더 깊은 조직으로 전도된다.

① 적외선의 국부적 적용 효과

적외선에 의한 국소부위 조사는 온도 상승, 홍반 (혈관 확장으로 인한 색 증가), 감각 신경 종말에 대한 진정 효과 및 땀샘의 활동을 증가시킨다. 진정 효과는 숙련된 고객 준비 및 응대와 열 적용으로 인한 긴장 완화로 향상될 수 있다. 이러한 모든 효과를 올바르게 적용하면 치료 루틴에 결합되어 매우 만족스러운 결과를 얻을 수 있다.

② 치료 적용증

- 큰 근육에 존재하는 모든 근육 긴장
- 과도한 운동 또는 익숙하지 않은 작업으로 인한 뻣뻣함
- 어깨 받히는 근육(승모근 같은)에 섬유가 축적되어 뭉침

적외선에 의한 역 자극 효과는 특히 깊은 통증에 효과적이다. 더 깊은 구조에서 표면 모세 혈관으로의 증가된 혈액 흐름은 염증 생성물을 씻어내고 뻣뻣한 근육을 완화시킨다.

관리사는 자신의 전문적인 판단을 사용하여 치료 전에 질병의 의학적 승인이 필요한지 여부를 결정해야 한다. 실제 통증이 수반되거나 고객에게 통증 또는 요통의 병력이 있는 경우, 의학적 지도를 받아야 한다. 광범위한 근육 상태에 대해 정기적인 온열 요법이 권장될 수 있으며 긴장이나 섬유염 발생을 예방하기 위한 예방 조치로 작용할 수 있다.

③ 금기사항

- 체액 정체, 부기, 정맥류 등과 같은 모든 순환계 문제
- 피부 질환, 피부염, 습진 등
- 당뇨병 환자 : 피부 순환 효율이 떨어지고 열에 대한 민감도가 낮아진다.
- 호흡기 질환, 기관지염으로 고통 받는 고객
- 치료 부위의 골절 수리에 사용된 금속(예 : 다리 골절에 사용된 플레이트 또는 핀)을 보유한 고객
- 염좌는 치료 전에 의학적 승인이 필요하다.

④ 일상적인 치료

적외선을 사용하는 경우 치료 10분 전에 켜야 한다. 복사열의 경우 램프를 최대 방출 또는 출력으로 만드는 데 몇 초 밖에 걸리지 않는다.

고객은 치료 부위가 노출되고 피부에 기름 등이 없는 상태로 베드에 편안하게 있고, 램프는 피부에서 45~60cm 떨어져 따뜻하게 느껴지도록 배치되어 있다. 고객과 병렬 램프의 거리는 피부 반응을 보고 느낄 수 있기 때문에 열처리에서 그다지 중요하지 않으며 고객과 밀접한 접촉을 유지함으로써 느낌이 어떻게 느껴지는지 알 수 있다. 조사는 10~20분 동안 지속될 수 있으며 긴장을 완화하도록 고안된 깊은 흡수 마사지가 이어질 수 있다.

고객의 열에 대한 내성이 좋지 않은 경우 역 제곱 원리를 사용하여 고객과 램프의 거리를 늘려 고객이 동일한 양의 방사선을 더 부드럽고 천천히 받을 수 있게 한다. 고객과의 거리를 두 배로 늘리는 간단한 규칙은 동일한 효과를 내는 데 필요한 시간의 4배가 필요하며 관리사에게 유용한 경험 규칙이다. 따라서 45cm가 1m가 되면 10분이 40분이 되어야 동일한 효과를 얻을 수 있다.

동일한 원리를 사용하여 초기 적용 후 가능한한 오래 적용 효과를 유지할 수 있다. 정상 거리에서 10분이 지나면 램프를 고객으로부터 더 멀리 떨어뜨릴 수 있으며 열은 피부 얼룩이나 그을림의 위험 없이 좋은 작업을 계속한다. 필요하다면 이 루틴 단계에서 오일 마사지를 병행할 수도 있다.

원하는 결과를 얻었을 때 램프를 고객으로부터 조심스럽게 떼어낼 수 있으며, 고객을 따뜻하게 쉴 수 있는 상태로 두어 치료를 최대한 완화할 수 있다.

(6) 램프 시술 시 안전주의 사항

① 사용하기 전에 장치를 주의깊게 확인하여 표면이 깨끗하고 움푹 들어간 곳이 없는지 확인한다. 그렇지 않으면 뜨거운 부분이 발생할 수 있다.

② 전구를 사용하는 경우 밸브가 제자리에 단단히 고정되었는지 확인한다. 대부분의 전구형 램프에는 피팅에 필요한 추가된 나사가 있으며 단단히 조여야 하지만 강제로 조이면 플라스틱 램프 홀더가 파손될 수 있으므로 주의한다.

③ 램프를 취급할 때 사고를 방지하기 위해 손에 기름이 묻지 않도록 한다.

④ 램프의 높이와 각도가 나사 또는 너트로 단단히 고정되었는지 확인하여 미끄러져 고객에게 해를 끼치지 않도록 한다. 욕실도 같은 방식으로 조심스럽게 배치해야 한다.

⑤ 바닥에 세워진 폼의 램프는 불균형을 방지하기 위해 무게가 고르게 분산되어야 한다.

⑥ 램프를 사용중임을 나타내는 경고 표시를 눈에 잘 띄는 곳에 걸거나 배치한다.

⑦ 침대, 트롤리 등에서 떨어진 안전한 위치에서 램프를 가열한다.

⑧ 자외선 치료의 경우 고객과 접촉할 때 관리사는 고글을 착용해야 한다. 자외선 적용은 일반 치료 영역에서 자외선의 확산을 방지하기 위해 특수한 칸막이 또는 커튼이 있는 영역에서 하는 것이 가장 좋다.

⑨ 자외선 램프는 치료 과정에서 꺼져서는 안 되며 끝났을 때 꺼야 한다.

⑩ 사용 후에는 열 램프와 자외선 램프를 끄고 식을 때까지 그대로 두어야 한다. 이렇게 하면 전구 내에서 파손 또는 자연 파열의 위험이 줄어들기 때문에 수명이 연장되고 안전하다.

5. 위생

난방 시설에서 발생하는 땀으로 인해 정기적으로 장비를 청소, 소독 / 살균 및 유지 관리하기 위해 특별한 주의를 기울여야 한다. 각 고객에게 깨끗한 수건과 가운을 제공해야 한다. 가열된 조건은 박테리아의 완벽한 번식지이며 이러한 이유로 시설을 엄격하게 관리해야 한다.

Check List

① 관리 장소와 장비는 매일 소독 / 살균 용액으로 청소해야 한다.
② 각 고객을 위해 베드가 깨끗한 종이 타월로 덮여 있는지 확인한다.
③ 고객이 관리에 들어가기 전에 샤워를 하고 가운을 착용했는지 확인한다.
④ 매 고객에게 사용할 수 있는 새로운 깨끗한 수건과 가운이 있는지 확인한다.

Summing-up

이 장을 마치면 다음을 이해해야 한다.
① 사우나 및 증기탕에 사용되는 다양한 유형의 가열 장비
② 가열 처리 시설 옆에 있는 추가 장비
③ 사우나 및 한증탕 에티켓
④ 온열 요법 장비에 대한 위생 요구 사항.

6. 금기사항

온열 요법은 주의해서 시행해야 하며 특히 화염이나 뜨거운 석탄이 관련된 경우에는 더욱 그러하다. 1장에 설명된 일반 건강 및 안전 지침을 따라야 하지만 추가로 열처리와 관련된 특정 금기사항을 알고 있어야 한다.

온열 상태는 위험할 수 있으며 관리사는 열로 인한 탈진 및 유사한 열 관련 질병의 증상을 알고 있어야 한다. 전문 관리사는 항상 관리 전에 상담을 하고 금기사항을 문서화해야 한다. 금기사항은 의료, GP 또는 전문가의 허가가 필요한 항목과 치료를 제한하거나 금지하는 항목으로 분류할 수 있다.

서면으로 의학적 허가를 받을 수 없는 상황에서 고객은 관리의 효과가 고객에게 완전히 설명되었다는 정보에 입각한 동의에 서명하고 GP 또는 전문가의 허가 없이 진행할 의사가 있음을 확인해야 한다.

(1) 의학적 동의하에 관리되는 상태

- 임신
- 심혈관 질환 (혈전증, 정맥염, 고혈압, 저혈압, 심장 질환)
- 혈우병 (혈액 응고를 방해하는 유전적 상태)
- 의료 부종 (수분 정체)
- 골다공증
- 관절염 (또는 유사한 관절통)
- 신경 / 정신병 상태
- 간질
- 최근 수술
- 당뇨병
- 천식
- 신경계의 모든 기능 장애 (근육 경화증, 파킨슨 병, 운동 뉴런 질환)
- Bells palsy
- 꼬인 신경 (좌골 신경통)

- 신경염증
- 암
- 자세 기형
- 경련 상태
- 신장 감염
- 경추 손상
- 디스크
- 알 수 없는 통증
- 처방약을 복용할 때
- 급성 류머티즘
- GP 또는 다른 보완 의사가 이미 치료하고 있는 모든 상태

(2) 치료를 제한할 수 있는 금기사항

다른 조건은 치료를 완전히 제한하거나 금지한다. 다음 조건은 온열 요법에 노출되어서는 안 된다.

- 발열
- 감염성 또는 전염성 질병
- 마약 또는 알코올의 영향을 받은 경우
- 설사와 구토
- 피부 질환
- 국소적인 부종
- 최근 골절 (최소 3개월)
- 자궁경부염
- 알 수 없는 덩어리 및 융기
- 염증
- 정맥류
- 베인 상처
- 타박상
- 찰과상
- 흉터 조직 (대수술은 2년, 작은 흉터는 6개월)

- 햇빛 화상
- 호르몬 임플란트
- 고객의 기분에 따른 생리 시작 후 며칠
- 혈종
- 헤르니아
- 최근 골절 (최소 3개월)
- 위궤양
- 폭식 후
- 목에 영향을 미치는 상태.

고객이 확실하지 않은 다른 상태가 있는 경우, 항상 의사와 상의하도록 조언하거나 관리를 수행하기 전에 사전 동의 양식에 서명하게 한다.

(3) 건강 및 안전 체크리스트

① 관리가 시작되기 전에 고객에게 설명되는지 확인한다.
② 정확한 온도가 유지되는지 확인한다.
③ 온도 게이지를 확인한다.
④ 고객이 최대 10분 동안 사우나 / 한증실에 머물러 있는지 확인한다.
⑤ 10분 후 미지근한 물로 샤워를 하거나 수영장에 들어가게 한다.
⑥ 이 과정을 여러 번 반복할 수 있다.
⑦ 고객이 충분한 물을 마시도록 한다.
⑧ 고객이 관리 후 휴식을 취하고 떠나기 전에 체온이 정상으로 돌아올 수 있게 한다.

7. 에프터 케어

온열 요법은 다른 이완 관리에 대한 귀중한 전구체 역할을 한다. 그러나 또한 그 자체로 치료법으로 사용될 수 있다. 예를 들어, 고객은 추가 관리 없이 단순히 열처리 장비를 사용하여 스파에서 하루를 보낼 수 있다.

온열 요법 후 치료가 시행되는지 여부에 따라 사후 관리가 약간씩 다르지만 기본은 동일하다.

(1) 샤워

온열 요법에 노출된 피부에는 소금 및 기타 독소가 섞인 노폐물이 몸에서 제거되어야 한다.

(2) 수분공급

온열 요법 전후의 수분 공급이 중요하지만 스파 관리사는 일반적으로 관리를 진행하면서 물이나 허브 차를 제공하기에 좋은 위치에 있다.

(3) 보습

열에 노출된 피부는 땀에 젖어 피부의 수분을 제거하는 산성도를 가질 수 있다. 또한 모공에 대한 열의 딥클렌징 효과와 결합된 천연 오일의 제거는 피부를 건조하게 만들 수 있다. 고객이 바디 마스크, 랩 또는 마사지와 같은 다른 요법의 전구체로서 온열 요법을 즐겼을 수 있으며, 이 경우 생성된 오일은 피부에 수분을 공급하는 역할을 한다. 그러나 고객이 관리 직후 퇴실하는 경우 가능한한 빨리 보습을 해야 한다.

Summing-up

이 장을 마치면 다음을 이해해야 한다.

① 열처리에 대한 올바른 사후 관리

Chapter 7

스파(Spas)

1. 스파의 개념
2. 스파의 종류
3. 스파 내 영역
4. 스파 환경

Chapter. 7

스파(Spas)

1. 스파의 개념

많은 사람들이 스파가 무엇인지 이해하고 있다고 느끼지만 실제 개념은 매우 엄격하게 정의되어 있다. 이번 장에서는 현대 데이스파의 기원과 일반적으로 이해되는 기준에 대해 알아본다.

(1) 스파의 역사

스파 서비스는 수백 년 전에 시작된 이래 먼 길을 걸어 왔다. 최초의 스파는 종종 치유의 물을 제공한다고 생각되는 자연적으로 발생하는 샘이나 호수에 위치했으며, 사람들은 피로한 몸을 회복하거나 건강 상태를 완화하기 위해 수백 마일을 찾아다녔다. 역사적으로 유명한 온천은 프랑스의 루르드(Lourdes)와 같은 곳으로, 물에 질병을 치료할 수 있는 성스러운 특성이 스며들었다고 믿었다. 영국에서 Bath(목욕)는 18세기 귀족들이 '물을 취하는' 인기 있는 장소였다.

20세기에 스파는 새로운 의미를 갖기 시작했다. 사람들이 휴식을 취하고 건강을 위해 고안된 치료를 받을 수 있는, 보다 포괄적인 장소가 되었다. 역사적으로 치유의 장소로서 초기 스파는 명확한 의학적 편향을 가지고 있었고 주변 환경은 진정과 편안함의 목적이기보다는 치료적인 분위기였다. 시간이 흐르고 유명인들에 의해 문화가 자리 잡으면서 귀족들만의 전유물이던 스파는 미용과 건강을 위한 치료에 관심이 있는 부유한 스타들로 대체되었다.

스파의 환경은 현대 시대의 압박에 시달리던 사람들이 긴장을 풀 수 있는 곳으로 진화했고, 이 테마는 더 많은 평범한 사람들과 부유하고 유명한 사람들이 이용할 수 있는 온천 개념이 되게 하였고 현대까지 계속되었다.

(2) 오감

스파는 감각을 위한 안식처이며 진정으로 스파로 간주되려면 촉각, 미각, 시각, 소리 및 후각의 모든 감각 요소에 어필해야 한다.

1) 시각

부드러운 색상, 무드 조명 및 분위기는 모두 스파를 디자인 할 때 중요한 요소이다. 세계 최고 수준의 스파는 물의 흐름을 보완하도록 설계된 부드러운 빛과 상상력이 풍부한 공간을 디자인하는 인테리어에 엄청난 노력을 기울인다. 나무와 돌과 같은 자연적인 요소는 종종 고객을 현대 생활의 압력감에서 벗어나 꿈과 같은 휴식의 세계를 만들기 위해 큰 효과를 낸다.

관리사에게 스파는 전문적인 사용을 위해 설계되었지만, 이 공간 내에서 스파 환경을 계속 유지하는 것은 매우 중요하며 고객에게 고급스러운 경험을 보장한다. 좋은 스파는 완벽한 위생과 끈임 없는 고객으로 흠 잡을 데 없이 유지될 것이다. 이곳은 사람들이 휴식을 취하고 일상의 걱정을 해소할 수 있는 공간이며, 관리사의 책임은 이 환경이 설계된 대로 유지하는 것이다.

2) 소리

많은 스파는 여러 공간에 배경 분위기를 더하기 위해 흐르는 물소리를 사용한다. 개인 관리실에서는 부드러운 기악이나 숲이나 파도와 같은 자연 환경의 사운드 트랙을 사용하는 것이 일반적이다. 음량도 중요하다. 너무 큰 소리를 내면 부드러운 음악이라도 방해가 될 수 있기 때문이다. 같은 이유로 보통 스파의 음량 수준도 최소한으로 유지되어야 한다. 조용히 말하고 소음이 고객을 방해할 수 있는 상황을 체크해야 한다.

3) 향기

모든 스파는 매력적인 향기를 내야 하며, 이것은 휴식을 위한 잠재의식으로 가는 여행의 일부이다. 고객은 기분 좋은 향기가 나는 환경에 들어갔다는 사실을 적극적으로 깨닫지 못할 수도 있지만, 적절히 사용하면 다른 세계로 들어가고 있다는 확신을 갖게 된다. 스파의 공공 장소에서는 오렌지 블러썸이나 버가못과 같은 섬세한 고양 향을 사용하는 경향이 있다. 트리트먼트 룸에서는 보다 편안한 향기가 사용된다.

이러한 목적으로 아로마테라피 양초 또는 오일 버너를 사용할 수 있지만, 화기와 관련하여 건강과 안전에 최대한 주의를 기울여야 한다. 바쁜 스파에 더 실용적인 것은 팬과 필터를 사용하여 향기를 풍기는 전자 디퓨저 또는 조용한 이점이 있는 오일 확산 나무 막대 디퓨저이다.

① Uplifting 향기

오렌지, 레몬, 버가못 또는 이들의 블렌드와 같은 감귤류 향은 고객을 스파 공간으로 환영하는 데 적합하다.

② 편안한 향기

라벤더, 일랑일랑, 토즈와 같은 진정 향기는 관리실에 좋은 선택이다.

4) 터치

이것은 일반적으로 치료사의 부드러운 손을 통해 스파 트리트먼트의 일부를 형성한다. 또한 일반적으로 스파의 물리적 환경이 편안하게 쉴 수 있도록 주의를 기울인다.

5) 맛

허브 차와 과일 차는 종종 치료 전후에 제공되며 치료 후 고객에게 수분을 공급하는 데 이상적인 방법이다. 가능하다면 고객이 관리를 기다리고 있을 때 그리고 나중에 휴식을 취하는 동안 이러한 종류의 음료를 제공할 수 있는 시설이 항상 있어야 한다.

대부분의 스파는 오감의 즐거움을 모두 얻기 위해 노력하지만 모든 기준을 충족하는 것만큼 중요한 것은 균형 잡히고 편안하며 감각적인 환경을 만드는 것이다.

Summing-up

이 장을 마치면 다음을 이해해야 한다.
① 스파의 역사
② 현대식 스파가 제공하는 것
③ 시각, 소리, 미각, 촉각 및 후각의 '오감' 경험을 충족시키는 방법

2. 스파의 종류

스파의 유형은 다양하다. 각 유형의 트리트먼트는 종종 어느 정도 겹치는 부분이 있지만 다양한 유형의 스파가 있다. 매우 큰 리조트 스파에서 작은 살롱에 이르기까지 크기가 다양할 수 있는 여지가 있지만 진정으로 타이틀을 얻으려면 특정 기준에 도달해야한다.

(1) 데스티네이션 스파

① 고객이 며칠, 몇 주 또는 심지어 몇 달에 걸쳐 예약한다.
② 숙박 시설을 제공한다.
③ 이 스파 형태는 더 긴 관리 프로그램을 포함하도록 설계되었다. 고객이 이 속에서 스파 체험을 하고 그 외 개인적인 목적인 체중 감량이나 스트레스 해소, 건강식 섭취 및 휴식공간으로 사용되는 전통적인 '부유하고 유명한' 휴양지이다.

관리 프로그램에는 다양한 방법이 있으며, 일부 식이요법에는 체계적인 '주스 다이어트' 또는 유사하게 제한적인 식이를 제공하거나 단순히 저칼로리 식사와 운동 세션 및 치료가 함께 제공된다.

(2) 리조트 스파

① 일반적으로 고급 호텔 숙박 시설의 일부에서 볼 수 있다.
② 크기와 시설이 다양하다.
③ 휴가를 보내는 사람들을 위해 추가 휴식 요소를 제공하도록 설계되었다.

이 스파는 호텔이나 리조트에 연결될 수 있다. 사용 가능한 공간으로 인해 이러한 스파는 다양한 모양과 크기로 제공되며 일부는 넓은 공간과 야외 공간을 스파에 할당할 수 있는 반면 어떤 곳은 수영장 옆에 몇 개의 트리트먼트룸이 있는 경우도 있다 대형 리조트 스파는 탈의실이 있는 전용 스파 공간과 함께 트리트먼트 패키지를 제공한다.

(3) 데이 스파

① 헬스장이나 헬스 센터, 그리고 뷰티살롱에 부속되어 있는 경우가 많다.
② 다른 시설과 병용할 수 있는 트리트먼트를 제공한다.
③ 짧은 관리에 이상적이다.

이 스파는 점점 인기를 얻고 있으며, 안타깝게도 '스파'라는 용어를 어떻게 사용해야 하는지에 대해 많은 혼란을 야기하고 있다.

'데이스파'는 마사지, 랩, 마스크와 같은 추가 트리트먼트만 포함하는 헬스장이나 뷰티 살롱과 같이 데스티네이션 스파의 완전한 감각적 경험을 제공한다고 주장할 수 없는 많은 시설에 잘못 적용되고 있다. 일반적으로 데이 스파로 분류되려면 전문 스파 제품으로 전신 트리트먼트, 페이셜 및 아로마테라피를 광범위하게 보완해야 한다. 시설 환경은 오감에 호소하는 예상 기준을 충족해야 하며 남녀 모두를 위한 샤워 및 탈의 시설을 갖추어야 한다.

(4) 메디컬 스파

① 일반적으로 고객에게 숙박 시설을 제공한다.
② 일반적인 건강뿐만 아니라 특정 의학적 상태에 대해 치료를 제공하는 경우가 많다.
③ 노년층 고객에게 인기가 있다.

일반적으로 메디컬 스파는 대륙에서 더 인기가 있으며 특히 의료 마사지와 물 치료가 결합된 동유럽에서 더 인기가 있다. 또한 미국, 남아프리카 및 호주에서는 특히 편안하고 사적인 환경에서 미용 수술 후에 회복시간을 위한 절차와 결합된 데스티네이션으로 인기가 있다.

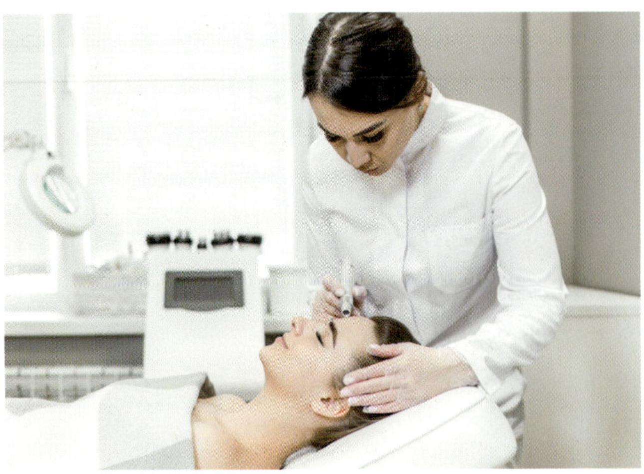

스파의 개념은 이제 국제적이지만 세계적인 트렌드에는 여전히 뚜렷한 차이가 있다. 영국과 미국과 같은 국가는 유사한 스파를 가질 가능성이 있지만 스위스와 같은 지역은 다른 기준을 가진 자체 치료 형태를 개발했다. 일반적으로 메디컬 스파는 동유럽과 스위스에서 많이 보이고 있으나 현대적인 트렌드는 미국, 남아프리카 및 호주에서 고객이 미용 수술 후 회복하면서 스파와 피부 재생 치료를 받는 메디컬 스파가 더 많이 성행하고 있다.

Check List

스파로 지정되기 위한 기준을 충족하려면 다음 기준을 충족해야 한다.

① '오감'(촉각, 미각, 소리, 후각 및 시각)의 자극 경험을 포함해야 한다.
② 깨끗하고 양육하는 환경
③ 세탁된 가운과 수건을 모든 크기에 맞게 정리한다.
④ 남녀 모두를 위한 샤워 및 탈의실
⑤ 그 스파의 제품 또는 다른 브랜드의 전문 제품을 직원이 능숙하게 사용하도록 훈련한다.
⑥ 마사지, 바디 트리트먼트, 페이셜 및 아로마테라피 전문 지식이 있어야 한다.
⑦ 월풀, 온수 욕조와 같은 수의 치료 요법
⑧ 고객이 귀중품을 보관할 수 있는 사물함 또는 시설

Summing-up

이 장을 마치면 다음을 이해해야 한다.

① 고객이 이용할 수 있는 다양한 유형의 스파 개념
② 어떤 트리트먼트에 어떤 종류의 스파가 적합한지에 대한 개요
③ 스파를 정의하는 기본 기준

Chapter 8

Body mask & wrap

1. 바디 마스크의 종류
2. 전문적인 바디 랩
3. 다양한 랩 적용
4. 랩 적용
5. 고객에게 맞는 랩 관리

Chapter. 8

Body mask & wrap

마스크는 보습 및 해독과 같은 많은 유익한 효과를 내기 위해 신체에 적용될 수 있다. 바디랩은 바디 마스크를 활성화 하는 편안한 방법이며 각질 제거 및 마사지와 같은 다른 트리트먼트와 쉽게 결합된다. 랩은 또한 관리에 열을 더하고 땀을 내고 해독하는 유용한 방법이다. 이러한 이유로 랩은 사이즈 감소 목적으로 개발되었으며 진흙 및 해초와 같은 제제와 함께 사용된다.

1. 바디 마스크의 종류

특수 바디 마스크는 해독제 또는 보습제와 같은 치료제를 사용한다. 이것은 랩을 더해 구성할 때 더 효과적이지만 개별 관리로도 사용할 수 있다.

바디 마스크는 고객의 피부에 직접 도포되는 두꺼운 매체로 구성된다. 고객이 요구하는 효과에 따라 마스크 성분이 다를 수 있다. 여기에는 에센셜 오일과 같은 보습 성분, 해초와 같은 해독 성분 또는 기타 여러 특수 첨가물이 포함될 수 있다.

(1) 안티 셀룰라이트 마스크

많은 고객들이 치료보다는 완화할 수 있는 셀룰라이트 해독하는 치료법을 찾고 있다. 셀룰라이트는 지방세포들 사이, 특히 여성의 둔부와 허벅지 지방세포 사이에 갇힌 독소로 구성되어 있는 것으로 생각된다. 신체의 자연적인 해독 경로를 자극하면 제거 과정이 크게 개선되어 피부의 외양과 색조가 개선된다. 이러한 치료는 다음 성분 중 하나 이상으로 구성될 수 있는 특별히 개발된 제품에 의존한다.

- 디톡스 머드
- 보습 / 자극 에센셜 오일
- 특정 셀룰라이트 젤

이들은 최대 효과를 위해 결합되며, 셀룰라이트의 특정 처리를 위한 활성 성분에 따라 가격이 달라질 수 있다. 고급 뷰티 회사에서 제조한 제품은 당연히 프리미엄 가격을 요구하는 경향이 있지만, 또한 과학적 이론을 바탕으로 하고 있다.

셀룰라이트 치료를 위해 현재 선호되는 제품은 다음과 같다.

① **카페인**

② **아미노필린(Aminophylline)** : 세기관지 확장제. 피부에 바르면 모세 혈관을 확장할 수 있다고 생각된다.

③ **레몬 오일** : 항균 기능이 추가 된 셀룰라이트의 역사적인 치료제

④ **레티놀** : 비타민 A의 활성 형태. 비타민 A는 경구 복용 시 피부 회복에 중요한 역할을 한다. 국소적용 시 유사한 이점을 제공하는 것으로 생각된다.

⑤ **L-카르니틴** : 이 자극 효소는 신체의 대사율을 높이고 세포가 지방을 저장하는 능력을 감소시킨다고 한다.

⑥ **허브 추출물** : 많은 허브 추출물이 해독에 도움을 준다. 가장 즐겨 찾는 것은 주니퍼와 로즈마리 등이 있다.

⑦ **비타민 E와 C** : 이 두 성분은 피부를 강화하고 회복을 돕고 콜라겐 합성을 촉진한다.

⑧ Algae : 이 장 뒷부분의 해초 마스크 참조.

(2) 허벌 마스크

허벌 마스크는 안티 셀룰라이트 마스크와 같은 활성 성분의 한 부분으로 약초를 사용하는 것과 구별된다. 대신 그들은 허브를 사용하고 붕대와 리넨을 사용하기 위해 특수 장비를 요구한다.

마스크 트리트먼트에서 사용되는 허브는 종종 땀을 유발하도록 설계되어 있다. 여기에는 다음과 같은 성분이 포함된다.

- 로즈마리
- 페퍼민트
- 라벤더
- 사이프러스
- 주니퍼

① 습열 장치

허브 마스크의 효과를 높이려면 습열 장치를 사용해야 한다. 이것은 온수를 담을 수 있는 작은 스테인리스 탱크이다. 허브는 티백의 차와 거의 같은 방식으로 물에 주입되는데 대규모로 주입된다. 그런 다음 치료할 준비가 된 적당한 온도에서 밴디지 또는 린넨 관리를 한다.

② 보습 마스크

보습 제품이 신체에 더 잘 흡수되기 위해서는 전문적인 각질 제거가 먼저 이루어져야 한다. 선호되는 방법에는 건식 바디 브러싱 또는 습식 수세미 등이 있다. 이를 통해 피부는 보습 효과를 충분히 누리고 각질을 제거하고 순환을 촉진한다. 일반적으로 다음과 같은 신체의 건조한 부위를 보습하는 데 특별한 주의를 기울여야한다.

- 팔꿈치
- 무릎
- 발뒤꿈치

보습 랩 성분은 다양하며 선호하는 제품의 형태를 취하는 경우가 많다. 장미와 같은 향은 수분과 이완의 두 가지 목적으로 첨가될 수 있고, 진정 보습 세럼에 이어 건성 피부 오일과 풍부한 바디 버터로 마무리하는 것이 일반적인 조합이다.

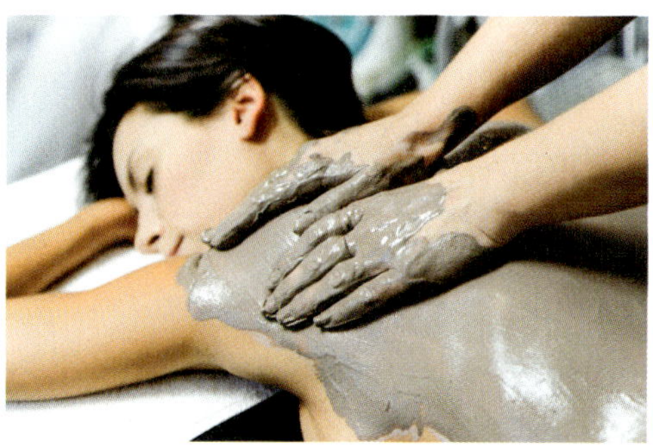

(3) Mud / Clay 마스크

머드 또는 클레이 마스크는 일반적으로 피부에서 불순물을 끌어내고 사이즈 및 체중 감소를 위해 사용된다.

물에 갠 머드와 점토는 장갑을 낀 손을 사용하여 피부에 칠하거나 넓은 브러시로 부드럽게 바른다. 점토나 진흙이 마르면서 피부에서 불순물과 체액을 빼내어 그 결과 피부가 더 단단하고 깨끗해진다.

① 클레이 마스크의 미네랄 성분

다양한 종류의 점토와 진흙을 사용할 수 있으며, 특히 스파에서는 미네랄 함량이 높은 머드를 사용할 수 있다. 이러한 이유로 특별한 진흙 또는 점토 처리는 중요하다. 진흙 및 점토 팩에는 다음과 같은 성분이 있다. 모두가 일반적으로 분말 형태로 제공된다.

- 유기 화산재
- 늪지의 토탄
- 미네랄 바다 진흙
- 미네랄이 풍부한 지역의 점토

Check Point

스파 절차의 일환으로 고객은 마스크 & 랩 트리트먼트를 보완하기 위해 발 마사지 또는 헤드 마사지와 같은 추가 트리트먼트를 받을 수 있다.

(4) 디톡스 마스크

디톡스 바디 마스크는 때때로 해초 또는 허브 랩의 범주에 속할 수 있지만 고유한 해독 성분을 사용할 수도 있다. 마찬가지로 사이즈 감소를 유도하도록 설계되거나 설계되지 않을 수 있다.

디톡스 마스크는 땀을 흘리도록 설계되었으므로 항상 랩과 함께 사용된다. 사용된 랩 스타일(밴디지)에 따라 체액 손실을 유발할 수 있다. 그러나 어떤 방법을 사용하든 땀이 발생하고 어느 정도의 체액 손실이 발생한다. 디톡스 마스크에 사용되는 성분은 자극과 관련된 성분이며 혈액 순환을 촉진한다. 인기 있는 오일과 식물은 다음과 같다.

① 감귤류 – 레몬, 오렌지, 그레이프 프룻

② 로즈마리

③ 주니퍼 베리

④ 사이프러스

(5) 해초 마스크

해초 마스크는 여러 가지 이유로 인기를 얻었지만 일반적으로 우수한 해독제로 인정받고 있다. 해초는 체중 감소를 유도하는 사이즈 감소 스타일 랩과도 관련이 있다. 또한 해독 능력의 일부로 혈액 순환을 자극한다. 해초 마스크에 대해 가장 자주 인용되는 장점은 다음과 같다.

① 셀룰라이트

해초 마스크는 피부의 셀룰라이트를 제거하는 데 사용되는 핵심 성분이다. 마스크의 미네랄 함량과 해독 능력이 결합되어 이러한 목적에 가장 효과적이라고 생각된다.

② 피부 영양

해초는 다양한 미네랄과 비타민을 표피에 직접 공급함으로써 피부에 영양을 공급한다. 해초 마스크는 해독 및 피부 영양 특성을 위해 특별히 선택된 해조류와 해초로 구성된다.

③ 미네랄 함량

해초는 천연 미네랄 성분이 타의 추종을 불허하며 구성 성분은 다음과 같다.

- 비타민 A
- 비타민 B (B_1, B_2, B_6, B_{12})
- 비타민 C
- 비타민 E
- 비타민 K
- 구리
- 철
- 칼륨.
- 아연
- 요오드.

이러한 미네랄의 대부분은 신체의 지방 축적물을 분해하는 데 도움이 되며, 이는 차례로 셀룰라이트를 유발하는 독소의 제거 및 신진 대사를 자극하는 데 도움이 된다. 또한 특히 비타민은 피부 연화제 (피부 유연제)로 작용하는 것으로 생각된다. 해초 마스크에는 활성제와 혼합된 다른 보습 및 치료 성분도 포함되어 있다. 또한 노화 방지 특성을 가진 특히 고급스러운 마스크에 콜라겐을 추가할 수 있지만 이 조합은 비용이 많이 들고 일반적으로 안면 마스크에만 사용된다.

④ 해초 향

해초는 바다의 강한 냄새를 맡을 수 있으며, 이를 통해 제품의 출처와 품질을 알 수 있지만 향은 고객에게 인기가 없다. 이러한 이유로 많은 제조업체는 향수를 사용하여 해초 냄새를 가린다. 이들은 천연 식물성 오일 또는 제조된 향기일 수 있다. 가능하면 천연 성분만을 포함하는 마스크를 선택하는 것이 좋다.

Check Point

해산물이나 갑각류 알레르기는 해초 랩에 중요한 금기 사항이 될 수 있다.

(6) 퍼밍 / 컨투어링 마스크

퍼밍 및 컨투어링 트리트먼트는 랩 트리트먼트의 효과를 활용하는 또 다른 각광받는 방법이며, 해독 마스크는 항상 랩과 함께 사용된다. 컨투어링 마스크는 일반적으로 체중 감량 목적으로 특별히 설계되었으며 특수 붕대 스타일의 랩을 사용한다.

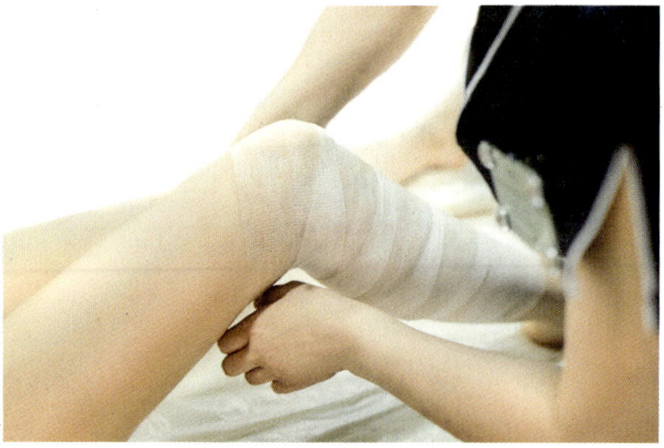

이 방법이 이집트 미라 스타일의 팔다리 감싸기이기 때문에 독소와 간질 액을 보다 효율적으로 끌어내어 사이즈 감소를 이끌 수 있다. 사이즈 감소를 위해 특별히 설계된 컨투어링 랩을 사용하면 진정으로 사이즈 감소를 만들기 때문에 대부분의 고객은 이러한 관리에 만족한다.

컨투어링 랩은 주로 세포에서 과도한 간질액을 배출하여 사이즈 감소를 이끌어 낸다. 이것은 일반적으로 림프계에 의해 자연적으로 배출되는 과도한 체액이다. 신체에 독소가 과도하게 쌓이면 림프 시스템이 느려질 수 있으므로 컨투어링 랩으로 초과분을 제거할 수 있다.

이 방법을 사용하면 사이즈 감소를 발생하지만 체중 감소와는 다르다. 전자저울로 측정한 체지방은 동일하게 유지되거나 수분 손실과 관련하여 비례적으로 더 높아 보일 수 있다. 이러한 이유로 고객은 몸에 수분을 보충하고 독소 제거 속도를 높이기 위해 물을 충분히 마시도록 권장해야 한다.

① 사이즈 감소 비교를 위한 측정

대부분의 경우는 표준 줄자를 사용한다. 이것이 가장 쉬운 도구이고 고객이 쉽게 이해할 수 있기 때문이다.

- 위팔
- 허리(배꼽선)
- 가슴둘레
- 엉덩이
- 허벅지
- 종아리

오류를 방지하기 위해 항상 신체의 똑같은 부분에서 측정을 하는지 확인한다. 고객의 피부에 마커를 표시하여 같은 장소에서 재측정을 하는지 확인하는 것이 일반적이다. 일부 스파에서는 특정 사이즈 감소가 달성되지 않은 경우 환불과 같은 보증을 제공한다. 그러므로 정확한 측정이 중요하다.

(7) 파라핀 왁스 마스크

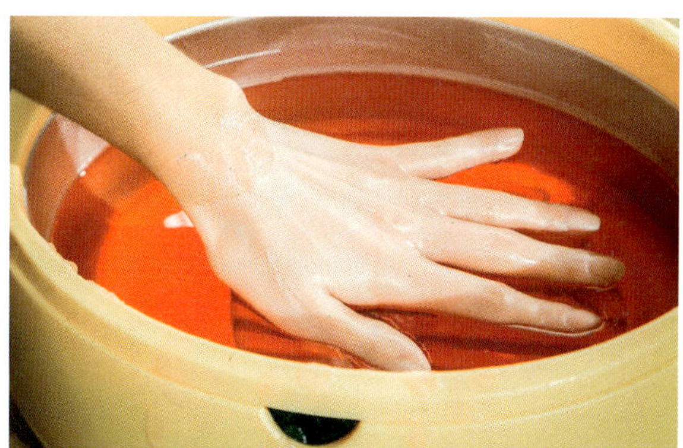

파라핀 왁스는 일반적으로 특히 영양과 보호를 위한 매니큐어 또는 페디큐어를 위해 손과 발에 적용된다. 또한 스포츠 마사지 치료에 사용되어 아프고 피곤한 근육을 이완하고 진정시킨다.

이러한 이유로 파라핀 왁스 트리트먼트는 왁스의 보습 특성과 근육 이완 특성을 결합하기 때문에 특별한 고급스러운 전신 마스크이다. 일반적으로 핸드크림이나 풋 크림을 먼저 바르면 파라핀 왁스의 열이 흡수를 증가시켜 전반적인 효과를 높인다.

파라핀 왁스 마스크의 장점

① 보습

파라핀 왁스는 갈라진 발꿈치나 마른 팔꿈치와 같이 건조한 갈라진 피부에 특히 효과적이므로 이러한 부위에 왁스를 충분히 도포해야 한다. 또한 보습과 이완에 도움이 되는 다른 영양 성분과 함께 사용할 수도 있다.

② 근육 이완

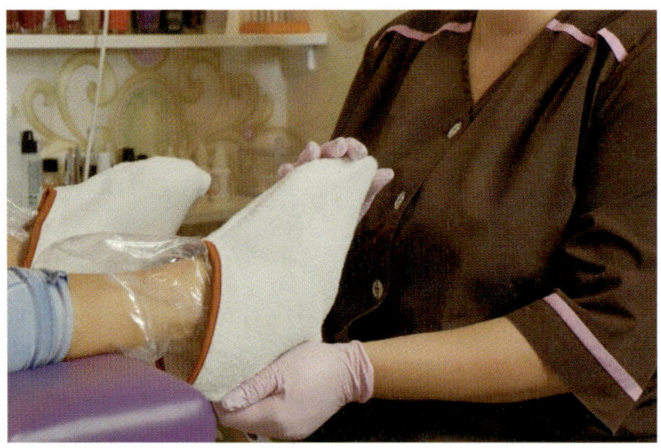

파라핀 왁스는 부상당한 근육의 치유를 돕고 관절의 부종과 염증을 줄이는 능력이 있는 것으로 유명하다. 이것은 관절염이나 스포츠 부상과 같은 상태가 있는 고객에게 특히 유용하다. 제모에 사용되는 왁스와 달리 파라핀 왁스는 더 낮은 온도에서 경화되는 훨씬 부드러운 왁스이다. 이것은 상온에서 상당히 부드럽고 피부에 바르거나 손과 발을 담그는 데 사용할 수 있다. 치료를 강화하기 위해 여러 층으로 적용한다.

Summing-up

이 항목을 마치면 다음을 이해해야 한다.

① 살롱 및 스파 트리트먼트에 사용되는 주요 랩 스타일

② 살롱 및 스파 트리트먼트에 가장 적합한 마스크 및 트리트먼트

2. 전문적인 바디 랩

바디 랩은 바디 마스크를 자연스럽게 보완하며 기본 마스크 관리와 사용된 랩 스타일에 따라 달라질 수 있다. 다른 살롱과 스파들도 그들만의 방법과 선호하는 재료들을 가지고 있다.

그러나 랩을 구성하는 항목에 대한 몇 가지 일반적인 규칙을 만드는 것이 가능하며 전문 서비스를 제공할 때 이러한 규칙들은 항상 준수되어야 한다.

바디 랩은 두 가지 주요 요소로 구성된다.

① 보습, 해독, 이완 또는 이러한 목표의 조합을 위해 피부에 적용되는 마스크.

② 열을 가하거나 습기를 가두어 마스크의 효율성을 높이는 랩.

(1) 성분 / 기능 이해

바디 랩의 성분과 기능을 설명하는 것은 전문적인 관리의 중요한 부분이다. 직장에서 모든 관리 제품 및 사용 방법에 대해 완벽한 이해를 해야 한다.

스파 산업이 혁신적이기 때문에 관리 제품 제형은 끊임없이 변화하고 있다. 스파에서 사용하는 특정 제품에 완전히 익숙해야 한다.

(2) 랩핑의 이점

① 순환 증가

이것은 피부에 영양을 공급하고 외형을 개선하는 데 도움이 된다.

② 땀 / 해독 증가

피부에서 독소를 끌어내어 림프의 흐름을 가속화하는 데 도움이 된다.

③ 긴장된 근육을 이완

따뜻한 랩으로 덮는 누에고치 같은 느낌은 고객이 완전히 휴식을 취하도록 도와준다.

④ 일시적인 체중 감소

특정 밴디지 랩의 경우 일시적인 체중 감소를 달성할 수 있다.

⑤ 흡수 증가

기본 마스크의 치료 및 완화 성분이 피부에 더 쉽게 흡수된다.

Summing-up

이 항목을 마치면 다음을 이해해야 한다.

① 바디 랩 트리트먼트의 두 가지 핵심 요소

② 제공하는 바디 랩의 성분을 이해해야 할 필요성

③ 마스크의 이점과는 다른 바디 랩핑의 이점

3. 다양한 랩 적용

다양한 스타일의 랩이 다양한 마스크와 팀을 이루어 고객에게 다양한 혜택을 제공한다. 이것은 전통적인 밴디지 스타일의 바디 랩에서 플라스틱이나 수건을 사용하는 것까지 다양하다. 관리사는 특정 랩 스타일이 일반적인 마스크보다 특정 마스크에 적합하다는 것을 알아야 한다. 밴디지 랩은 주로 사이즈 감소에 사용된다. 이 랩 스타일은 몸을 완전히 미라처럼 감싼다.

밴디지 자체는 신축성 있는 나일론과 면으로 만들어져서 부드럽게 감싸질 수 있다.

이것은 매우 단단한 적용을 가능하게 하고 특히 효과적인 성분 흡수로 이어진다. 관리 방법에 따라 밴디지 랩은 마스크 상단을 덮거나 치료 성분에 담글 수 있다. 그러나 아래에 마스크를 적용하는 경우에는 밴디지를 추가처리나 따뜻한 물에 담가두어야 한다. 밴디지 랩은 땀을 흘리게하지만 주요 물리적 특성은 피부에 직접적인 압력을 가하여 모세 혈관의 순환과 확장을 증가시키는 것이다.

Check Point

밴디지 랩은 단단히 부착해야하지만 너무 꽉 조이거나 피부 순환을 늦추지 않아야 한다. 이것은 치료의 반대 효과를 가질 뿐만 아니라 더 중요한 것은 고객의 불편함을 유발할 것이다.

랩 스타일은 다음에 적합하다

① 디톡스

② 해초마스크

Check Point

살롱이나 스파는 그 방법만으로는 랩을 광고하지 않을 것이다. 그래서 '밴드 스타일' 랩이라는 용어는 고객들에게 알려지지 않고 마스크와 랩의 전체 처리를 나타내는 '머드 랩' 또는 '해초 랩' 이라는 용어를 사용한다.

(1) 플라스틱 및 타월 랩

이 유형의 랩은 살롱과 스파에서 가장 일반적으로 사용된다. 깊은 수분 공급에서 해독에 이르기까지 매우 다양한 관리법을 적용할 수 있다.

이 랩 스타일은 밴디지 스타일 랩핑 만큼 해독되지는 않지만 건강한 발한을 유발한다. 실제로 플라스틱 랩의 느슨한 접촉은 무거운 담요와 결합하면 밴디지 보다 더 효과적인 발한을 일으킬 수 있다. 플라스틱 및 타월 랩은 베드의 고객 아래에 놓인 크고 얇은 플라스틱 시트로 구성된다.

이 플라스틱은 마스크와 각질 제거 처리를 한 후 사지와 몸 주위에 배치할 수 있다. 플라스틱 시트로 고객을 덮은 후 수건을 팔다리와 몸 주위에 덮는다. 그런 다음 몸을 더 데워 최대 효과를 내기 위해 무거운 담요를 추가하는 것이 일반적이다.

이 랩 스타일은 다음에 적합하다:

① 에센셜오일

② 보습

③ 미네랄

대형 담요와 수건은 적용 전에 고객 아래에 놓는다. 그런 다음 수건과 담요는 고객의 따뜻함과 이완을 극대화하기 위해 여러 층으로 몸 주위를 조심스럽게 접는다. 최종 결과는 머리와 이마를 감싸는 여분의 수건과 함께 모든 담요를 제자리에 깔끔하게 집어넣는 것이다. 얼굴은 가리지 않는다.

이 랩 스타일은 다음에 적합하다:

① 허벌 랩

② 의료용 랩(뜨겁고 차가운)

③ 보습/이완

Summing-up

이 주제가 끝날 무렵에는 다음을 이해해야 한다.

① 미용실 및 스파 트리트먼트에 사용되는 랩의 주요 스타일

② 랩 스타일에 따른 적합한 마스크와 트리트먼트

4. 랩 적용

바디 랩은 기본적으로 단순하며 고객에게 사용할 수 있는 다양한 랩이 있고 많은 스파에서 볼 수 있다.

트리트먼트는 간단할 수 있지만 관리사의 기술을 통해 고객의 기억에 남는 효과적인 관리가 될 수 있다. 랩의 다양한 단계를 고객을 안내하는 전문성을 갖춘 원활한 방식은 고객의 스파 체험에 차이를 만든다.

(1) 표준 플라스틱 랩 적용 마스크

Check List

랩 적용 장비 및 도구

① 타월 및 린넨의 스파 트리트먼트 셋업
② 플라스틱 시트
③ 샤워 시설이 없는 경우 제품을 제거하기 위한 여분의 수건 또는 스폰지
④ 바디 마스크 (해초, 머드 등)
⑤ 클렌저 및 토너 (사용 시)
⑥ 마스크에 맞는 보습제
⑦ 물
⑧ 온열 담요
⑨ 제품을 적용할 큰 브러시 또는 장갑

랩에는 여러 단계가 있으며, 많은 단계에서 편안한 분위기를 만드는 기술이 필요하다. 이 마스크는 표준 플라스틱 및 담요를 사용한다. 밴디지를 사용하는 마스크는 준비 단계와 사후 관리가 동일하지만 적용 방법이 약간 다르다.

(2) 사전준비

① 관리 룸

고객이 관리 룸에 들어가기 전에 필요한 수건과 보호 요소를 올바르게 갖추어야 한다. 전체 마스크를 적용할 것이므로 소파 전체를 플라스틱 보호 시트로 덮고 바닥의 일부를 덮어야 한다.

② 베드 준비

고객이 관리 룸에 들어가기 전에 베드를 미리 사용할 랩으로 덮어 두어야 한다. 그 위에 시트를 놓는다. 고객에게 마스크를 적용할 때 랩 상단과 상단 시트 아래에 누워 중간에 일어나지 않고 랩핑할 수 있다.

③ 샤워 공간 준비

내부에 샤워 시설이 있는 트리트먼트 룸이 있는 경우 적절한 가운과 수건으로 청결을 유지한다. 고객이 인접한 방에 들어가야 하는 경우, 경로가 다른 관리를 방해하지 않는지 또는 다른 고객을 만나지 않는지 확인해야 한다.

④ 필요한 장비 추가

사용할 마스크와 마스크를 제거하거나 관리 중에 마사지를 적용하는 데 사용할 기타 제품을 준비한다. 고객이 랩 중에 착용할 수 있도록 일회용 속옷과 플라스틱 샤워 캡이 방에 있는지 확인한다.

⑤ 분위기 조성

많은 관리사들은 컬러, 에센셜 오일 또는 캔들과 부드러운 음악을 사용하여 작업 환경을 준비하는 것을 좋아한다. 이것을 결정하는 방법은 선호도 또는 스파 철학에 달려 있다. 그러나 서비스에 진정한 전문성을 더하는 것은 작은 여분의 터치라는 점을 항상 기억해야 한다.

⑥ 금기 사항에 특히 주의하여 치료의 적합성과 이유를 확인하기 위해 고객과 상담해야 한다.

⑦ 손을 항상 청결하게 한다

(3) 협의 및 금기 사항

확실하지 않은 경우 의료 사항은 GP에게 인도해야 한다. 다음은 고객이 랩 관리에 적합하지 않게 만드는 금기 사항 목록이다.

서면 의학적 동의를 얻을 수 없는 상황에서 고객은 관리와 그 효과가 완전히 설명되었다는 동의서에 서명하고 GP 또는 전문가의 허가없이 진행할 의사가 있음을 확인해야 한다.

- 임신
- 심혈관 질환 (혈전증, 정맥염, 고혈압, 저혈압, 심장 질환)
- 혈우병
- 의료 부종
- 골다공증
- 관절염
- 신경 / 정신질환
- 간질
- 최근 수술
- 당뇨병
- 천식
- 신경계의 모든 기능장애(근육경화증, 파킨슨병, 운동 신경 질환)
- 갇힌 / 꼬인 신경 (좌골 신경통)
- 신경염
- 암
- 자세 기형
- 경련 상태
- 신장 감염
- 목뼈 손상
- 디스크
- 진단되지 않은 통증
- 처방약을 복용할 때
- 급성 류머티즘
- GP 또는 다른 보완 의사가 이미 치료중인 모든 상태
- 발열
- 감염성 또는 전염성 질병
- 마약 또는 알코올 중독
- 설사와 구토
- 피부병
- 진단되지 않은 덩어리 및 융기

- 국소 부종
- 염증
- 정맥류
- 임산부 (복부)
- 베인 상처
- 타박상
- 찰과상
- 흉터(대수술은 2년, 작은 흉터는 6개월)
- 햇빛 화상
- 호르몬 임플란트
- 복부(고객의 상태에 따른 처음 며칠 동안의 월경)
- 혈종
- 헤르니아(탈장)
- 최근 골절 (최소 3 개월)
- 자궁 경부염
- 위궤양
- 과식 후
- 목에 영향을 미치는 상태

(4) 클라이언트에 대한 관리 설명

① 프로세스의 모든 단계에서 일어날 일에 대해 고객에게 이야기 한다. 그들이 절차에 만족하는지 다시 확인하고 질문이 있는지 확인한다.

② 고객의 정숙함에 신경 쓸 것을 특별히 언급한다. 그들은 아마 스파에서 제공하는 일회용 속옷을 입을 것이다. 치료 및 절차에 대한 철저한 설명은 신체 노출과 관련하여 고객의 불필요한 당혹감을 예방할 것이다. 치료하는 동안 그들을 안심시키고 전체 과정 내내 그들에게 계속 알려주는 것이 중요하다.

③ 고객에게 마스크를 가슴과 배 부분에 적용할 것인지 물어본다. 체중 감량을 위해 랩을 적용하는 경우 가슴은 종종 좋은 사이즈 감소를 가져오므로 필요한 경우 고객에게 안내할 수 있다.

(5) 관리를 통한 고객 안내

1) 1단계 : 바디 준비

① 고객이 먼저 룸에 들어가도록 하고 거기서 옷을 벗어도 된다고 설명한다. 고객이 사용할 일회용 속옷과 그들이 당신을 기다리는 동안 입을 가운을 제공한다.

② 관리 중 모발을 보호하기 위한 플라스틱 샤워 캡을 제공한다.

③ 베드에 누울 때 겉의 이불을 걷고 그 아래에 눕도록 안내한다.

④ 돌아오기 5분 전에 방을 떠나도록 한다.

⑤ 덮은 이불의 바르지 않은 부분을 다시 반듯하게 조정한다. 샤워 캡이 편안하게 장착되어 있고 고객의 머리카락을 적절하게 덮고 있는지 확인한다.

⑥ 적당한 클렌저(물티슈 등)를 사용하여 발을 깨끗이 한다.

⑦ 안면 피부를 클렌징하고 토너로 마무리한다.(선택사항)

⑧ 전 처리로 각질 제거를 수행한다. 이것은 스크럽이 아닌 바디 브러쉬 또는 수세미 각질 제거일 가능성이 높지만 적용되는 랩에 따라 다르다.

2) 2단계 : 마스크 적용 및 랩

① 고객이 팔짱을 끼고 상단 가리기용 시트를 잡고 베드에 앉아 등을 드러내도록 한다.

② 따뜻하게 데운 마스크를 장갑을 낀 손이나 큰 브러쉬로 등 전체에 넉넉하게 바른다.

③ 고객이 베드에 등을 대고 눕도록 안내하고 마스크를 어깨와 가슴 위쪽 부분에 바른다.

④ 마스크를 어깨에서 손으로 한 번에 하나씩 팔에 바른다.

⑤ 고객이 마스크를 가슴과 복부에 바르는 것을 허용한 경우, 상단 시트를 부드럽게 내리고 마스크를 가슴 주위와 복부 위에 원을 그리며 바른다.

⑥ 몸의 윗부분을 덮는다.

⑦ 당신이 서있는 곳에서 가까운 다리를 들어 올려 마스크를 아래쪽과 엉덩이까지 바른다. 다리를 내리고 다리 앞쪽을 바른다. 플라스틱 시트로 다리를 감는다.

⑧ 배드 주위를 이동하고 다른 쪽 다리에서도 과정을 반복한다.

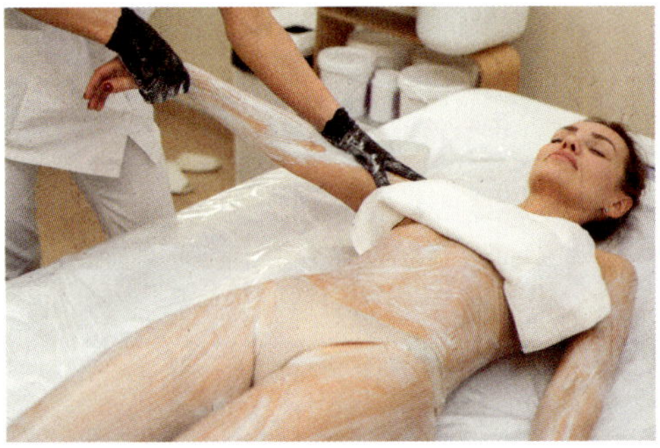

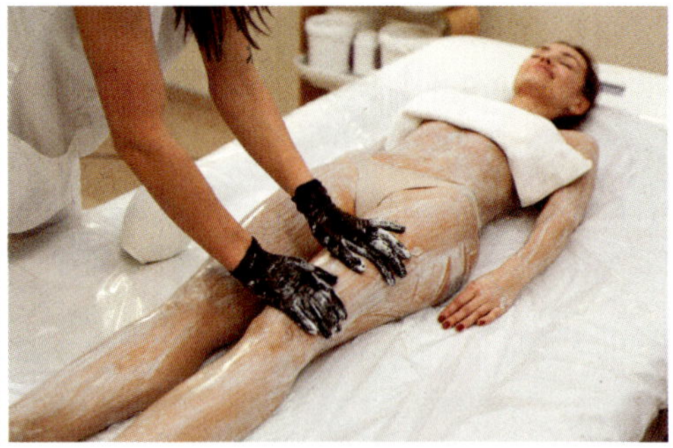

3) 3단계 : 랩핑 및 제거

① 고객은 이제 플라스틱 랩의 첫 번째 막에 싸여 있으며 최적의 관리를 위해 따뜻함과 휴식을 취할 수 있도록 담요나 수건으로 완전히 싸야 한다.

② 수건을 사용하는 경우 고객 아래에서 수건을 끌어올려 위에 덮는다. 누에고치 효과를 내기 위해 몸에 아주 단단히 잡아당긴다. 필요한 경우 상단에 수건을 추가한다.

③ 담요를 사용하는 경우 고객을 무거운 담요로 완전히 덮는다. 온열 담요도 사용할 수 있다.

④ 고객이 편안한지 구두로 확인한다.

⑤ 고객이 온열 베드에 있는 경우 이 단계에서 전원을 켜서 온기가 올라갈 수 있게 한다.

⑥ 둘 중 하나 관리하는 동안(보통 25분) 고객과 함께 휴식을 취하면서 조용히 유지한다.

⑦ 또는 관리의 일부로 지정된 경우 마스크가 효과를 발휘하는 동안 얼굴 및 두피 마사지와 같은 추가 관리를 제공한다.

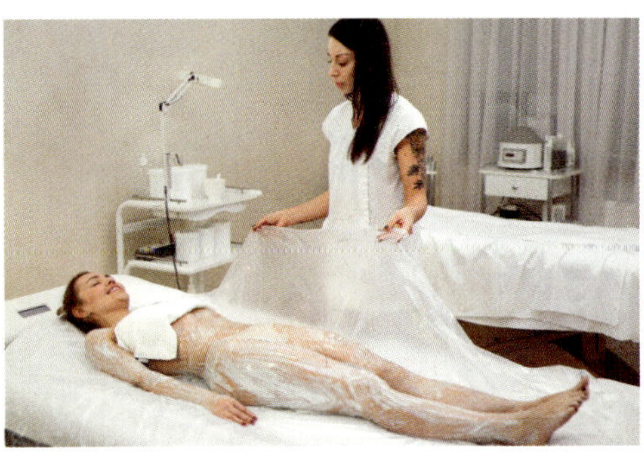

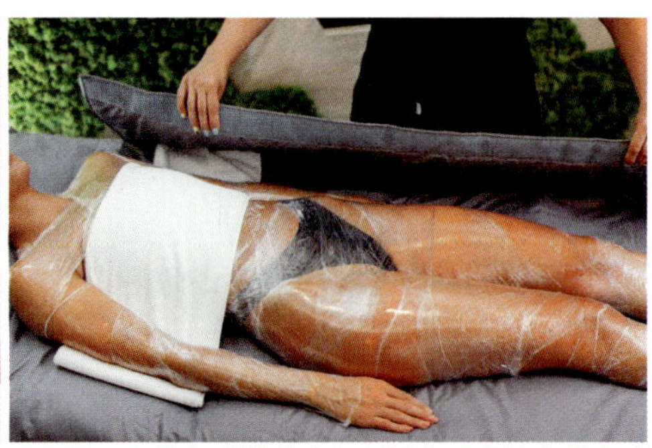

4) 4단계 a : 제거 - 샤워 시설 포함

① 샤워 시설이 있는 경우 다리부터 시작하여 수건을 접거나 담요를 제거하되 중앙 수건은 정숙하게 유지한다.

② 플라스틱 시트는 접고 중앙 수건은 제자리에 둔다.

③ 고객이 방을 나갈 때 샤워 캡을 하고 샤워실에 들어가도록 안내한다 . 샤워 후 사용할 가운의 위치를 설명한다.

④ 관리 후 로션을 바른다면 고객이 샤워 후 베드에 눕도록 지시한다. 로션을 바르지 않으면 고객이 옷을 입을 수 있고 관리가 끝난다.

⑤ 10분 동안 방을 나가 있는다.

⑥ 다시 들어가서 부위별로 로션을 바르거나 시술을 끝낸다.

5) 4단계 b : 제거 - 샤워 시설 없음

많은 작은 살롱에는 트리트먼트 룸의 일부로 실내 샤워 시설이 없다. 이것은 전문 관리에 대한 장벽이 아니며 많은 고객이 관리사가 수동으로 마스크를 제거하는 것을 선호한다. 마스크의 모든 부분이 적절하게 제거되었는지 확인해야 한다. 특히 고객이 살롱을 나갈 때 공개적으로 보이게 될 가슴부위 머리와 같은 영역 주변을 잘 제거해야 한다.

① 관리 준비의 일환으로 적절한 수건과 따뜻한 물을 사용할 수 있는지 미리 확인한다.

② 마스크를 바른 순서와 반대로 물에 적신 따뜻한 수건을 사용하여 마스크를 피부에서 조심스럽게 닦아낸다.

③ 모든 마스크가 제거될 때까지 계속하고 무릎 뒤, 귀 및 팔의 주름과 같이 잘 닦이지 않을 수 있는 부분을 다시 확인한다.

④ 해당되는 경우 보습과 같은 관리의 다음 단계로 진행한다.

Summing-up

이 항목을 마치면 다음을 이해해야 한다.

① 전신 마스크 및 랩 트리트먼트를 적용하는 방법

② 랩 트리트먼트를 적용하는 데 금기사항

Check Point

온도와 편안함과 관련하여 고객과 정기적으로 확인하십시오.

5. 고객에게 맞는 랩 관리

다양한 랩 관리를 고객의 다양한 요구에 맞게 조정하고 맞추어야 한다. 일반적으로 랩 관리데 대한 고객의 요구는 세 가지 범주로 나뉜다.

① 기분 전환

이 고객은 랩의 이완 및 회복 효과를 원한다. 자극이나 해독 치료보다는 보습 스타일의 랩과 피부 강화 랩을 시도하도록 권장해야 한다. 마찬가지로 두피 또는 얼굴 마사지와 같은 편안한 마사지를 포함하는 트리트먼트에 적합하다.

② 보습

이 고객은 보습 랩이나 해초/머드 랩을 자주 사용하여 좋은 효과를 낼 수 있다. 둘 다 피부에 영양을 공급하고 풍부한 품질을 제공하지만 보습 효과와 함께 다른 효과(이완 또는 해독)를 얻고 싶은지 알아봐야 한다.

③ 해독

이 고객은 해독을 원하지만 일반적으로 랩으로 인해 실제 사이즈 및 체중 감소가 발생한다. 밴디지 스타일의 해초와 머드 랩을 제공하지 않고 대신 더 일반적인 해독 치료법을 사용하는 경우 이 랩은 건강상의 이점이 있지만 사이즈 감소는 측정되지 않는다는 것을 고객에게 설명하는 것이 중요하다. 마찬가지로 보습 랩은 고객에게 원하는 결과를 제공하지 않으므로 적절하지 않다.

Summing-up

이 항목을 마치면 다음을 이해해야 한다.

① 고객의 요구에 맞는 랩 또는 마스크 관리 선택

② 마스크 및 랩 처리에 대한 고객의 세 가지 주요 요구

Chapter 9

전기 바디 트리트먼트

1. 전기 바디 트리트먼트
2. Gyratory 마사지
3. 고주파 트리트먼트
4. 갈바닉 트리트먼트
5. 파라딕 트리트먼트
6. Vaccum Suction 트리트먼트
7. 림프마사지 트리트먼트

Chapter. 9

전기 바디 트리트먼트

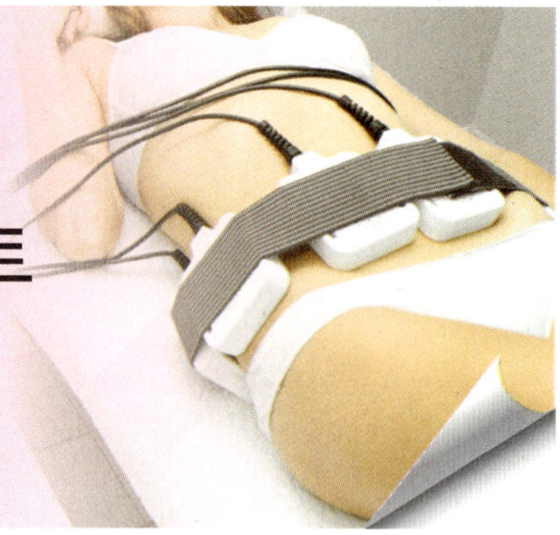

1. 전기 바디 트리트먼트

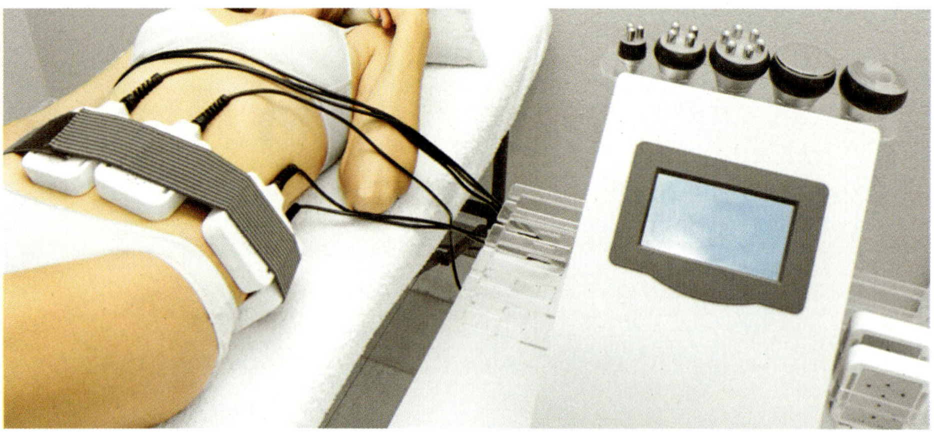

신체에 대한 전기적 트리트먼트는 보통 자극 또는 이완 효과를 제공하거나 신체의 한 부분에 특정 관리를 위해 국소 자극 또는 근육 수축을 생성한다. 대중적인 바디관리 기기에는 Gyratory 마사지 기기, 고주파 기기(간접) 및 갈바닉 기기 등이 있다.

살롱에서 가장 많이 사용되는 세 가지는 Gyratory 마사지, 석션 및 근육수축 기기로 체중 감소, 또는 체형 개선과 관련된 대부분의 살롱 관리를 효과적으로 완료할 수 있다.

(1) 보편적인 기기 관리

일반적인 기기의 사용은 다양한 효과를 얻기 위해 다양한 방법으로 적용될 수 있다. Gyratory 마사지 기기는 매뉴얼 마사지와 유사한 효과를 만들 수 있으며, 적용 방식에 따라 긴장을 풀거나 자극할 수 있다. 고주파(간접) 기기는 마사지에 깊이와 힘을 부여하여 조직 깊숙한 순환 반응과 따뜻함을 만들어 이완을 돕고 근육 및 신경 긴장을 해소한다. 갈바닉 기기는 부드러운 지방과 셀룰라이트 상태의 분산을 돕는 데 사용된다.

전기 기기 관리를 올바르게 선택하면 전체 치료 프로그램의 효과를 높일 수 있다. 이것은 다이어트로 인한 체중 감소 결과를 강화하고 전반적인 진행에 대한 고객의 관심을 유지할 수 있다. 원하는 부위의 사이즈가 감소되는 것을 보장하고 고착된 지방 축적물의 감소를 촉진하여 식이요법이 피하 지방뿐만 아니라 이들에도 효과가 있음을 보장할 수 있다.

어떤 기기 관리도 고객이 음식 섭취량을 줄이지 않고서는 체중 감량을 할 수 없다. 운동이나 근육 수축, 느슨한 근육 토닝, 조이는 효과를 통해 더 날씬해 보이도록 만들 수 있지만, 실제 체중 감소를 위해서는 다이어트가 필요하다. 일시적인 체중 감소는 사우나와 스팀 목욕을 통해 만들 수 있지만, 이 감소는 단순히 체액의 감소이며 체액은 24시간 이내에 신체에 보충된다.

식이요법 또는 활동을 늘리는 것 외에 체중을 줄일 수 있는 것은 없으며, 이러한 요소들이 기기 관리와 함께 접목될 때 상승효과를 내어 고객이 원하는 체형을 얻는 데 중요한 작용을 한다.

2. Gyratory 마사지

신체에 적용할 수 있는 진동 치료에는 세 가지 형태가 있다. 일반적으로 사용되는 대형 회전 진동기 또는 국소 효과를 위해 작은 두드리는 기기 또는 청각 진동기이다.

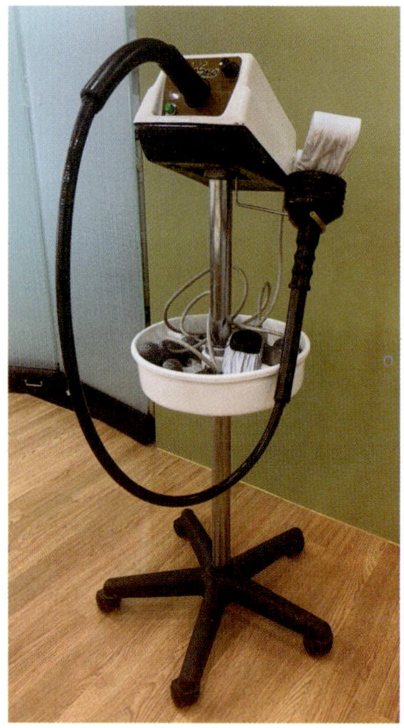

일반 바디용 회전 진동기는 일반적으로 바닥에 세워져 있으며 모터의 무게는 장치의 주축 또는 받침대에 의해 지지된다. 따라서 과도한 피로 없이 장기간 사용할 수 있을 뿐만 아니라 안전성이 향상된다. 무거운 버전의 핸드도 사용할 수 있는데, 이는 낮은 힘으로 유사한 효과를 생성할 수 있지만 사용하기는 더 피곤하다.

진동기의 형태가 무엇이든 필요한 작업에 적합해야 하며 과열없이 장시간 작동할 수 있는 고하중 모터가 있어야 한다.

진동기는 수직 및 수평면에서 작동하여 위아래로 진동하면서 원형 운동을 만들어 수동 마사지와 유사한 효과를 얻는다. 여러 가지 어플리케이터 헤드가 있는데 번갈아 사용하면 effleurage(스펀지 헤드), petrissage(하드 고무 헤드) 및 tapotement(뾰족한 헤드 및 브러시 헤드) 등의 유사한 효과를 얻을 수 있다. 적용할 부위나 상태에 따라 어떤 헤드가 적합하고 어떤 것이 금기인지 선택하여 사용할 수 있다.

그러나 진동기기 관리 중 고객이 느끼는 감각은 수동 마사지의 느낌과 완전히 다르며 일부 손 마사지 동작과 연결되지 않으면 다소 기계적인 느낌만 받을 수도 있다. 그러므로 대부분의 진동 트리트먼트는 수동과 기기를 결합한 방식으로 적용되어 마사지의 촉감과 진동 장치의 힘 모두의 효과를 얻을 수 있다.

(1) Gyratory 마사지 비 적용증

Gyratory 마사지는 어플리케이터 헤드를 조정하고 움직임의 압력을 변경하면 대부분의 신체 상태에 적용할 수 있다. 정상적인 신체 상태, 피부 질환 등을 제외하고 금기 사항이 거의 없으므로 매우 유용한 살롱 관리이다. 금기 사항은 다음과 같다.

① 정맥류는 매끈한 표면의 둥근 헤드를 사용하여 조심스럽게 관리하거나 그 부위는 손으로 대체한다.

② 혈전증 또는 정맥염의 병력은 금기이다.

③ 월경 또는 임신 중 복부관리는 금기이다. 필요한 경우 복부는 항상 가볍고 잘 제어되어야 한다. 이 부위는 뼈대의 지지력이 부족하고 자궁, 나팔관 및 소화 기관의 섬세한 구조가 존재하며 여기에 쉽게 충격을 줄 수 있으므로 아래로 무거운 압력을 가하지 않도록 주의해야 한다.

④ 종양, 털이 있거나 색소성 점, 늘어진 피부 , 표피 사마귀 등의 부위는 피해야 한다. 기기가 힘을 부위별로 제어하지 못하기 때문에 피부 찰과상이나 고객의 불편함을 유발할 수 있다.

⑤ 남성의 매우 털이 많은 부위는 주의가 필요하며, 특별히 불편함을 유발하지 않는 경우 표면이 매끈한 헤드를 사용하는 것이 좋다. 털을 잡아당길 수 있는 뾰족한 헤드는 하지 않는다.

⑥ 피하 조직이 부족한 마른 노인 고객은 제한되거나 적절한 적용이 필요하다.

⑦ 디스크 이력은 등 영역을 루틴에서 제외해야 한다.

⑧ 대장 관리는 수동 마사지와 유사한 방식으로 수행할 수 있지만 추가 관리가 필요하다. 기기관리는 손을 통해 느끼는 정상적인 반응을 느끼지 못하고 적용되므로 신중한 접근이 필요하다. 일반적인 변비에 대한 진동 관리는 매우 유익하고 효과적인 해결책이 될 수 있다.

(2) 다양한 어플리케이터 헤드

Gyratory 마사지는 다양한 어플리케이터 헤드를 사용한다. 그러나 일반적으로 세 가지 범주로 나뉜다.

① 스펀지 헤드

마사지 할 부위에 따라 모양이 평평하거나 구부러질 수 있다.

일반적으로 마사지는 둥근 편평한 스펀지 헤드로 시작되며 곡선 스펀지는 다리와 팔에 곡선 부위에 밀착되어 효과적으로 사용된다. 마사지에서 effleurage 스트로크를 담당한다.

② 단단한 고무 헤드

고무 헤드는 페트리사지 스트로크를 모방하고 다양한 기능을 수행 할 수 있다.

핀 모양의 고무 돌출부가 있는 헤드는 거친 피부를 벗겨내고 혈류를 자극할 수 있으며, 'football'과 'egg box' 모양의 둥근형 헤드는 무거운 지방 또는 두꺼운 조직 및 근육 부위에 깊은 침투를 할 수 있다.

③ 뾰족한 브러쉬 헤드

림프계를 자극하고 가벼운 두드리기 스타일 스트로크를 전달하기 위해 사용된다.

(3) 진동 관리의 효과 및 이점

① Gyratory 관리는 체형 개선 관리 프로그램을 받쳐 주는 효과가 있으며 결과를 신속하게 얻을 수 있도록 돕고, 고객의 감소 프로그램에 대한 관심을 유지한다.

② 진동의 영향은 순환계의 일반적인 자극이므로 개인의 필요에 따라 적용 패턴을 다양하게 할 수 있다. 적용 방법은 신체 윤곽을 따라 정맥이 심장으로 돌아오는 방향으로 작동한다. 그 효과는 신체의 피하 조직에 영향을 미치며 화학적 변화나 근육 수축 없이 혈액 순환을 증가시킨다.

③ 조직을 통한 신선한 혈액 교환으로 근육계가 개선되지만, 진동이 근육 섬유를 자극하여 수축을 일으키지는 않는다.

④ 피부 진피층에 대한 영양 개선과 피부박리를 증가시켜 피부 토닝 효과를 생성한다.

⑤ 긴장된 근육 섬유가 이완되고 근육통이 완화된다.

⑥ 오래되어 확립된 지방 축적물은 순환계와 림프계에 더 많이 공급되어 음식 섭취가 감소할 때 신체에서 소모된다.

⑦ 온열 요법과 함께 사용하면 진동 관리가 매우 편안해질 수 있으며 보다 자극적인 요소를 배제할 수 있다.

⑧ 진동기의 진동은 조직의 피하 및 피부층으로 침투하여 피부 표면에 가장 큰 영향을 미친다. 공명을 방지하기 위해 뼈 부위는 피해야 한다.

(4) 진동 관리의 장점

① 관리 루틴에 다양성을 더한다.

② 시간을 절약하고 피로를 예방한다.

③ 노출이 덜하므로 남성 고객을 관리하는 데 유용하다.

④ 관리사가 적은 에너지로 매우 효과적인 결과를 얻을 수 있으므로 다른 작업을 위해 에너지를 절약할 수 있다.

⑤ 시간 절약은 관리가 더 많은 수익을 낼 수 있도록 도와준다.

⑥ 고객은 Gyratory 마사지를 즐기며 체형 문제와의 싸움에 도움이 된다고 느낀다. 돈 가치를 한다는 느낌과 활동적인 무언가가 성취되고 있다는 느낌이 든다.

(5) Gyratory 마사지 적용 방법

① 관리 부위를 깨끗이 닦고 금기 사항이 있는지 확인한다.

② 잘 미끌어지도록 관리 부위에 파우더를 바른다.

③ 적절한 헤드를 선택하여 시작한다. 일반적으로 effleurage 로 시작한다.

④ 사용할 헤드가 잘 장착되었는지 확인한다.

⑤ 고객으로부터 떨어진 곳에서 기기를 켠 다음 먼저 기기를 본인에게 적용하여 안전한지 확인한다.

⑥ 관리 부위에 헤드를 대고 관리가 진행됨에 따라 점차적으로 압력을 높인다.

⑦ 관리 내내 고객과 접촉을 유지하기 위해 자유로운 손으로 앞뒤로 심장과 가장 가까운 림프절을 향해 길게 쓸어 넘기는 스트로크를 사용한다.

⑧ 전체 영역을 성공적으로 관리한 후 어플리케이터 헤드를 petrissage 로 변경하고 작은 원을 그리며 다른 자유로운 손으로 조직을 헤드에 밀어 넣듯이 적용한다. 고객이 불편할 수 있으므로 뼈를 누르지 않는다.

⑨ 전체 바디를 수건으로 덮고 뾰족한 모양의 헤드로 변경하여 적정한 부위에 적용하면 그 부위의 혈액 순환을 활발하게 자극하고 세포박리를 돕는다.

⑩ 전체 부위를 관리한 후 조직에 홍반이 발생하였으므로, effleurage 헤드로 부위를 다시 마사지하여 마무리한다.

⑪ 뼈가 있는 부위를 피하면서 신체의 모든 적절한 부위에 반복한다.

⑫ 관리가 완료되면 살균 용액으로 모든 마사지 헤드를 닦고 멸균 캐비닛에 보관한다.

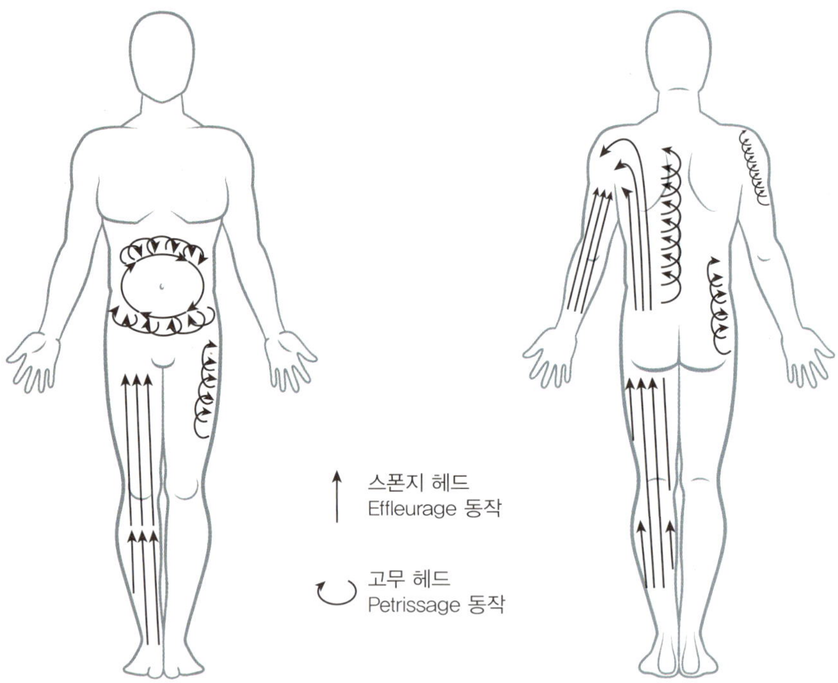

- 스폰지 헤드 (둥근형, 커브형) ⇒ Effleurage
  몸의 곡선을 따라서 스트로크 정맥 혈액의 흐름을 따라서, 즉 심장을 향해서 마사지 시작할 때와 끝낼 때는 힘을 빼고, 근육의 중심부는 힘을 주고. 손으로 헤드를 받쳐주면서 마사지한다
- 싱글 & 더블 볼 헤드 ⇒ Petrissage
- egg box ⇒ Deep Petrissage (둔부)
- 뾰족한 한 개 봉 ⇒ Friction
- 브러시 봉 ⇒ Tapotment

(6) 애프터 케어

① 관리 부위의 남아있는 파우더를 제거한다.
② 고객에게 적절한 식이요법과 진동 마사지 관리를 보완할 수 있는 운동을 조언한다.
③ 추가적인 스파 트리트먼트를 계속 진행한다.

Summing-up

이 항목을 마치면 다음을 이해해야 한다.
① Gyratory 마사지, Gyratory 마사지 응용 프로그램 및 장비
② Gyratory 마사지의 장점

3. 고주파 트리트먼트

고주파 전류를 간접적 또는 직접적(살균 효과를 위해)으로 적용할 수 있다 . 고주파 전류는 매우 빠르게 교류하여 운동 또는 감각 신경을 자극하지 않는다. 주파수는 500,000Hz (초당주기) 이상이며 교류 전류라고 한다.

직접 고주파는 피부를 건조하고 정제하며 치유하는 외부 응용 프로그램이다. 피부 표면에 유리 전극이 닿으면 오존 형성을 통해 살균 효과를 생성한다. 직접 고주파에는 프로그램 중에 생성되는 자극적인 소음이 있으므로 고객이 언짢아 하지 않도록 최대한 노력을 기울여야 한다.

(1) 일반적인 특징

① 표면 조직의 자극

고주파는 침투력이 뛰어나고 조직 내에서 열을 발생시켜 혈액과 조직액의 교환을 증가시킨다. 개선된 영양 및 제거는 피부결과 유수분 밸런스가 개선된다.

② 이완

조직 내에서 생성된 온기는 진정 효과를 생성하여 긴장 완화와 이완을 증가시킨다.

전류는 신체 표면을 통해 흐르지만(간접법) 진동 속도로 인해 근육 섬유를 흥분시키지 않는다.

③ 살균, 건조 효과 (직접법)

고주파 전류를 직접 가하면 살균, 항균 효과가 발생하여 피지 분비를 제한하고 건조시킨 후 농포 감염을 치유한다.

④ 파괴력 (직접법)

잘못 적용하면 직접 고주파는 피부 조직과 피지선에 파괴적인 영향을 미칠 수 있으므로 치료 목적으로 올바른 적용 순서를 준수하는 것이 필수적이다.

(2) 적용증

① 긴장을 풀고 긴장을 푸는 것이 필요한 사람들

② 등 근육 긴장

③ 피부결이 좋지 않고 거칠거나 극도로 건조하고 벗겨짐

④ 혈액 순환이 원활하지 않거나, 동상, 손이나 발이 차가워지는 수족냉증

⑤ 지성 또는 여드름, 의학적 승인이 필요함 (직접법)

(3) 비 적용증

① 간질

② 천식

③ 신체의 금속판 또는 핀 (골절 수리 또는 교체 수술)

④ 고혈압, 혈액 순환 장애, 부종 등

⑤ 임신

(4) 고주파 적용

고객은 전신 마사지를 받을 준비가 되어 있으며, 관리사의 손이 몸 위로 자유롭게 움직일 수 있도록 오일이나 탈크를 발라준다. 피부가 건조하면 오일 마사지를, 기름기가 많으면 탈크가 좋다. 고주파 마사지를 더 깊고 단단하게 할수록 편안해지고 가벼울수록 자극적인 효과를 볼 수 있다.

유도된 전기가 축적되고 방출되어 불편함과 접촉 상실을 야기하지 않도록 고객과 치료사 양쪽 모두에서 모든 금속류를 제거해야 한다. 장치를 준비하고 편리하게 배치하고 전극을 홀더에 부착하여 단단히 연결해야 한다.

안전을 위해 강도 다이얼을 0으로 하고 기계를 끈 상태에서 플러그, 스위치 및 리드를 점검해야 한다. 관리사는 시술 내내 손을 접촉한 상태로 유지해야 하므로, 관리가 완성되면 기계로 돌아가 스위치를 끌 수 있도록 동선을 생각해야 한다. 그런 다음 등 및 다른 영역에 대해 루틴을 반복한다.

고객에게 고정시킬 장치를 보통 신체 아래에 깔아준다. 이렇게 해서 회로를 완성하고 경험할 감각에 대한 간략히 설명하여 고객으로 하여금 긴장을 풀고 관리를 즐기게 한다. 관리사는 한 손을 고객의 피부에 대고 마사지를 시작하고, 그 다음에 기계를 켜고 고객의 원하는 수준에 도달할 때까지 초침의 강도를 점차 높인다. 그런 다음 양손은 해당 부위에 리드미컬한 마사지 동작을 수행한다. 움직임은 원하는 효과를 얻기 위해 표면적(자극적) 또는 깊음(이완)을 사용한다. 흐름이 중단되면 고객과 관리사 모두에게 찌르는 듯한 불편함을 줄 수 있기 때문에 이를 방지하기 위해 루틴 내내 최소한 한 손은 접촉을 유지해야 한다.

4. 갈바닉 트리트먼트

갈바닉은 피부를 통해 직류를 통과시키는 전기적 치료법이다. 모든 피부 유형에 사용할 수 있으며 사용되는 극성에 따라 효과가 달라진다. 양전하 젤이 있는 양전하 활성 전극 또는 음전하 젤이 있는 음전하 활성 전극은 활성 성분이 피부에 흡수되도록 한다 (이온 영동).

일반적으로 이온 영동법(이온토포레시스)은 물질을 피부로 전달하여 지방 침전물과 셀룰라이트를 분해한다. 관리가 끝난 후 몇 시간 동안 작동한다. 이 치료법은 반대쪽 극이 끌어당기는 성질을 가진 반면 같은 극은 서로를 밀어내는 원리로 작동한다.

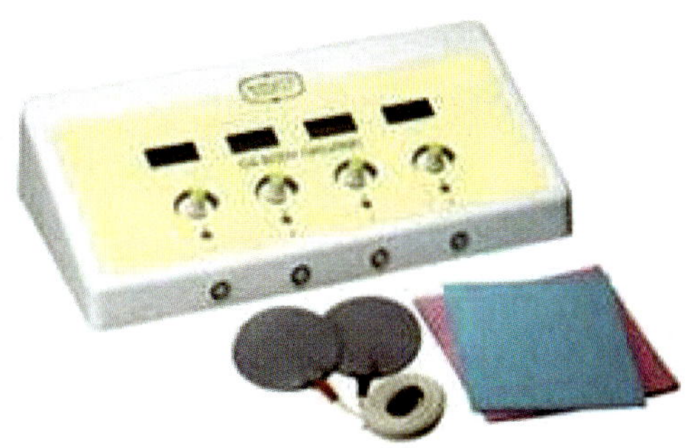

1. 이온토포레시스의 효과

고객이 이온토포레시스 후 느낄 수 있는 일반적인 이점은 다음과 같다.

① 피부에 대한 산성 반응

② 일반적으로 갈바닉 전류를 사용하지 않고도 가능한 것보다 더 깊이 활성 물질을 피부에 주입하여 보습 및 수분을 공급한다.

③ 피부를 팽팽하게 조여주고, 지방 축적물과 셀룰라이트를 분해한다.

④ 순환을 증가 – 노폐물을 해당 부위에서 제거하면 신체의 피부 질감이 개선된다.

갈바닉 트리트먼트는 저전압의 직류 전류를 사용하며 때때로 갈바닉 전류라고도 불린다. 이 전류는 단지 한 방향으로 흐르며 극성을 띈다.

음극(−)이라 불리는 음의 성질을 띠는 전극과 양극(+)의 성질을 띄고 있는 전극이 있다. 직류 전류를 사용하는 바디 트리트먼트들에는 다음과 같은 것들이 있다.

- Body galvanism – 염화나트륨 용액을 이용한 바디 셀룰라이트 관리
- Body Iontophoresis – 제품들을 활용한 바디 셀룰라이트 관리

(1) 바디 갈바니즘(Body Galvanism)

① 이 관리는 생리 식염수에 적신 패드들을 이용한다. 활성 전극은 음극(−)이다. 비활성 전극은 음극의 반대쪽에 놓거나 평행하여 놓는다.

② 직류 전류를 신체 조직에 사용하면 생리학적 효과를 유발한다. 두 가지 극성의 전극 봉을 전신관리에 사용하는데 이것은 신체가 소금을 고농도로 함유 하고 있는 하나의 전도체이기 때문이다. 천이나 스폰지에 소금물을 적셔서 음극봉 아래에 두고 피부위를 움직이거나 긁어내면 전극봉 아래에 수산화나트륨이 발생하여 피부연화 효과가 나타나고 셀룰라이트가 많이 싸여 있는 부위를 관리하면 근육조직에 연화 효과가 나타난다. 또한 염산은 양극봉 아래에서 발생되는데 이것은 조직을 경화시켜 준다. 전극봉을 통하여 피부에 유익한 물질이 흡수되도록 하는 관리법으로 피부조건과 피부상태에 적합한 여러 상품이 개발되어 있다. 신체 관리에는 고형화된 지방을 부드럽게 해주고 분산되도록 해주는 안티 셀룰라이트 제품이 사용된다.

(2) 바디 이온토포레시스(Body Iontophoresis)

① 사전에 젤 혹은 액체의 안티 셀룰라이트 제품을 전극 표면에 적용한다. (음의 성분은 양극 아래에 양의 성분은 음극 아래에) 기대하는 효과를 얻기 위해 이 물질들을 피부 속에 투여한다. 전류가 지나가며 조직의 신진 대사율과 혈액 순환을 돕는다.

② 순환을 촉진시키기 위해 매우 낮은 전류 세기를 이용한다.

③ 위험성 – 화학 화상, 피부 화상과 전기 쇼크

2. 갈바닉 트리트먼트 테크닉

(1) 준비 사항

① 관리받을 부위와 고객이 적절히 취해야 할 자세를 고려한다. 만일 고객의 허벅지와를 관리한다면, 고객을 반듯이 눕혀 얼굴이 위로 향한 자세를 취하게 한다.

② 만일 엉덩이와 등을 관리할 것이라면 고객을 얼굴을 아래로 하는 엎드린 자세를 취하게 한다.

③ 액세서리들이 착용되지 않았는지 확인한다.

④ 피부에 상처(찰과상 혹은 베인 부분)가 없는지 특별히 확인한다. 전류가 흘려야 할 이 부위에 상처로 인해 낮은 저항을 일으켜 전류가 집중하게 되어 화상을 일으킬 수 있다. 작은 찰과상은 바세린 혹은 물에 잘 닦이지 않는 석고를 발라 놓는다.

⑤ 뜨겁고 차가운 시험 튜브와 뭉뚝한 바늘과 탈지면(정제솜)으로 피부 민감성을 테스트한다.

⑥ 시술 부위를 닦아 깨끗하게 닦아 땀, 수분, 로션과 향을 지운다.

⑦ 고객에게 트리트먼트에 대해 설명한다.

스폰지

패드

식염수, 안티셀룰라이트 젤

(2) 절차

① 기기를 평평한 곳에 올려 놓고 플러그, 전극과 단자 등이 온전하고 안전하지 확인한다.

② 강도 조절을 0으로 놓고 저 초점으로 맞출 수 있는 스위치가 움직이는지 확인한다.

③ 장비를 테스트한다.

④ 시술할 아이템들을 모두 모아 준비해 놓고 손에 닿기 쉬운 곳에 놓는다.

⑤ 따듯한 물에 패드들을 닦아놓고 생리 식염수에 담가 과도하게 많은 용액은 짜내거나 젤과 같은 제품들을 사용한다면 물과 함께 담갔다가 과잉물을 짜내어 사용하는 둘 중의 한 가지 방법을 선택한다.

※ **생리 식염수**(Saline Soulution) **만드는 법** : 소금 두 스푼에 1리터의 물을 섞는다.

⑥ 만일 젤 혹은 앰플을 사용할 것이라면 시술할 부위 위에 직접 바르거나, 한 장의 거즈에 푹 적셔 피부에 놓고 부드럽고 평평하게 접촉시킬 수 있도록 하거나 둘 중 한 가지의 방법을 선택한다.

⑦ 패드의 넓이와 두께는 전극보다 큰 1cm 혹은 주위가 1/2인치가 되는지 명심하며 패드 위에(혹은 파우치 안에) 도자를 놓는다.(패드는 피부와 전극 사이에 놓아야 한다.)

⑧ 시술 부위 위에 활성 전극을 올려놓고 비활성 전극은 활성 전극의 반대방향 혹은 평행하게 올려놓는다. 이들을 몸을 감싸듯 둥그렇게 부착한다. 만일 생리 식염수를 사용하게 되면 음극(−)이 활성 전극이 된다. 다른 제품들을 적용할 시에는 사전에 제조업자의 지시사항을 따라 하면 된다.

음이온 성분을 함유한 제품을 사용한다면 음극(−)이 활성 전극이 되지만, 양이온 성분을 함유한 제품을 사용하게 되면 양극(+)이 활성 전극이 된다.

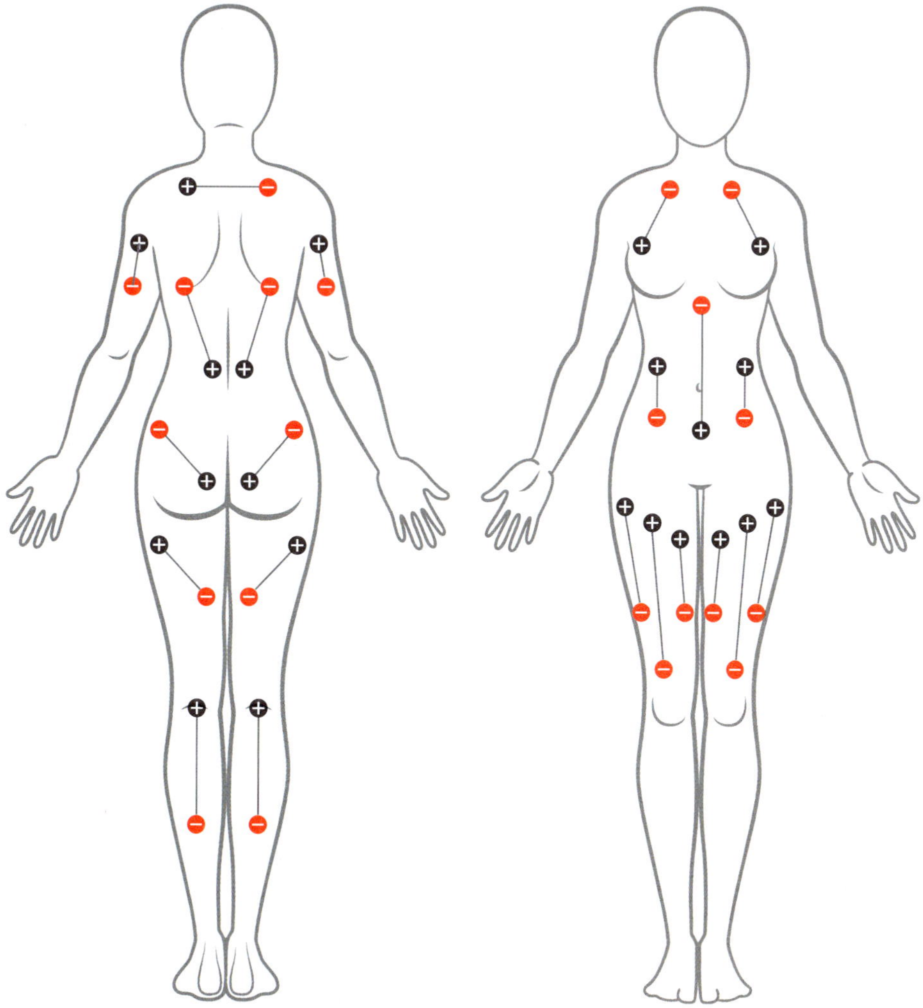

⑨ 두 개의 전극을 절연 섬유(고무, 플라스틱 혹은 폴리에틸렌)로 감싼다. 여기에 구멍이 있으면 연결 가죽이 전도성을 띄게 되므로 주의한다.

⑩ 패드와 부도체를 입힌 직물을 고르고 바르게 끈으로 이용하여 안전하게 고정시킨다. (이 때, 전극을 몸에 맞게 둥그렇게 부착하는데 공기가 통과할 여분 없이 타이트하게 여며 주는 것이 중요하다.)

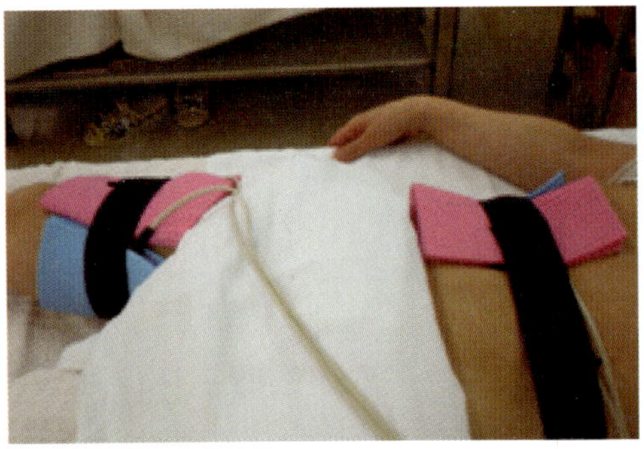

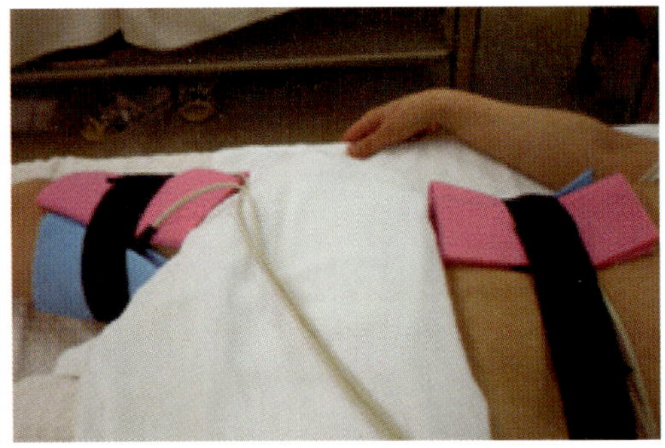

⑪ 고객에게 관리하면서 느껴지게 될 감각을 설명하고 관리 부위에 불편함감이나 수축함이 있었는지 혹은 뜨거운 부위가 있는지 시술자에게 보고하도록 강조한다. 고객은 온화한 따듯한 감과 몸이 약간 욱신거리는 느낌을 받게 된다.

⑫ 전극들이 잘 부착되어 움직이지 않나 확인한다.

⑬ 고객이 느끼기에 따뜻한 감이 느껴질 때까지 천천히 강도 버튼을 올린다. 세기 만족도는 고객의 내성, 제품 사이즈와 패드의 사이즈에 따라 달라질 것이다. 대부분의 제품들과 고객들은 0.05mA에서 편안함을 느낀다.

⑭ 트리트먼트가 진행될수록 피부 저항력이 떨어지므로 시술자는 고객 옆을 지킨다. 정전압으로 고안된 몇몇 제품들은 피부 저항력이 떨어질 때 강도의 증가된 상태를 나타낸다. 이런 유형의 장비는 적절하게 강도를 내려줄 필요가 있다. 대부분의 현대 시스템은 정전압으로 고안되어 있고 자동적으로 신체 저항 변화에 맞게 조절된다.

⑮ 관리 시간은 약 20분이다. 관리 마지막 시점에는 세기를 매우 느리게 조절한다. (갑작스런 전류의 증가 혹은 감소는 고객에게 쇼크를 줄 수 있고 근육을 수축시킬지 모른다.)

⑯ 각각의 패드 밑의 피부는 고른 핑크 빛을 보여야 하고 음극(−) 아래에서는 더욱 뚜렷한 반응을 보여야 한다.

⑰ 만일 함염물을 사용했다면 따뜻하며 세정력 있는 물로 피부를 깨끗하게 닦아내고 부드럽게 건조시킨다. 이때 산 혹은 알칼리성의 것도 닦이게 된다. 진정 로션 혹은 활석을 적용한다.

⑱ 세정력 있는 물로 패드를 깨끗하게 닦고 헹구어 건조시킨다.

(3) 갈바닉 관리 마무리

① 모든 전극을 분리하고 적절하게 소독하고 보관한다. 고객이 치료 사이에 수행할 수 있는 몇 가지 운동을 제안한다.
② 고객에게 치료 과정을 설명한다.
③ 전기 치료 후 고객 기록을 업데이트한다.
④ 고객에게 적절한 피부 및 홈 케어 조언을 제공한다.

Summing-up

이 항목을 마치면 다음을 이해해야 한다.
① 이온토포레시스의 효과
② 갈바닉 처리에 대한 안전 예방 조치
③ 갈바닉 바디 트리트먼트를 준비하고 수행하는 방법

5. 파라딕 트리트먼트

파라디즘(유도전류)은 의식적인 노력없이 근육에 전류를 전달하여 간접적으로 근육을 운동시키는 수동 운동이다. 19세기 Michael Farady가 자극전류(electric impulse)로 부상당한 경마의 근육을 치료하면서 알려지게 되었고 치료에 150년 역사와 미용에 접목된 것이 50년 역사이다.

전류는 '자극'기간에 근육을 수축시키고 자극 간격에서 이완시켜 근육 피로를 예방한다. 일반적으로 수축에 2초, 이완에 2.5초 정도이다.
유도전류는 위축된 근육과 근 긴장의 손실에 특히 유익하고 신체의 전반적인 윤곽을 개선한다.

(1) 파라틱 트리트먼트의 효과

① 처진 근육을 강화하고 탄력을 강화시킨다.
② 국소 혈액 순환과 신진 대사를 증가시켜 피부에 영양을 공급한다.
③ 얼굴과 몸의 윤곽을 개선하여 미세한 라인을 다듬는다.

④ 신경 종말을 자극
⑤ 비활성 상태였던 근육을 깨운다.
⑥ 혈액과 림프 흐름을 증가시켜 독소와 노폐물을 제거한다.
⑦ 에너지 생산하는 화학 ATP를 증가시킨다.

(2) 적용증

① 다이어트 중 몸의 탄력 유지를 위해
② 몸매를 가꾸기 위해
③ 체중감소 후 피부의 늘어짐 방지를 위해
④ 분반 2달 후에 몸의 탄력을 위해
⑤ 건강한 근육의 탄력을 위해

(3) 비 적용증

① 인공 심박기, 간질, 신경계의 질환
② 정맥류, 혈관이 확장된 곳
③ 생리 2일까지 복부 부위
④ 임신 중, 분만 6–8주전 출혈이 있는 동안
⑤ 너무 발달한 근육에
⑥ 과식 후

(4) 트리트먼트 방법

① 기계를 적용할 근육 선택
② 관리할 부위 치수재기
③ 패드에 식염수를 적시고 근육의 기시와 종지에 부착시키고 밴드로 조인다.(근육이 약한 쪽이 음극)
④ 서서히 전류 세기를 높이고 서서히 낮춘 후에 끈다.

(5) 주의사항

① 근육이 수축했을 때 전기를 끈다.

② 적색전극은 음극 – 작용이 강하다. 근육의 약한 부위에 부착시킨다. 즉 근육의 기시 부위. 서로 다른 근육에 적용할 때 예를 들어 복직근에서 오른손잡이의 경우는 왼쪽 근육이 약한 편이므로 왼쪽 복직근에 적색 전극을 놓는다.

③ 백색 전극은 양극 – 작용이 약하다. 근육의 강한 부위에 부착시킨다. 즉 근육의 종지 부위 서로 다른 근육에 적용할 때 예를 들어 복직근에서 오른손잡이의 경우는 오른쪽 복직근이 강한 편이므로 오른쪽 복직근에 양극을 부착시킨다.

④ 건이 아닌 근복 부위에 부착시킨다.

⑤ 뼈가 튀어나온 부위는 피한다.

⑥ 전극이 잘못 부착되면 근육이 수축하면서 진동한다. 올바르게 부착해야 수축이 깔끔하다.

⑦ 전극 고정 밴드를 단단하게 조여서 전극이 피부에 밀착되게 한다.

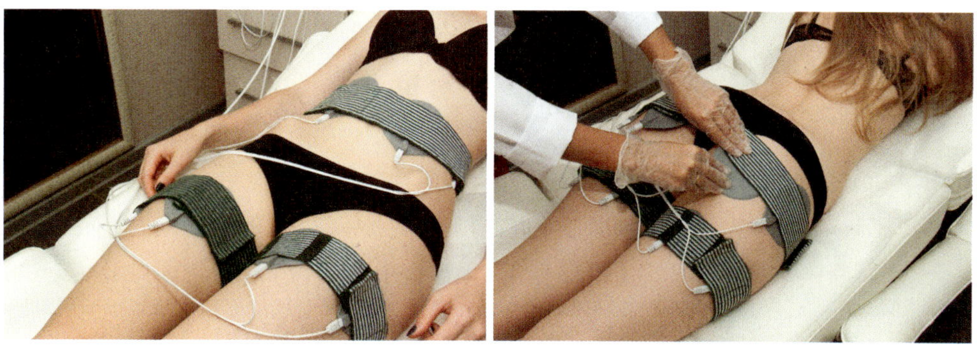

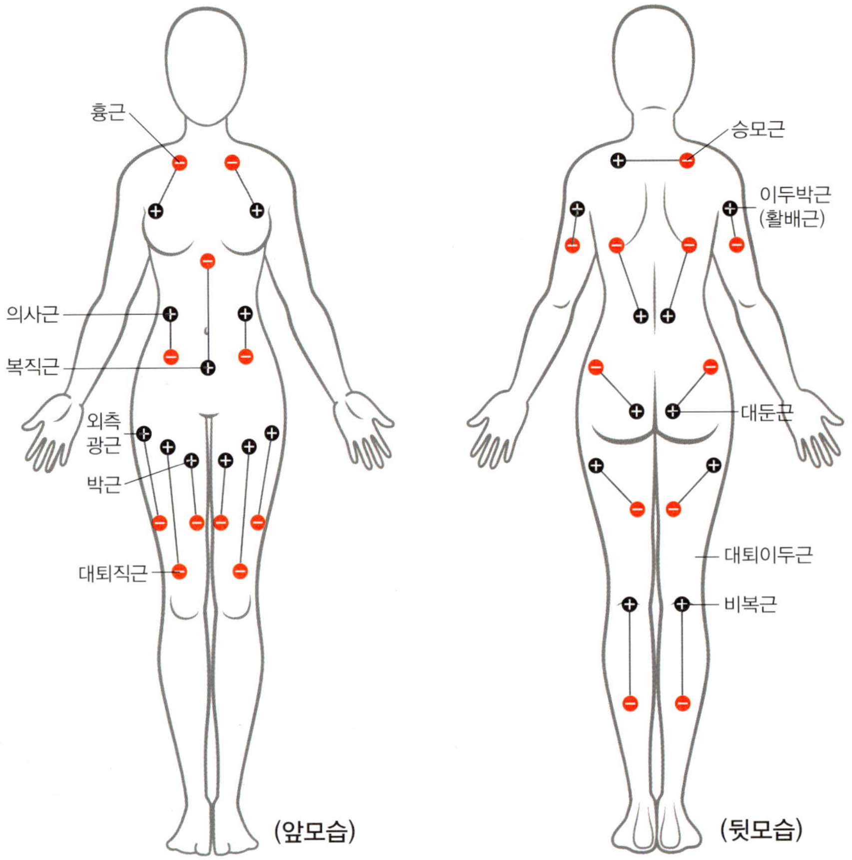

(6) 근육이 움직이지 않을 때 다음을 체크한다.

① 전기 세기가 충분한지

② 전극패드가 올바른 곳에 부착되었는지

③ 패드에 식염수를 충분히 적셨는지

④ 피부에 기름이나 크림이 묻어 있는지

(7) 에프터 케어

① 젖은 탈지면으로 고객의 몸에 남아있는 식염수를 제거하고 건조시킨다.

② 추가 관리를 계속한다.

③ 패라딕 관리 후 고객 기록을 업데이트한다.

Summing-up

이 항목을 마치면 다음을 이해해야 한다.
① 파라딕 관리의 효과
② 파라딕 관리에 대한 금기 사항
③ 파라딕 관리를 준비하는 방법

6. Vaccum Suction 트리트먼트

이 치료의 주된 목적은 노폐물과 과도한 체액의 제거를 돕기 위해 신체의 순환과 림프 흐름을 증가시키는 것이다.

안전한 치료를 위해 충분한 지방 조직이 있는 신체 부위에 사용할 수 있다. 일반적으로 수동 마사지 및 다이어트와 결합된 치료 과정의 일부로 사용된다. 이 치료법은 다리, 등, 팔, 허벅지 및 엉덩이의 지저분한 얼룩 감소에 사용할 수 있다.

이 관리에 사용되는 움직임은 모두 신체의 림프절 위치와 관련이 있으므로 신체의 림프계에 대한 철저한 지식이 필수적이다.

림프관은 정맥과 밀접하게 연결되어 있으며 조직액의 변화를 담당한다. 림프는 림프관을 따라 필터 역할을 하는 림프절 쪽으로 노폐물을 운반한다.

(1) 석션 기기

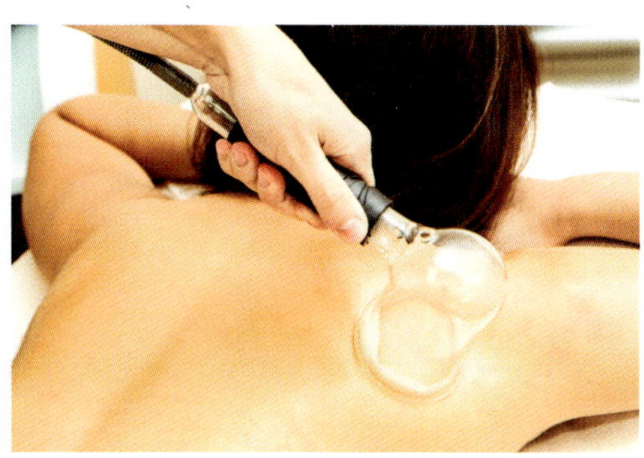

대부분의 기기 제조업체는 바디 유닛을 생산하고 그다음 페이셜 유닛을 첨가한다. 바디 유닛은 피부 위로 수동으로 미끄러지는 단일 컵으로 작동하는 기본 유닛이거나 한 번에 최대 6 개의 컵을 작동 할 수 있는 멀티 컵 유닛 일 수 있다. 각 방법의 적용은 다르지만 효과는 동일하다.

결합 부위는 얼굴의 섬세한 조직부터 신체의 보다 조밀한 지방조직까지 쉽게 사용할 수 있도록 세밀한 강도 조절이 가능하다. 이 기기에는 작은 얼굴 부위에 사용하기 위한 작은 컵과 신체에 적합한 다양한 크기의 컵 세트가 결합되어 있다. 컵은 보통 투명 방탄 또는 플렉시 글라스로 만들어져 매우 단단하고 깨지기 어렵다.

(2) 기계 작동 원리

어떤 기계를 선택하든 모두 같은 방식으로 작동한다.

길고 유연한 플라스틱 튜브로 관리되는 부위에 놓인 컵에 연결된 진공 펌프를 포함한다. 전기 모터에 의해 구동되는 진공과 흡입량 또는 '감압'은 조절 스위치에 의해 제어된다. 치료 중 조직에 가해지는 압력의 양을 나타내는 진공 게이지도 있다.

컵 안의 공기압이 낮아져 피부 조직이 컵 안으로 들어올려진 다음 조심스럽게 컵을 림프선 방향으로 조직 위로 미끄러지듯 움직이게 한다.

멀티 컵 장치로 정적으로 처리할 부위에 여러 개의 컵을 놓을 수 있다.

단일 컵 장치를 사용하면 치료사가 컵을 해당 부위 위로 미끄러지듯 움직여 컵의 구멍을 손가락을 사용하여 각 동작이 끝날 때 진공을 해제하여 압력을 해제한다.

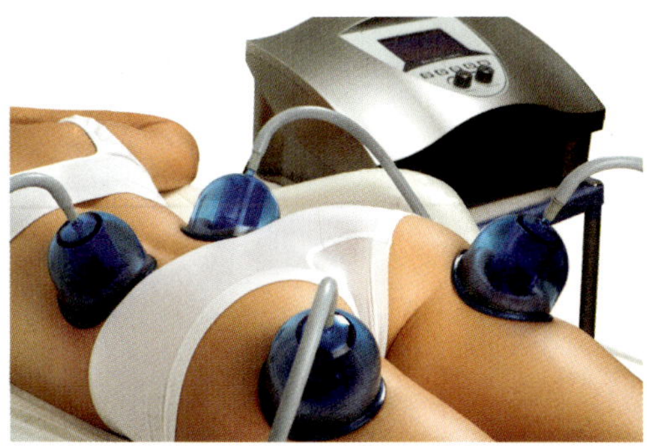

멀티 컵 유닛을 사용하면 컵이 국부적인 부위에 정적으로 적용되고 진공 흡입이 펄스 방식으로 진행된다. 즉, 컵을 제자리에 유지하기에 충분할 정도로의 흡입과 낮은 레벨의 흡입을 번갈아 가며 작동한다. 이것은 기계 자체의 자동 펄스 제어에 의해 진행된다. 흡입의 정도가 너무 높아서 피부에 불편함이나 멍이 들지 않아야한다.

처음에는 낮은 레벨의 시간이 길어야 하고 높은 레벨의 흡입 시간이 짧아야 한다. 이 기간은 고객이 치료에 익숙해지고 치료사가 피부 반응을 살펴보면서 조정될 수 있다. 정적 다중 컵 진공 흡입을 사용할 때 일반적으로 글라이딩 방법이 선행된다.

(3) 진공 흡입의 효과

① 순환이 증가하면 혈관이 확장되어 충혈을 유발한다.
② 혈액 순환의 증가는 피부와 근육에 영양을 공급한다.
③ 림프계를 자극하여 조직액을 이동시킨다.
④ 의학적 상가 아닌 경우 체액 저류로 인한 붓기를 줄인다.
⑤ 특히 식이 요법과 함께 사용할 때 지방 세포의 분해 및 제거를 돕는다.
⑥ 세포박리에 도움이 된다
⑦ 신진 대사를 자극한다.

(4) 진공 흡입에 대한 금기 사항

① 하지정맥류
② 멍든 피부
③ 피부 질환
④ 최근 흉터 조직
⑤ 심한 튼살 부위
⑥ 썬번
⑦ 매우 얇거나 또는 과민감성 피부

(5) 적용 순서

① 적용 부위에 오일을 약간 발라 준다.
② 적당한 크기의 컵을 선택하여 스위치를 켜고 강도를 조절한다
③ 관리사의 피부에 대었을 때 컵의 약 2/3정도 피부가 딸려 오는 강도를 선택
④ 피부에서 컵을 약간 들듯이 하여 림프절을 향하여 천천히 미끌어뜨리며 이동
⑤ 컵을 반드시 들어서 밀어야 한다.(컵을 절대로 누르면 안 됨=림프 압박)
⑥ 한 부위에 약간 홍조가 띌 때까지 반복 (약 3회 정도)

(6) 애프터 케어

① 젖은 탈지면이나 스폰지를 사용하여 고객의 피부에 남아있는 제품을 제거한다.

② 진공 흡입이 관리의 일부인 경우 추가 관리를 계속한다.

③ 사용한 도구를 세제에 담궈 모든 튜브 및 컵을 분리, 청소 및 철저히 세척한 후 소독 캐비닛에 넣는다.

④ 전기 치료 후와 마찬가지로 고객 기록을 업데이트 한다.

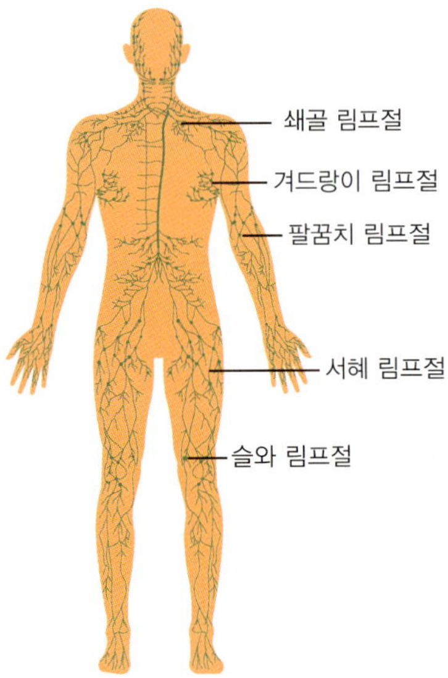

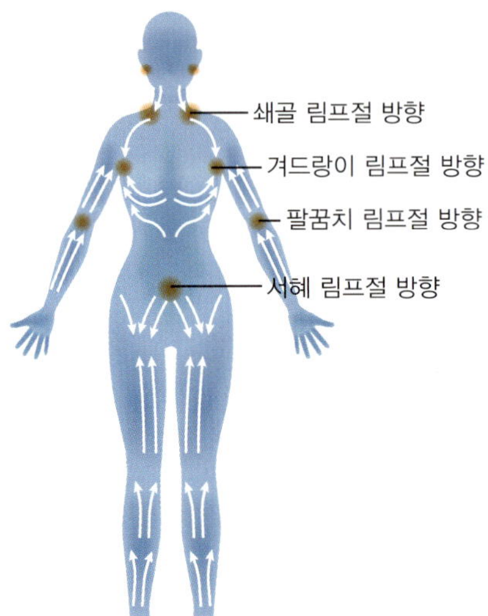

스트로크 방향(앞면)

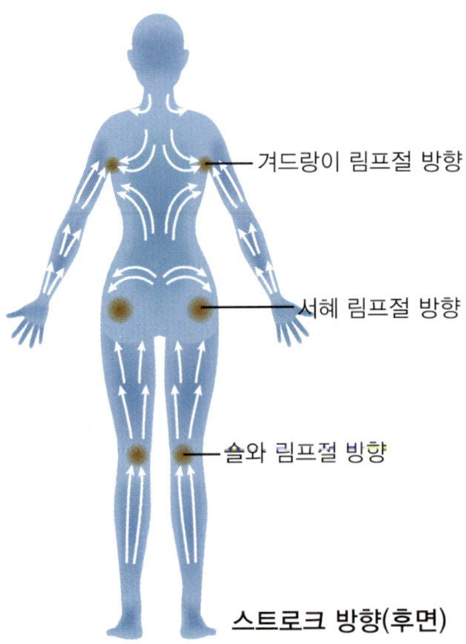

스트로크 방향(후면)

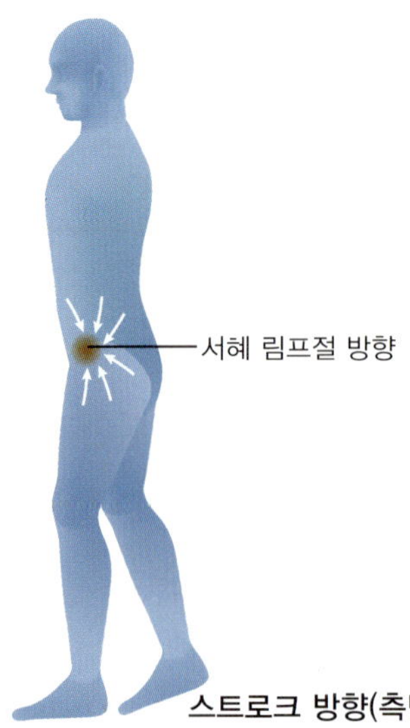

스트로크 방향(측면)

7. 림프마사지 트리트먼트

림프계는 신체의 세포, 조직 및 기관이 손상되기 전에 독소 물질과 노폐물을 신체에서 제거한다. 그러나 이 시스템은 다음과 같은 이유의 독소 과부하로 인해 증가하는 수요에 대처하기 어려울 수 있다.

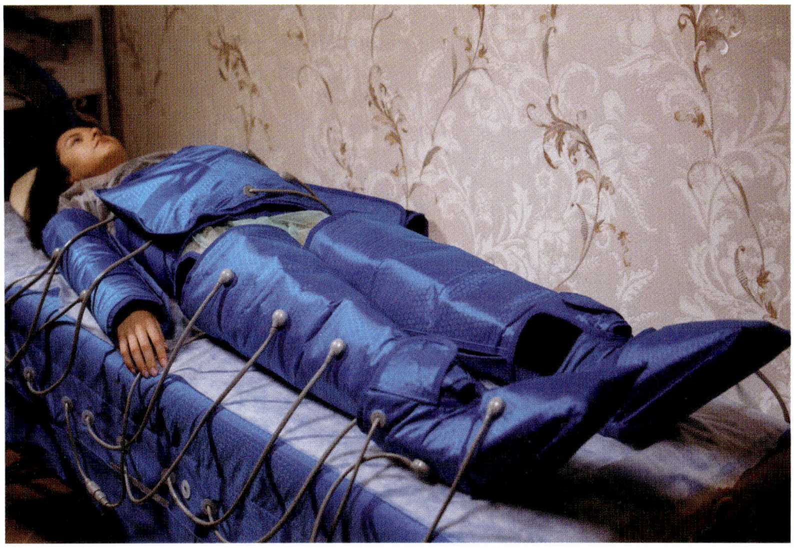

① 산업 폐기물에 대한 노출
② 화학 물질 및 살충제에 대한 노출
③ 고도로 가공된 식품
④ 마약
⑤ 알코올
⑥ 니코틴
⑦ 점점 더 스트레스를 받는 우리의 삶

이것은 단지 몇 가지 예일 뿐이며 폐기물과 독소가 축적되기 시작하면 제거에 도움이 필요할 수 있다. 건강한 식단, 바디 브러싱, 수동 마사지, 아로마테라피, 운동 및 수동 또는 기계적 림프 배수로 도움을 받을 수 있다.

수기 치료는 림프 배수를 도와 혈액 순환, 피부 톤 및 체형을 개선한다. 림프액 배액은 독소가 없는 건강한 신체를 보장하는 데 필수적이며 기계적 방법은 신체의 근육 펌핑 작용을 모방하여 림프액을 몸 주위로 이동시키는 동시에 쾌적하고 편안한 마사지를 다리에 제공하고 전반적인 혈액 순환을 개선한다.

최대의 효과를 위해 수기 또는 기계적 치료는 종종 에센셜 오일의 사용과 결합된다. 기계적인 방법은 부츠를 사용하여 다리를 덮고 발가락에서 시작하여 다리에서 엉덩이까지 리드미컬하게 이동하는 펌핑 동작이 다리에 가해진다. 순수한 에센셜 오일을 물에 분산시켜 그런 다음 밴디지 등에 적셔 액체를 흡수하고 과도한 액체를 짜낸 다음 발목에서 무릎까지 다리에 적용한다. 오일은 다양한 효과의 오일을 사용한다.

① 토닝
② 휴식
③ 충혈 완화

그런 다음 다리를 부풀려진 마사지 부츠에 넣고 발에서 시작하여 서혜림프절을 향해 리드미컬하게 위쪽으로 이동하면서 순차적이고 유동적이며 조절된 압력 마사지를 양쪽 다리에 동시에 적용한다.

(1) 치료 효과

① 혈액 순환을 증가시킨다.
② 림프 흐름을 증가시킨다.
③ 과도한 체액 제거에 도움이 된다.
④ 독소 제거 속도를 높인다.
⑤ 웰빙 느낌을 제공한다.
⑥ 고객을 편안하게 한다.

(2) 치료의 이점

① 독소 배출은 피부 톤을 향상시킨다.
② 과도한 체액과 노폐물을 제거하여 셀룰라이트 상태를 개선한다.
③ 정맥류 예방 및 완화에 도움이 된다.

④ 휴식과 진정

⑤ 조직을 따뜻하게 한다.

⑥ 통증을 완화한다.

(3) 치료에 대한 금기 사항

① 심박 조율기가 있는 고객

② 급성 혈전 정맥염.

③ 심부 정맥 혈전증의 병력

④ 폐색전증의 병력

⑤ 울혈성 심부전

⑥ 움푹 들어간 부종

⑦ 고혈압

⑧ 베인 상처 또는 상처

⑨ 새로운 흉터 조직

⑩ 의학적 감독 / 치료중인 고객

⑪ 햇빛 화상

⑫ 급성 감염

(4) 건강한 림프계가 필요한 이유

① 건강에 필요한 영양소의 흡수를 돕는다.

② 신체 주변에 면역 세포를 운반하여 손상으로부터 보호한다.

③ 신체의 대사성 폐기물 처리 시스템이다.

④ 독소, 피로의 부산물, 스트레스, 박테리아, 죽은 세포 및 바이러스를 제거한다.

참고 문헌

- "International CIDESCO Syllabus", 국제 시데스코 협회, 2008
- "International ITEC Syllabus", 국제 아이텍협회, 2007
- Ann Gallant, "Body Treatments and Dietetics for the Beauty Therapist", Stanley Thornes(Publishers) Ltd, 1994
- Jane Foulston 외, "The Art and Science of Apa Body Therapy", EMS Publishing, 2011
- Jane Foulston 외, "The Art and Science pf Beauty Therapy", Ruben Publishing Ltd, 2007
- Louise Tucker, "An INTRODUCTORY GUIDE TO Massage", EMS Publishing, 2008
- Sebastian Kneipp, "My Water Cure", Jos Kcesel Publisher, 2010
- 김기연 외, "체형관리학", 청구문화사, 2009
- 김문주 외, "Body Treatment", 청구문화사, 2007
- 김문주 외, "비만관리학", 청구문화사, 2008

찾아 보기

Body Treatment

비만 및 체형관리학

김경연 · 박경선 · 박아림 · 강신옥 · 고경륜
김영주 · 김현주 · 신수정 · 이귀회 · 한현주

초판 1쇄 인쇄 : 2021. 3. 17.
초판 1쇄 발행 : 2021. 3. 22.

발행처 : 메디시인
발행인 : 주병오 · 주민기

등록번호 : 제 406-2005-000045호
등록일자 : 2005. 2. 16

경기도 파주시 회동길 209 파주출판문화정보산업단지
전화 : (031) 955-2777 팩스 : (031) 955-7731

독자 의견에 항상 귀 기울이고 있습니다.
홈페이지 : www.ji-gu.co.kr
E-mail : jigupub@hanmail.net

*잘못된 책은 바꾸어 드립니다.

ISBN 979-11-90839-22-8 값 24,000원

4 5 6 7 8 9 10 11 12